玉臂尺蛾

这种鳞翅目昆虫体色棕黑，前翅中部有一条玉色宽带。阿肯色捕蝇鸟经常固定在枝头，见到玉臂尺蛾飞来就飞去拦截。

玻璃弧丽金龟

这只从隐居画眉栖息的枝头走过的是玻璃弧丽金龟，它体长约9毫米，身上色彩斑斓。

枯叶蛱蝶

枯叶蛱蝶因身上布满斜线和斑点，形似枯叶而得名。那散发出恶臭味的豹皮花，总是让枯叶蛱蝶不得不敬而远之。

菜蝽

这只在郁金香上休憩的昆虫是菜蝽，它虽然在此驻留却不会对其造成危害，十字花科蔬菜才是它的最爱。

屁步甲

这是一种常常出没于田间和森林中的昆虫，每当受到叉尾捕蝇鸟的惊吓，腹部末端都会喷出一种雾状气体。

中华大刀螳

美丽的花朵不仅是人见人爱，连这只螳螂中的大个子——中华大刀螳见了也要流连忘返。

粉蝶灯蛾

粉蝶灯蛾是一种比较常见的灯蛾，它的翅膀上布满了白色与灰褐色交杂的斑纹。

宽尾凤蝶

宽尾凤蝶是一种十分美丽的鳞翅目昆虫，在中国的贵州、重庆等地十分常见。

全译插图珍藏本

SOUVENIRS ENTOMOLOGIQUES

昆虫记

第三卷 石蜂的苦难

[法] 法布尔 / 著 陈一青 / 译

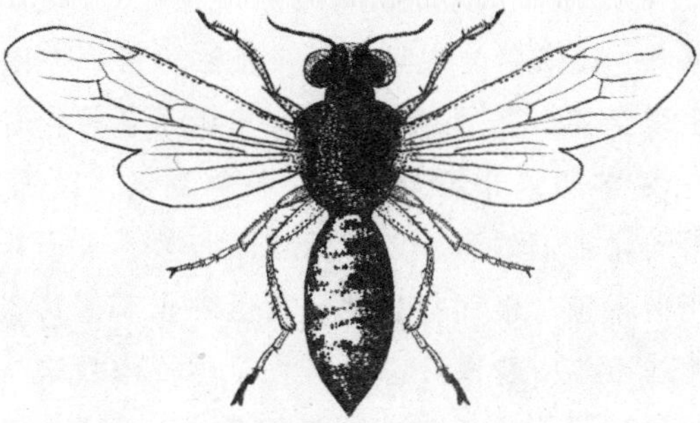

江西科学技术出版社

《昆虫记》总序

享受生命的细节之美

1915年9月，91岁高龄的法布尔在家人的搀扶下，坐在轮椅上最后一次巡视了他毕生钟爱的“荒石园”，在这块“矢车菊与昆虫”钟爱的土地上，法布尔用30年的时间，完成了十卷横跨科学与文学领域、史无前例的伟大经典——《昆虫记》。

法布尔全名让·亨利·卡西米尔·法布尔，1823年出生于法国南部城市普罗旺斯的一户农家，好奇心重的法布尔从小就表现出对自然异乎寻常的热爱和出众的观察力。15岁时，他以公费生第一名的成绩考进亚威农师范学校。毕业后，18岁的法布尔在卡本特拉开始了他的教师生涯，所教授的课程便是自然科学史。在随后的几年内他继续努力自修，陆续获得文学、数学、物理学和其他自然科学的学士学位，并在1855年拿到科学博士学位。在取得博士学位后，他就决定终生致力于昆虫学的研究。

1857年，他发表了《节腹泥蜂习性观察记》，这篇论文修正了当时昆虫学祖师莱昂·杜福尔的观点，赢得了法兰西研究院的赞誉，法布尔被授予实验生理学奖。其间，他曾写作出版了各种科普书籍，将科学新知与各类自然科学知识介绍给大众。执教期间，法布尔的授课方式灵活、自由，深受学生们的喜爱，但保守派与教会人士却因他在公开场合向妇女讲述花的生殖功能而抨击他，甚至中止了他的课程。各种流言蜚语的中伤，使法布尔心灰意冷，他辞去了学校的教职，也不得不放弃了到大学任教的愿望，举家迁往奥朗日定居，一住就是10余年。在这10余年里，法布尔完成了《昆虫记》第一卷的写作。也正是在这段期间里，他遭遇了丧子之痛，《昆虫记》第一卷末就有他怀念爱子的文句。

《昆虫记》法文原名为*Souvenirs entomologiques*，意为“关于昆虫

学的回忆”。法布尔并不局限于传统的昆虫解剖和分类，而是直接在野地里进行实地观察，或将昆虫带回自己家中进行培养研究，生动详尽地记录了这些小生命的体貌特征、习性、喜好、生存技巧、蜕变、繁衍和死亡。细致的观察、形象的描绘，正是《昆虫记》的最大特色。《昆虫记》十卷中有许多脍炙人口的经典段落，比如对昆虫倒挂姿势的描述：

如在金属笼子里，椎头螳螂的幼虫停在一个地方后姿势始终如一，毫不改变。它用四只后爪的爪尖钩住网子，后背朝下，纹丝不动，高高挂在笼顶，四个悬点承受着整个身体的重量。倒挂栖驻姿势是如此艰难，然而苍蝇的倒挂姿势却截然不同。苍蝇虽然也抓挂在天花板上，但它总要抽出时间松弛一下，随便飞一飞，操起正常姿势走一走，肚皮贴地，肢体舒展开晒晒太阳。

正是如此细致入微的描写才会让每一个读到《昆虫记》的人都感到无比的震撼，那一只只小虫子，清晰地在我们眼前活跃着，那充满活力的自然和生命之美几乎触手可及。为了更好地对昆虫进行实地观察和研究，在第一卷《昆虫记》出版后，法布尔买下了塞利尼昂乡下的一栋房屋和一公顷的荒地，并将这块荒地命名为“荒石园”，从此他全身心投入到了对昆虫的观察与实验中去，直至逝世。就是在这里，他一边进行观察和实验，一边整理前半生研究昆虫的观察笔记、实验记录和科学札记，完成了《昆虫记》后九卷的写作。

《昆虫记》被人们称为“昆虫的荷马史诗”，与哥白尼的《天体运行论》、达尔文的《物种起源》一起被认为是人们必读的科普经典。不同于一般的科普书籍或百科全书，《昆虫记》散发着浓郁的文学气息，是一种如孩子般天真的人文品格。《昆虫记》中没有种属科目的严格分类，而是由那些或美丽或丑陋的昆虫自己出场，展示出一幅幅生动旖旎的昆虫生活风俗画。书中充满了像孩子一样对未知的渴求、对自然的热爱、对生命的敬畏，也充满了法布尔本人与自然融为一体的生命状态。他会为发现昆虫天赋本能的不同而高兴、为圣甲虫成功推起粪球而激动，在他一次次不厌其烦的描述下隐藏着睿智的思考，让我们这些现代人又亲切地找回了丧失已久的内心的纯净与静谧，唤起了我们对自然万物的热爱。自始至终，法布尔的《昆虫记》都是谦逊的、平和的，没有对生命的随意摆布，没有可笑的妄自尊大，他孜孜不倦地在“荒石园”中观察、记录了30多年，平和地向我们传达着那些关于昆虫们最朴素也最深刻的知识，也让我们在这种平和、温暖的心态下，重新思考生命的含义与价值。

《昆虫记》传入中国，始于20世纪20年代，首倡者就是著名的文学家鲁迅（周树人）和周作人两兄弟。周作人在1923年发表短文《法布耳昆虫记》[①]中说道：

法布耳的书中所讲的是昆虫的生活，但我们读了却觉得比看那些无聊的小说戏剧更有趣味，更有意义。他不去做解剖和分类的工作（普通的昆虫学里已经说的够了），却用了观察与试验的方法，实地地记录昆虫的生活现象，以及本能和习性之不可思议的神妙与愚蒙。我们看了小说戏剧中所描写的同类的运命，受得深切的铭感，现在见了昆虫界的这些悲喜剧，仿佛是听说远亲——的确是很远的远亲——的消息，正是一样迫切的动心，令人想起种种事情来。他的叙述，又特别有文艺的趣味，更使他不愧有昆虫的史诗之称。戏剧家罗斯丹批评他说，“这个大科学家像哲学者一般的想，美术家一般的看，文学家一般的感受而且抒写”，实在可以说是最确切的评语。默忒林克称他为“昆虫的荷马”，也是极简明的一个别号。

周作人还曾感慨地说：“羡慕有这样好书看的别国少年，也希望中国人来做这翻译编纂的事业，即使在现在的混乱秽恶之中”。鲁迅自1924年起就在收集《昆虫记》的日语译文，多次在他的文章中强调《昆虫记》的重要意义，并对《昆虫记》的翻译寄予厚望。正是周氏兄弟的这般推崇、介绍，国人才开始知道并翻译法布尔的《昆虫记》。

从世界范围来讲，《昆虫记》的翻译都是一项十分巨大的工程，最早开始翻译《昆虫记》的英、美两国都没有出版过严格意义上的全译本。而追踪欧美文化最快最多的日本倒是从一开始就尽量求全，第一套全日文译本的《昆虫记》由大杉荣在20世纪20年代翻译完成。自20世纪30年代到现在，在我国面世的《昆虫记》译本越来越多，但大多以选译或节译本为主，真正意义上的全译本寥寥可数。而各版本由于编译初衷不同，虽然各有特点但也留下了不少遗憾，或为单册内容完整而

① 法布耳：法布尔最早的译名是“法布耳”，之后统一为“法布尔”，这里使用的是周作人原译名。

删改原文，或为其文学阅读性而忽略科学严谨性，或为其全而文字不宜阅读，为此我们特别推出了这套十卷全译插图版的《昆虫记》。

本套书在最大限度重现《昆虫记》原著全貌的同时兼顾原著的文学阅读性，是一套真正适合阅读的全译本《昆虫记》。本书根据法文版十卷本原著为底本进行分卷、翻译，同时参照对比了美国人的分专题多卷选译本、日本大杉荣版《昆虫记》的内容，力求全尽，将一个完整的《昆虫记》奉献给读者。同时，我们的翻译工作在坚持“反映原著原貌”这一原则的基础上，特别强调了译文文字的文学性和可读性，希望通过我们的翻译，能够让读者充分感受到原著中朴实清新、生动活泼的语言，以及充满了盎然生机的情趣和诗意。对于原著中穿插的大量希腊神话、历史事件、《圣经》典故、拉丁文诗歌，我们也加入大量针对性的注释，帮助读者更加方便流畅地阅读。

《昆虫记》一书中提及了上千种昆虫，并提及了很多其他动物、植物等，内容繁多，为了让读者对书中所涉及昆虫和动植物有一个直观的认识，我们在编辑过程中特别加入了大量精确、细致的手绘插图，全十卷共计约1800幅。这些图片有近200幅来自于《昆虫记》法文原著中的原始配图，其余近1600幅则是我们根据文中法布尔的记述，参考实际昆虫形态设计并重新绘制的。书中的全部插图均由手工绘制，既精美又准确地描绘出了昆虫的真实形状。同时，每幅图片均配有简洁、专业的图说，与法布尔的文字意境可谓相得益彰。希望这些经过我们精心编辑的插图和图说能够帮助读者亲身融入19世纪法国南部普罗旺斯迷人的田园风光中去，轻松地感受自然与生命带给我们的惊喜与感动。

《昆虫记》全套共十卷，文字逾200万字，编辑工程繁复、浩大，本套书最终能够顺利出版离不开各位参与者的共同努力。在此，特别感谢陈一青先生及其团队高质量的翻译，将这部跨越文学与科学的不朽经典完整地展现在读者面前；同时插画师郭警、陈勤对全套书接近2000余幅插图进行精心的绘制和修补，为读者还原了一个独一无二的昆虫世界；最后，在这套书的编辑过程中，得到了国内众多昆虫学家的帮助和指导，在此对所有为本书辛勤付出的同仁们致以最诚挚的谢意。

编者谨识

2010年11月

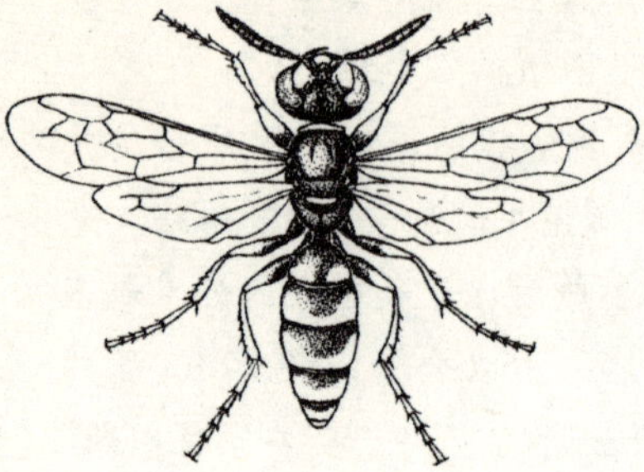

本卷目录

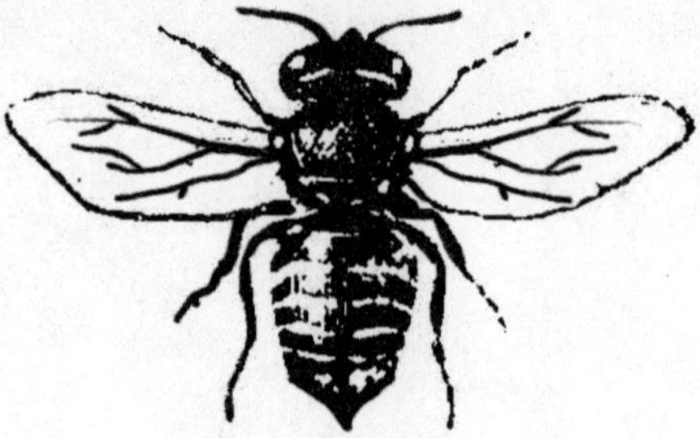

全十卷书目

卷一　《高明的杀手》

卷二　《树莓桩中的居民》

卷三　《石蜂的苦难》

卷四　《蜂类的毒液》

卷五　《螳螂的爱情》

卷六　《松毛虫的行进行列》

卷七　《蓑蛾的保护层》

卷八　《昆虫的几何学》

卷九　《圆网蛛的电线报》

卷十　《昆虫与蘑菇》

第一章

土蜂

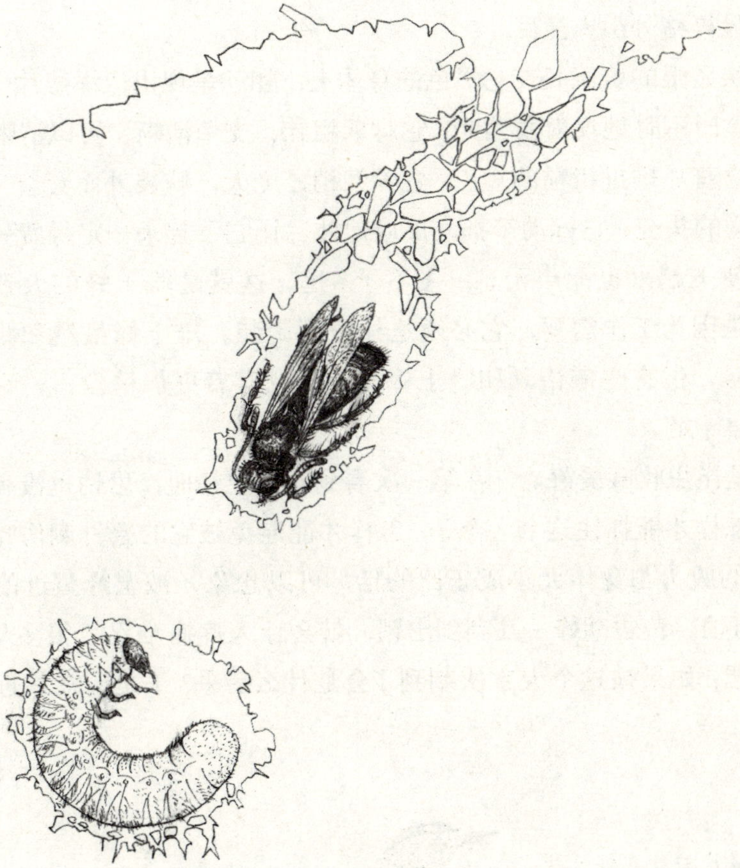

在膜翅目昆虫的世界里，土蜂是拥有绝对力量的统治者之一。戴菊莺是北方的一种小鸟，头顶橙黄色，常常在初秋雾色弥漫的时节到人们的家里啄食生虫的菜芽。从体型上看，有些土蜂和戴菊莺一样大小。某些土蜂能依仗它硕大的体型，让木蜂、熊蜂、黄边胡蜂等这些看似最大最威武的带刺蜂俯首称臣。

在我的家乡有一种花园土蜂，它身长可达 4 厘米多，翅膀张开后的宽度可以达到 10 厘米，是蜂族中的大个子。还有一种痔土蜂，和花园土蜂差不多大小，这家伙比较特别的地方是，在小腹末端竖立着红棕色毛刷，显得格外引人注目。

一大块显眼的黄斑长在它黑色的身体上，翅膀呈现出像洋葱片一样的琥珀色，时不时地反射着紫光；它脚爪粗壮、支节清晰，可以清晰地看到上面立着一排排粗糙的短毛；它骨架稍显庞大，脑袋外面套着一层像铠甲一样的头壳；它行动笨拙，反应迟钝，让它飞起来一定得费一番力气，即使飞起来也无声无息，飞不了多远，这就是雌土蜂的大致样子。或许是因为工作需要，它必须这样全副武装。雄土蜂虽然和雌土蜂一样强壮，但有些懒惰。和雌土蜂相比，它穿着更加精致，一举一动更是优雅十足。

即使是昆虫收藏爱好者，在第一次看到花园土蜂时，恐怕也没有不害怕的。怎样才能抓住这个大个子，怎样才能避免被它的螫针刺伤呢？如果螫针的威力与身体大小成正比的话，可以想象，被土蜂蜇过的伤口是多么可怕。黄边胡蜂一旦利剑出鞘，就会让人疼痛难忍。很多人看到它都会想：如果被这个大家伙刺到了会是什么后果？于是，在靠近它

戴菊莺

戴菊莺喜欢居住在针叶林里。它体型很小，主要以小型蜘蛛等为食。

并出手捕捉它的那一刻，脑海里会不由自主地出现这样一幅画面：被它蜇起拳头大小的瘤，像被烙铁烙过一样疼得钻心。这个想象往往让人不寒而栗，于是，最勇敢的人也会停下手打退堂鼓，转而庆幸自己没有招惹这个危险的家伙。

我承认，我第一次看到土蜂时，也不敢招惹这个家伙，尽管我当时非常渴望在我的收藏中能增添这种奇妙的虫子。可是因为我曾被马蜂和黄边胡蜂蜇过，那惨痛的回忆至今让我心有余悸，所以遇到土蜂时变得十分谨慎。

经过多年的实践，今天我已经摆脱了对土蜂的畏惧，如果看到一只土蜂栖息在菊花的花冠上，我会毫无顾忌地用手指尖将它捏住。虽然土蜂看上去体格硕壮，令人生畏，但我也不需要过分谨慎了。其实，土蜂外强中干，只不过是看上去显得有些凶神恶煞罢了。在这里，我想告诉捕捉膜翅目昆虫的新手，土蜂实际上不是很精明，它们生长螫针的本意并不是用来蜇人的，而是用于劳动的工具，更多的时候，它们只用它来麻痹猎物，只有在迫不得已的情况下才用以自卫。此外，土蜂行动缓慢，反应也较迟钝，你几乎很轻易地就能避开它的螫针。即便是不幸被蜇到了，那种被蜇的疼痛感也是几乎可以忽略不计的，因为它螫针的威力与它身体的大小并不成正比。捕食的膜翅目昆虫的毒液不太毒，这是一个普遍的现象，它们的武器是用来麻痹猎物的。

在我家乡的其他土蜂中，我不得不提一下双带土蜂，每年9月，我都会在我家的篱笆里遇见它们，并且每次都看见它们在枯叶下的软土堆里挖掘。我的家乡还有沙地土蜂，它们常常蜗居在我家附近小山丘上

花园土蜂

土蜂是膜翅目昆虫中最强壮的统治者，它体型巨大，非常具有攻击性。

的沙地里。沙地土蜂比前面说的两种土蜂小，也比它们更为常见。和不同种类的土蜂做“邻居”，让我对它们进行不断的观察有了得天独厚的条件，从这些“邻居”身上，我对土蜂有了最基本的了解。

一次，我翻开过去的笔记，偶然发现了1857年8月6日在伊萨尔森林的记录。那是靠近阿维尼翁一个著名的间伐林，在那里我对铁色泥蜂进行了研究。这篇记录让我的脑袋里又塞满了昆虫学的研究计划，仿佛我又跨进了那儿的树林，又开始了一个长达两个月的与昆虫朝夕相伴的假期。这时，我不必对马里奥特瓶伤心，也不要再关注托里切利管，让他们都见鬼去吧！不再是老师的感觉真好，我似乎又成了那个对昆虫极度痴迷的学生。我就像一个农民在为一天的劳动做准备一样，在出发时扛上了一把当地叫做“卢切”的挖掘工具。和农民装扮不同的是，我会在背上背一个皮袋，里面装满瓶子、盒子、小铲子、玻璃管、镊子、放大镜等工具，还会顺便带一把大伞用来遮阳防晒。此时是阿维尼翁最热的天气，知了好像也因为忍受不了酷热而闭上了嘴巴，这让森林安静了许多；青眼蛇为了躲避毒辣的太阳，居然跑到我的丝伞顶上寻找阴凉；有些双翅目昆虫，例如体色晦暗的距螽，大概是热昏了头，居然冒冒失失地爬到了我的脸上来了。

我在林中的一块沙地上停下了脚，这是一块土蜂喜欢光顾的地方，我早在一年前就发现了。绿橡树遍布丛生，在浓密的灌木丛中，成堆的落叶覆盖着一层松软的沃土。随着热浪的逐渐消退，空沙地上不知从哪儿来了几只双带土蜂，并且越聚越多。我聚精会神地看着这群不速之客，数了数，足足有12只。它们身材娇小，飞舞的动作也很轻柔，一眼便能辨认出是雄性。它们几乎贴着地面缓缓地飞舞着，朝不同的方向飞来飞去。我发现有一只落在远处的地面上歇脚，还用触角拍打着沙土，或许它是想知道土下面是一个什么样的世界吧。这样折腾了一阵儿后，它又飞起来，继续它那有些枯燥的飞行表演了。

我一时难以理解双带土蜂在这块沙地上的行为，它们好像在期待着什么。它们不停地做着这种程式化的动作，到底要寻找什么呢？可口的食物吗？肯定不是，在这个烈日几乎能把植物烤化的季节里，附近的刺芹已经长出了好几法寸长，这种饱满的头状花序植物对土蜂来说是最可口的佳肴。可是，没有一只土蜂在刺芹上面停留，更没有一只土蜂会在意刺芹溢出的蜜汁。可以肯定，它们不是在寻找食物。谜底在地面上，就在它们如此用力挖掘着的沙土地上。

原来，它们所期待的是雌蜂的出现，只要虫茧绽开，雌蜂就会随时破土而出。这时，几只甚至更多的雄蜂便会一拥而上。雌蜂则往往连掸尘、擦拭眼睛的时间都没有，就无端地卷入了雄蜂们争风吃醋的旋涡中。这是膜翅目昆虫最常见的爱情嬉戏，我早已屡见不鲜了，从来不会判断失误。通常来说，先出世的雄蜂会在产房旁耐心守护，并密切注视着雌蜂的动静，一旦它们破土而出，就立刻展开追逐。这就是这些土蜂不停飞舞的原因。我如果再耐心地观察下去，或许还能见证它们的婚礼呢。

时间过得很快，热浪渐渐消退，青眼蛇和距螽已从我的伞上离去，土蜂们慢慢地消失在山林中。我今天的观察也该到此为止了，因为再观察下去也不会看到什么了。之后，我对伊萨尔森林又进行了几次艰苦的

带纹土蜂

属膜虫纲膜翅目，体黑色，有白、黄、橙、红色斑纹。腹部长，有带纹，各腹节边缘有毛。

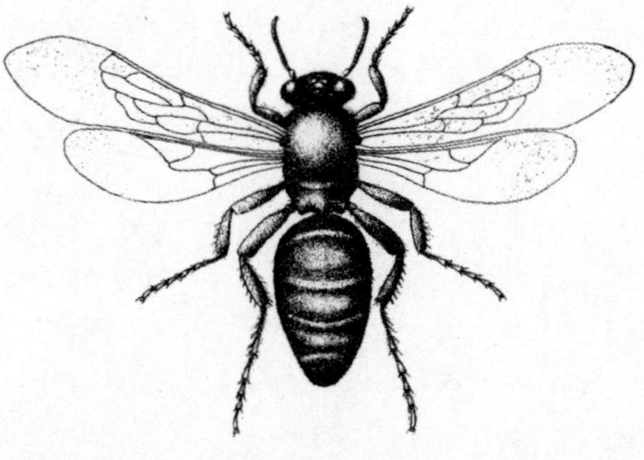

探访，每一次我都看到雄蜂耐心地贴在地面上，像往常那样坚持不懈地飞舞着。我对土蜂的这份执著，使我多多少少有了些收获。遗憾的是，这些收获是不完整的，但我还是把它原样记录下来，疏漏的地方留待以后弥补吧。

在我眼前，一只雌蜂钻出了地面。它刚展翅飞舞，几只雄蜂就追随而来。为了探寻地下的秘密，我用卢切挖掘那只雌蜂的出口，我一边挖掘，一边从指间筛除那些混有软土的沙砾。挖掘工作累得我额头溢出了点点汗珠，直到挖出了1立方米左右的杂物后，我才有所收获。这是一个刚刚破了的虫茧，茧的两边粘着一层薄薄的表皮，虫茧的织造者——幼虫食用猎物如今只剩下这一点儿痕迹了。茧外层的丝壳毫发无损，它的主人很可能就是刚才那只雌蜂，因为我是亲眼看着它离开了这个地下居所的。至于壳里的那层表皮，因为地太湿，加上树根也给它造成了一定的破坏，所以我无法准确辨认出它的真实身份。不过，颅顶还看得清楚，从上颚和整个轮廓看，我想它有可能是金龟子的幼虫。

时候不早了，今天的工作就只能到这儿了。尽管我已经精疲力竭了，但能发现一块裂开的虫茧和一张可怜而古怪的小虫子的表皮，我还是觉得不枉此行。喜爱自然史的年轻朋友，想知道自己的血液里是否流淌着神圣的火种吗？那么，请你们设想一下经历这样一次远足后返回的情景：你肩上扛着一把农民用的笨重锄头，蹲在地上挖掘了大半天，累得腰酸背疼，在8月下午的酷暑炎热下，脑袋简直要炸开了，眼睛在受了一天强烈的日照后，也像得了眼病一样瘙痒，你口干舌燥，可面对着看不到尽头的泥路，却又得不到一丝休息，但是，你能忘却现实的困境，完全陶醉在这次远行之中。为什么陶醉？是因为你现在得到了一块烂虫皮吗？如果真是如此，我年轻的朋友们，继续前进吧，你们会大有作为的。不过我要告诫你们，千万别把这当做谋取功名的手段。

我仔细地观察了这块虫皮，最初的猜想得到了验证：虫皮是属于金龟子科鳃角类昆虫的，膜翅目昆虫会将这种昆虫的幼虫作为食物。但随着我的观察，问题开始接踵而来：这是哪一种鳃角类虫子呢？这个被我视为最大战利品的虫茧，它的确是属于土蜂的吗？要想找出答案，我必须再回到伊萨尔森林里去。我又去了森林。在土蜂的秘密还没有完全揭开之前，我常常会没了耐心。的确，凭我所处的条件，要想完全揭开谜底，困难是很大的。在茫茫的沙地里，我该挖哪儿呢，哪里才是土蜂常去的地方呢？如果用卢切随处乱掘，我几乎永远都得不到我要找的东西。或许贴着地面飞舞的雄蜂的直觉倒是可靠的，我可以借用它们去判断雌蜂所在的位置，但它们来来回回不停地飞舞，只给我展示了一个粗略的范围，即便按照某一只雄蜂不断变换的方向去挖掘地面，我也要挖去 1 米深的沙土，面积会有 1 公亩大。我没有能力做这样庞大的工程，而且我也没有时间。

随着季节的推移，雄蜂不见了，现在连它们展示的那个粗略的范围也没有了。为了弄清该在什么地方挖掘，我只剩下一个办法：监视已经破土而出的或者正要往土里钻的雌蜂。时间在一点一点地流逝，通过耐心的监视，我终于得到了意外的收获。这可是一个不同寻常的发现啊！

棕色金龟及其触角

成虫中大型，体长 20 毫米左右，体宽 10 毫米左右；体棕褐色，有光泽。触角10节，赤褐色。

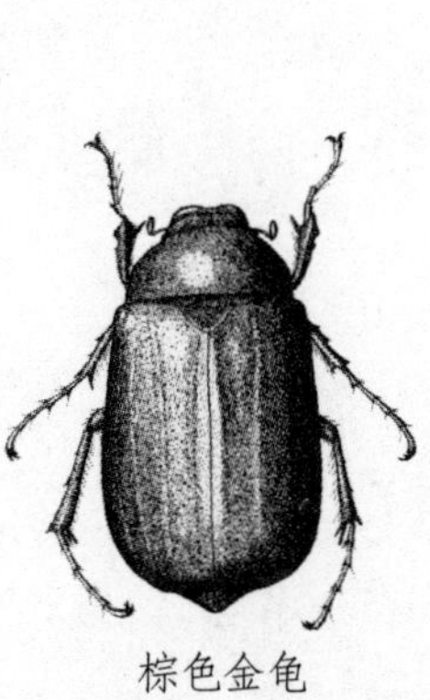

棕色金龟

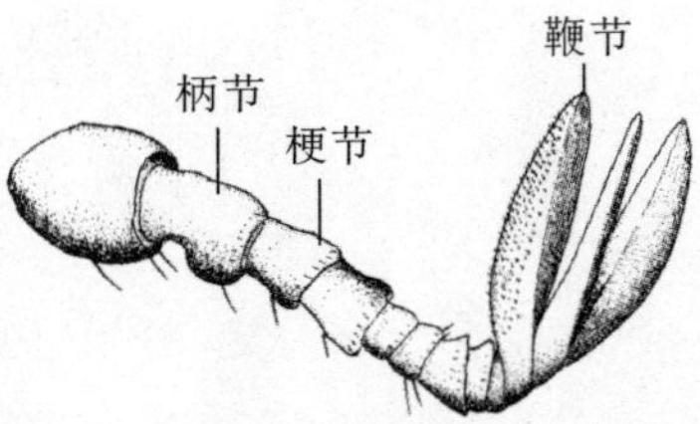

棕色金龟的触角

土蜂不像有些杂食性膜翅目昆虫那样去挖自己的洞穴，它们没有固定的居所，也没有通往外界并与幼虫的小屋相连的自由通道，对它们来说，好像不需要进出的门，也不需要事先挖好任何通道。土蜂要想钻进土里，任何地点都可以，出来的时候，也无所谓要选个好地点。它们挖掘的工具足够坚硬，即使是没有被翻动过的地方，只要土不是特别硬，土蜂也能来去自如。土蜂并非硬是横向往土里钻，而是采用掘土的方式：脚和前额是它辛勤工作的工具，将掘开的沙土堆积在原处和身后，这样，堵上返回的路。当它要从地里钻出来时，沙土就会攒成一堆，看上去就像有只小滩鼠在地下拱着地面。蜂儿出来后，拱过的土堆会坍塌，堵住出口。如果膜翅目昆虫想回家，可以随便找一个地方挖掘，不一会儿一个洞便出现了，土蜂也随即消失在地下，是挖开的那些泥土将它和地上的世界隔离开来的。

在厚厚的土地上，它们的居所清晰可见，形状好似圆柱体，幽深蜿蜒，数目众多，有的可深达 0.5 米。朝向各异的居所相互交错，一条能来去自如的通道也没有。显然，这些似乎只是蜂儿散步时的单程小道，而不是通向外面世界的康庄大道。膜翅目昆虫为什么要辛辛苦苦地钻出这么多小道，难道是像我的那只已经变成枯皮的幼虫一样，是为了寻找食物？

事情越来越明朗了：土蜂是一群地下劳动者。以前抓到土蜂时，看到它腿上沾有小土块，我就产生过怀疑，因为膜翅目昆虫很爱清洁，平时也最喜欢清洗自己的身体，所以它允许自己身上沾上这样的污点，只能说明它是个热情的搬土工。现在我终于了解土蜂的职业了——它们就生活在地下，掘土是为了寻找金龟子的幼虫当食物。然而和雄蜂交配之后，雌蜂便专注于扮演母亲的角色而很少出去活动了。于是我也没有耐心再等它们出来了。

地下是它居住和活动的场所；它们凭借自己有力的上颚、坚硬的头颅和强健带刺的腿爪，像犁铧一样驰骋于流动的土壤中。时至8月末，大部分雌蜂都深藏于地下，开始忙着产卵和贮藏食物了，这意味着要想等雌蜂主动出来只会是徒然，因此我只能把它们挖出来。

然而结果却不尽如人意，我辛苦挖掘，却收获甚微。尽管发现了几只虫茧，但差不多都和我已有的那只一样裂开了，侧壁上也同样粘着一张金龟子幼虫枯干的表皮。其中有两个保存较为完好的，里面包裹着死去的膜翅目昆虫。这果然是复背土蜂！这个难得的收获证实了我的推测。我还挖出了一些虫茧，样子略有不同，虫茧里也包着死去的成虫，我认出来这是断土蜂。残留下来的食物残渣还是一只金龟子幼虫的表皮，它好像和第一次那只土蜂的食物残渣不相同。我东挖西挖，土倒是挖出了好几立方米，可就是没有发现土蜂新鲜的食物、虫卵或者小幼虫。产卵期是寻找这些东西的最佳时节，但开始时为数众多的雄蜂已经逐渐离开，直至完全消失。或许是因为没有得到任何指引，才让我的挖掘工作变得漫无边际，以致最终一无所获。

如果我能断定那种土蜂吃的是金龟子幼虫，问题就解决了大半。为此，我将挖出来的幼虫、蛹和鞘翅目成虫都放在一起。辨别之后发现，挖出来的是两类金龟子：细毛鳃角金龟和朱尔丽金龟。尽管大部分是死的，只有少数活的，但它们的体态都保持得很完整。为数不多的蛹

正在挖土的土蜂

土蜂是个热情的挖土工，凭借它有力的上颚、坚硬的头颅和强健带刺的腿爪，土蜂能够轻松的弛骋于土壤中，捕食金龟幼虫。

显得很珍贵，因为和它在一起的幼虫遗体可以以它为参照，况且各种年龄段的幼虫我也收集了不少。通过比较蛹蜕下的皮，可以断定一部分属于细毛鳃角金龟，另一部分属于丽金龟。通过以上的分析，我完全可以确信，贴在断土蜂身上的是细毛鳃角金龟的皮。丽金龟在这儿可能只是一个陪衬，复背土蜂猎食的幼虫不是它，也不是细毛鳃角金龟。这张皮究竟属于哪种金龟子呢？复背土蜂的窝在这儿，可以断定，我寻找的这种金龟子，必然会在我原先挖掘的那块土地里。后来才知道问题出在哪里，我在挖掘的时候，为了工作得更加轻松，总是让卢切避开网状的植物根系，因此我只挖掘了没有植被的地方，有意避开了绿橡树丛。当时没想到，在这些富含腐殖土的灌木丛中就能找到我需要的东西。那些枯老的树干旁遍布落叶朽木，在那里我会遇到我期盼已久的幼虫。关于它们的生活情况，我将在下文给读者一一道来。

我最初的搜寻也就仅限于此。我承认，伊萨尔森林为我提供的资料比我预想的要少。我远离居所，旅途劳顿，再加上热浪袭人和不能准确地找到挖掘点，问题得不到解决不说，这些因素还极大地打击了我的信心。做这样的研究，必须有充裕的时间；在家中做研究的话，还必须住在乡下。环境找对了，环境熟悉了，问题就会变得简单多了。

23 年过去了，今天的我居住在塞里昂的村庄中，成了一个边笔耕边农垦的农民。1880 年 8 月 14 日，院子的一个角落里堆着一堆草地里的泥土和树叶，我准备将它移走。在本能的驱使下，爱犬布尔就会从土堆蹿上墙顶，因为空气里散发的气味告诉它，它该去会情人了。每次偷欢回来，我都会看到它耷拉着撕裂的耳朵，样子十分狼狈。但只要吃饱

细毛鳃角金龟

金龟子的卵是土蜂主要的食物，土蜂的幼虫孵化后就以被麻醉的金龟子做食物，因此在同一个巢中会发现多种作为食物被“储藏”起来的金龟子。图中所绘为细毛鳃角金龟成虫。

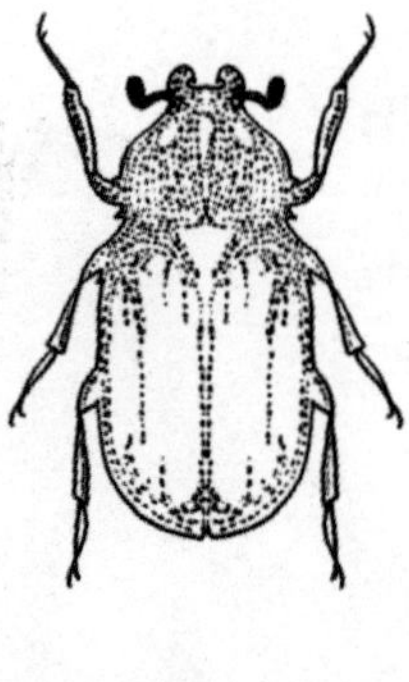

喝足，它就会忘记旧痛，再一次从土堆蹿到墙顶上。为了避免风流事给它造成无谓的伤害，我决定把那个被它一直当做梯子的土堆移走。

法维埃正用铲子往独轮车里铲着土，他突然叫了起来："大发现，先生，大发现！快来看啊。"我跑了过去，果然是个大发现，我欣喜若狂。多年前伊萨尔森林里的一段经历一下子涌现在眼前。只见新翻的土里冒出许多只雌性复背土蜂，它们正慌乱地干着活儿。7月正是虫茧孵化的季节，虫茧数不胜数，每一只都孕育着一个新的生命。

我看到，土里面还聚着一些金龟子，幼虫、蛹、成虫应有尽有，连鞘翅目里最大的葡萄根蛀犀金龟也在其中。一些刚刚得以见天日的金龟子，第一次展开翅膀，在阳光下闪闪发亮；另一些金龟子，它们还蜷缩在土壳里，大小和火鸡蛋差不多。最常见的是那些强壮的、挺着肚子弓着背的金龟子的幼虫。我还发现了一种鼻子上长角的金龟子，它叫蝇子草属金龟，在同类中显得较小；里面还有经常肆虐莴苣的显刻禾犀金龟。

然而，金匠花金龟还是占多数，并且大部分蜷缩在卵状的蛹室里，用土或者土里的粪便建筑外壳。金匠花金龟有三种：巨耳金龟、长吻峡蝶金龟和花金龟。其中以巨耳金龟居多。花金龟的幼虫非常容易辨别，因为它们爬行时，是将背贴在地上，爪子都伸向空中，身手也极其敏捷。这种虫子有100来只，从刚刚出世的小虫到能造蛹室的幼虫，各个年龄段的幼虫都有。

现在，那张枯皮给我带来的困惑得以解决了。如果我把土蜂虫茧上粘着的幼虫皮与金匠花金龟的幼虫作一番比较的话，当然，与这些幼

巨耳金龟

根据法布尔的观察，土蜂虽然会捕食多种的金龟子，但以金匠花金龟为主。常见的金匠花金龟有三种：巨耳金龟、长吻峡蝶金龟和花金龟。图中所绘为巨耳金龟成虫的形态。

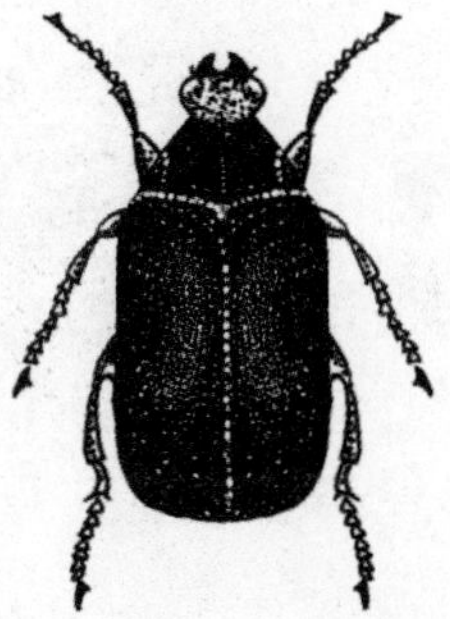

虫作蛹后蜕去的皮比较就更清楚了，可以看到两者完全一样。显而易见，复背土蜂给它的每只卵都会喂上一只金匠花金龟的幼虫。

踏破铁鞋无觅处，得来全不费功夫。在伊萨尔森林中艰苦搜寻都没有解开的谜，今天却在我的家门口真相大白了，困扰在我心中的难题就这么轻松解决了，这不仅让我有信心，而且还毫无阻碍地将问题深究一下。村庄是那么的可爱，只要我认为时节合适，我的眼前就时时都有我要的东西。我虽然隐遁在这个穷乡僻壤中，却得到了这么好的启发，我又可以和我亲爱的昆虫们生活在一起了，它们奇妙的生活足够我写上好几章的文字！

意大利人帕瑟里尼观察发现，在从暖房丢弃出来的皮革渣里，花园土蜂用葡萄蛀犀金龟喂养它的幼虫。在我的院子里那堆满枯叶的土堆上，繁殖着大量的金龟子，我希望有一天会引来大花园土蜂到这里安家。但遗憾的是，这种虫子在我们这个地方十分罕见，这也许是我的愿望至今都没能实现的唯一原因。

我刚刚证实复背土蜂幼时的食物是金花匠金龟的幼虫，主要是金色金龟、长吻峡蝶金龟和花金龟。这三种金龟子共同生活在刚才挖出来的土堆里，它们幼虫的区别微乎其微，以致很难辨别，即使我十分细心地观察，也不能保证一定分得清。可以相信，土蜂在这方面并没有挑肥拣瘦，它对这三种金龟子的幼虫是一样地利用。城门失火，殃及池鱼。也许，同这三种金龟子一样是腐烂植物宿主的小虫子，甚至还会遭受它的进攻。因此，我把金花匠金龟这一类看做是复背土蜂的猎物。

土层下的金匠花金龟幼虫

在翻开的土块间，有无数金匠花金龟幼虫，肚子上都贴着土蜂幼虫，它们一动不动地躺在地上。

在阿维尼翁附近，细毛鳃角金龟是断土蜂的猎物。我在塞里昂附近的一块只长有纤细禾本科植物的沙地里，看到晨害鳃角金龟在这儿却成了替死鬼，它取代细毛鳃角金龟成了土蜂的食物。

毫无疑问，蛀犀金龟、金匠花金龟和鳃角金龟的幼虫是土蜂的猎食对象。而这三种鞘翅目昆虫无一不是金龟子，这种惊人的一致性是我们今后将要探讨的主要问题。

当下要做的事，是用独轮车把土堆拖走。这本是法维埃的活儿，但为了我的研究计划，我要悉心照料好它们，于是，我只好亲自干这些活儿了。我将这些慌张的小家伙们收进瓶里，等到土堆移到别处后，我再将它们重新放到土堆里。在土堆里，我连一个土蜂卵和一个幼虫都没有发现，因为9月才是它们产卵的最佳时节。可是，很多土蜂在这次被动的迁徙中会免不了伤筋动骨，从我手中溜掉的土蜂也许再也找不到安居的处所了。土堆被我翻动得乱七八糟，我突然觉得最好的方法是今年放着土堆不动，明年再重新开始研究，这样，蜂群才会有时间繁衍，同时也算是对飞走的和受到伤害的土蜂的一种补偿。不应该硬让它们搬迁，因为越急于求成就越容易前功尽弃。于是，我按捺住性子，放弃了搬迁的行动，决定再等上一年。秋风吹落了树叶，我将满院的落叶和杂草都堆在土堆上，增加了土堆的厚度，以便拥有一个资源更为丰富的开采场。

第二年8月一到，我每天都会察看那小山似的土堆。在下午两点钟，阳光照射到土堆上。雄土蜂在附近刺芹的头状花上饱餐了一顿后劲头十足，成群地涌了过来。它们绕着小土堆，来来回回地不停飞舞。

断土蜂

断土蜂在产卵前会构造一个保护性的“巢”，由于其强大的掘土能力，断土蜂的巢通常“随遇而安”，被捕获来的金龟子便被放在里面，作为土蜂幼虫的食物储藏起来。

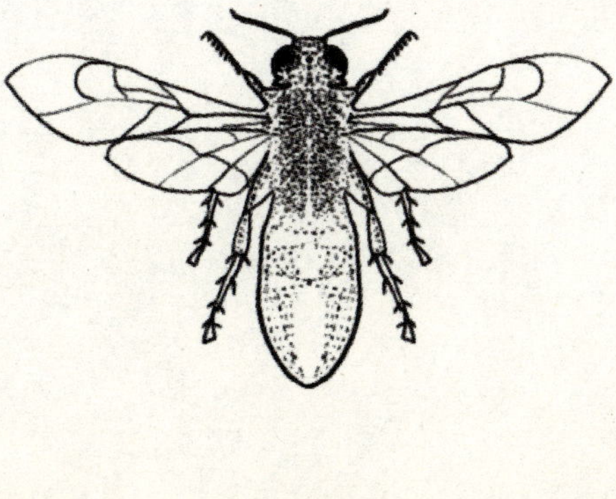

如果有只雌蜂破土而出，雄蜂就会扑上前去。在众多的求婚者之间，通常都会经过一番争斗，决出胜负后，胜者便携着新人双双飞出院子的高墙。这是我在伊萨尔森林见过的那一幕的重现。8月一过，我们很难再看到雄蜂了，雌蜂也从此不再露面，它在地下辛劳地建立着家庭。

9月2日，我儿子埃米尔的挖掘，给我的研究带来了决定性的意义。他翻着地，我在一旁观察着翻出的土块。有收获了！结果完全和我所预料的一样，这让我感到欣喜！在翻开的土块间，有无数金匠花金龟幼虫，肚子上都贴着土蜂幼虫，它们一动不动地躺在地上。那些土蜂的小幼虫把头伸进猎物的肚子中，有的已经把金龟幼虫吃得只剩一张干枯的皮了，有的正用红得像血似的红丝织茧，还有的都快完成织茧工作了。在这儿，各个阶段的幼虫应有尽有。我用一块小白石头记下9月2日这一天，它最终将一个萦绕在我心头25年的谜解开了。

我在一个浅浅的、大开口的瓶子底上铺了一层精心筛过的土，然后将猎物像宝贝一样放在瓶里。瓶底的沙土十分柔软，和它们原来的家没什么两样，我还用手指轻轻捏出一些凹槽，给它们当做窝，每个窝都只盛放一只我的研究对象。瓶子口上盖了一块玻璃，这样，我既能防止它们不辞而别，还能便于观察，也不必担心惊扰它们。万事俱备，我可以开始写实验报告了。

我发现，金匠花金龟的幼虫没有特别的窝，也没有建造过任何东西，只是随意地分布在土里，像没有被膜翅目昆虫捕获的那些幼虫一样，浸埋在腐殖土里。伊萨尔森林里的发现告诉我，土蜂不会为它的家人建造居所，因为它根本没有建造居室的手艺。它的后代都是随遇而安的，雌蜂不会为后代建造巢穴。但它的狩猎蜂要准备一个居所储存食粮就可以了，有时会从很远的地方搬运粮食过来。土蜂只知道挖它的腐殖土层，如果遇上一只金匠花金龟的幼虫，它就将这猎物刺得不能动弹，然后在被麻醉的虫子的腹部产卵。就这样，雌蜂把心思都用在搜寻新的猎物上了，而不关心刚刚产下的卵。不必大费周折地搬运，也不必劳心费力地筑巢，只要捉到花金龟并将它刺得不能动弹，土蜂的幼虫就可以孵化，直至破壳、生长、织茧。花金龟幼虫的肚子就是它要的居所，它们的家就这样简化到了一种最简单的形式。

第二章

充满艰险的进食

从外形上看，土蜂的卵没有任何特别之处，呈圆柱形，白色，长约4毫米，宽约1毫米，前端固定在花金龟幼虫腹部的中线位置，这个位置离腿部较远，腹中的食物透过皮肤在这儿形成一个褐色的斑块。

我有幸看到了孵化的情景。小土蜂还没有完全蜕下薄皮，就将头固定在卵贴过的那个点，从那里开始啃咬金龟子的肚皮。这是一个多么激动人心的场面啊！虽然刚刚孵化出来的生命是那么弱小，但它还是一下一下地从卧倒在地的猎物的腹部钻进去。刚刚长出的新齿艰难地啃咬着金龟子的肚皮，这样的累活儿要干整整一天，直到第二天，猎物的皮肤总算松动了，我发现，新生儿将头探进金龟子肚皮上的那道圆圆的、流着血的伤口里。

小土蜂和卵的大小差不多。但是，金匠花金龟幼虫平均长达30毫米，宽9毫米，体积是刚刚孵化出来的小虫子的六七百倍。猎物的臀部和嘴还在颤动着，这令小土蜂们望而生畏。但雌蜂的螫针已经将猎物彻底麻醉，孱弱的小土蜂就像吮吸乳汁一样，毫无顾忌地享受这个庞然大物肚中的佳肴。

随着时间的推移，小土蜂的头在金匠花金龟的肚子里越钻越深。为了能穿透表皮进入到狭窄的洞里，它身体的前端变得越来越细长，就像一根丝似的。于是，小土蜂的形状变得很奇特。它身体的后半部分则一直留在猎物体外，大小和普通挖掘类膜翅目昆虫的幼虫差不多；但它的前半部分进入猎物体内后，就会一下子变得细长，就这样一直保持到吐丝织茧的那一刻。猎物皮肤里狭窄的洞成了小土蜂身体前端的

土蜂幼虫

土蜂会把卵产在花金龟幼虫身上，并使其前端固定在猎物腹部的中线位置，因为那里最安全。幼虫孵出后直接进食猎物。

模具，使小土蜂一直保持着纤细的模型。环境能改变人，同样也能改变昆虫。如果挖掘者的幼虫长年累月地进行类似的挖掘，那么它们的形状多多少少都会和所挖洞穴的形状相似。朗格多克飞蝗泥蜂和距螽、毛刺砂泥蜂和它的灰毛虫就是典型的例子。如果食物变成碎片状或者更小些，那么这种昆虫的身体就不会被分成完全不同的两截。从一块食物吃到另一块食物并在中间稍作停顿的进食方式，能使幼虫保持正常的形态。

从小土蜂噬咬猎物的第一口开始，直到猎物被吃光，小土蜂都一直将头埋在猎物体内，既不抬头也不把脖子伸出来。它这样牢牢地守住一个点不放的行为，引起了我的好奇，为什么这样呢？有必要这样吗？我想看看这种特殊的进食方式有何奥妙。金匠花金龟的幼虫是一个坚固的大整块，这么一个大块应当直到最后都保持着新鲜，这样小土蜂吃起来才更有营养。因此，小土蜂进食时要保持谨慎，始终都在雌蜂为它选择的猎物前腹的那一点上，因为它要钻进去的那个洞也正是卵固定的那个点。随着小土蜂的脖子越伸越长，要吃掉的内脏也越来越多，但这一切都要有条不紊，首先吃掉的是那些不致命的内脏，然后是吃那些即便是吃掉了也还能使金龟子尚存一丝气息的内脏，最后才吃掉能让金龟子致命的内脏，最后，尸体很快腐烂了。

小土蜂只要咬几下，猎物的伤口就会涌出血来，这是一种能被大量吸收并易于消化的液体，小土蜂就像在吮吸乳汁一样吮吸着这些血。对于小土蜂而言，金匠花金龟的伤口就是它的乳头。这样的伤痕是不会让金匠花金龟立即死去的，它至少还能活上一段时间。先是吃掉外

土蜂幼虫进食猎物

土蜂幼虫在进食金匠花金龟幼虫时会把头伸进幼虫的体内，一点一点啃噬。

面的肉，下一步就开始吞噬包体内的内脏器官。金匠花金龟在半死不活的状态下经受着这样残忍的折磨。肌肉、器官一点一点地被吞噬，神经中枢和气管网络被咬断……金匠花金龟的生命在这一点一点的折磨中陨落，直到最后成为一张空皮囊。开始时，除了肚子中央的那个开口之外，金匠花金龟仍然保持着完整的形态，不久，这张皮开始腐烂。土蜂懂得这样有条不紊的进食，所以食物直到吃到最后一刻还保持着新鲜。现在，吃得肥肥胖胖的小土蜂，精神抖擞地从皮囊里抽出它的长颈开始织茧。在茧中，它才能完成它的成长。

对于小土蜂有条不紊的进食顺序是怎样的，也许我无法描述得十分准确，因为在猎物身体里到底发生了什么是不得而知的。但可以肯定的是，这种进食方式的高明之处，就是从次要器官吃到主要器官，利用生命力量来使余下的食物保持新鲜。这种直接观察只能印证部分推断，要想得到最完整的结果，还需要单独研究被吞噬的金龟子。

金龟幼虫开始是胖胖的、圆乎乎的，随着小土蜂的吞噬，这个原本丰满的家伙逐渐变得松软起皱，短短几天内就会变成一块肉条，最后成为一张干皮囊。但无论是被吃成肉条还是被吞噬成一张干皮囊，它居然始终能保持着像没有被碰过的虫子那么新鲜。虽然小土蜂不停地吞噬它，但金龟幼虫依然活着，只要小土蜂不完成最后几个攻击动作，它都能活着接受这种惨无人道的折磨。金龟幼虫的生命是如此的顽强，难道不正说明，维持生命最基本的器官是最后被吞噬的，顺序是从不重要的器官到不可或缺的器官吗？

如果金匠花金龟幼虫一开始就受到致命的打击，会有什么后果呢？我们想看看！试验很简单。我取来一根退了火并磨平了的缝衣针，重新淬火后再磨尖，就成了最精致的解剖刀。我用这个工具将金龟幼虫划开一道切口，并从切口处拔出一个神经块，以此研究它那令人称奇的结构。

随后，我发现我做了件错事。可以肯定，伤口并无大碍，但虫子却因此而很快死去了，变成了一具名副其实的尸体。我把它放到一层新鲜的土层上面，再用一个玻璃罩盖上，完全将它安置在像其他花金龟幼虫被土蜂食用时的环境里。一天一天过去，它虽然没有改变形状，但却变成了一种令人恶心的褐色，还流出一种让人作呕的液体。可就在同一层土床上，同样的玻璃罩下面，同样的温湿环境下，被土蜂吃了3/4的幼虫还保持着鲜嫩的模样。

仅仅被我用针尖一戳，金匠花金龟幼虫就能迅速死亡和快速腐烂。与被土蜂猎食后的结果相比，这两种迥然不同的结果，完全是因为所伤及的器官的重要程度不同造成的。我毁掉的是神经中枢，于是我无可挽回地杀死了金龟幼虫，第二天它就成了一具腐尸；而小土蜂先只是吞噬血、脂肪和肉，这样就不会马上杀死它的食物，所以食物直到最后还是新鲜的。如果土蜂和我一样，一开始进食的时候面对的就是一具真正的尸体，24小时以后它就会因腐烂而死。的确，雌蜂为了让猎物不能动弹，把毒针插进了它的神经中枢。但它的做法和我的迥然不同，打个比方，雌蜂就像一个注射麻醉剂的外科医生，我却像屠夫。一个是麻醉神经中枢，一个是破坏、切割、拉扯神经中枢。毒针戳过的神经中枢依然完好，毒液让虫子的肌肉再也无法运动。我不知道这是否能说明，它们在麻木状态中机体还能保持正常运转，就像火焰熄灭了，但灯芯还留有一份炽热一样。我这个粗暴的家伙，不仅仅吹灭了灯，还拔掉了灯芯，彻底摧毁了一个生命，就像小土蜂动用嘴巴在金龟幼虫的神经元里随意噬咬一样。

事实证明，土蜂和其他侵犯者一样，在以庞然大物为食时，能使猎物在最后一息仍保存着生命的痕迹，这是一种特殊的进食技艺。如果猎物身材矮小，也就不必如此谨慎了。例如，泥蜂捉住双翅目昆虫，是从背、肚子、头还是从胸部开始吃，都是无关紧要的。幼虫可以随意找到下嘴的点，还会丢开这一点去嚼第二处，吃吃这儿咬咬那儿，并随意地吃下去。它这样反复选择品尝，好像是要找到最舒服的地方下嘴。这样可害惨了双翅目昆虫，它们会四处被咬，遍体鳞伤，最后落得个死无全尸的下场。如果没有一次吃完，剩下的食物就会很快烂掉。假如土蜂也是这样毫无秩序地进食，那么原本可以享受半个月的新鲜食物，就会一下子死去，变成一堆腐臭的垃圾。

这种经过精心设计的进食技术做起来并不容易，至少，只要幼虫从它的小径里回头，它就不会再知道怎样正确地吞噬食物，这一点从实验中可以得到证明。我要声明的是，我的那个在24小时之后就开始腐烂的实验对象只是一个特例，目的只是为了能清楚地说明问题。小土蜂是不会也不可能到这一步的，但这仍然可以让我怀疑的是，它们进食时最初的下嘴点不同，结果也会不一样；在猎物内

雌土蜂的麻醉手术

雌土蜂对猎物进行的麻醉手术，既能使猎物一动不动，又能使它在一定时间内保持生命迹象。

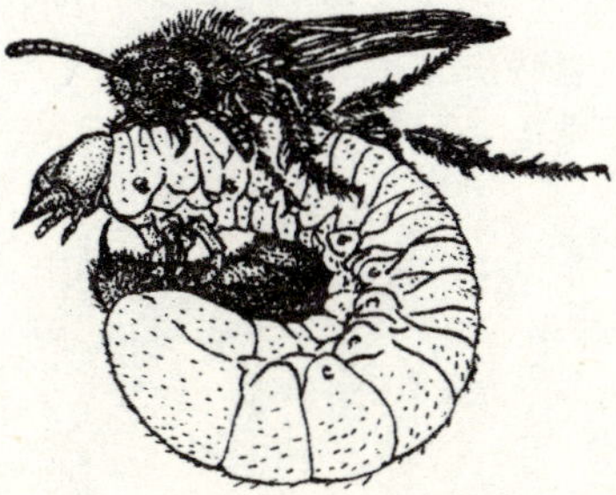

脏里的钻探一定要有固有的秩序，如果不按照这个固有的秩序，也许能成功进食，也许不能。对于这些微妙的问题，我认为是没人能够回答的。在科学的盲区，事实胜于雄辩，或许该让虫子来说说话。我们不妨试试看。

一只发育到1/3或者1/4的土蜂幼虫，很不幸地成了这一试验的对象。为了尽量避免弄疼它，我费了很大的力气才将它的长颈从猎物的腹腔里取出来。我耐着性子，用一把毛头刷反复摩擦，才将它弄出来。我将金匠花金龟的幼虫翻了个身，让它背部朝上，躺在腐殖土层上一个被手指压成的槽里，最后在它的背部放上了小土蜂。小土蜂现在处于和刚才一样的条件里，不同的是，位于它嘴巴下面的是猎物的背而不是肚子。

整整一个下午，我都全神贯注地盯着它看。只见小土蜂用它的头在这儿凑凑，那儿碰碰，不停地戳着金匠花金龟，但总是找不到一个满意的地方下嘴，它就这样浪费掉了一天的时间，却只显得有些躁动不安而已。我在想，它肯定会在饥饿难耐的时候进食。但是，我错了。第二天，我发现它变得更加焦急，虽然一直在摸索着，但仍然是“狗咬刺猬——无处下嘴”。我又试了半天，但还是没有任何结果。对这个在安静时就吃个不停的家伙来说，节食一天后它应该胃口大开才对。可是，极度的饥饿感并不能让小土蜂随便找个地方吃起来。是牙齿的问题吗？肯定不是，因为金匠花金龟幼虫背上的肉和肚子上的一样软。另外，只要它从卵里孵化出来，它就会有足够的力气穿透金龟幼虫的皮肤，何况今非昔比，它如今已经变得这么强壮了。因此，不是力量不足，过于固执才是它拒绝随便从某个地方开始进食的原因。谁知道呢？或许从背上开始咬会伤害背上的血管，从而损伤金匠花金龟幼虫的心脏。我试图让土蜂进攻猎物背部的试验彻底失败了。难道小虫子能意识到，如果胡乱在食粮的背部钻一个孔，就会导致其腐烂，从而给自己带来危险吗？这种想法当然是推测，它们的拒绝只是一种天性使然，是在一种指令下进行的，而它天生就要服从这一命令。

如果我继续让土蜂幼虫待在它的猎物的背上，它一定会饿死的。于是我让一切恢复正常，重新将金匠花金龟幼虫的肚子朝上，让小土蜂重新趴在猎物的肚皮上。这个带有慈善性质的试验，本可以用先前做过实验的那些土蜂来做，但为了防止因突然改变的实验会造成的意外，我决定另选土蜂，于是，我从我的储存里又拿出一些土蜂来。又一只土蜂被打扰了，我故技重施，将它的头从金匠花金龟幼虫的内脏里抽出，不同的是，这次是将它对着金龟幼虫的腹部。小土蜂惊恐不安地摸索着、犹豫着、寻找着，却不把头插进任何一个地方，尽管现在所面对的是金匠花金龟幼虫的腹部。它在背上的时候也有过类似的犹豫。谁知道呢？我要啰唆的是，也许在花金龟幼虫的腹部也会有神经元被伤着，这可能比背上的血管还要致命。经验不足的土蜂是不会随意将它的头插进花金龟幼虫的腹部的，否则它的生命就会因为随便咬了一口而毁于一旦。如果它咬到了我用针做解剖刀戳过的那个点的话，那么它的食物很快就会成为一具腐尸。除了固定虫卵的那一点，在其他地方所进行的试验又失败了。

毫无疑问，雌蜂选择这一点，是对它们幼虫成长最有利的一点；

可是，我不知道这种选择的根据是什么。雌蜂固定了卵的位置，于是要钻入金龟幼虫的腹部的位置也就确定了，可谓是一举两得。小土蜂要咬的就是这个地方，并且只能是这儿，而不能是别的地方。它几次三番地拒绝咬噬金匠花金龟幼虫的其他部位，甚至即使饿死也在所不惜，这向我们充分展示了它这种受本能控制的行为规则是多么严谨。

只要时间足够，摸索在猎物腹部的雌蜂幼虫，迟早会发现不远处的那个大伤口，我如果没有了等待的耐心，我就用刷子尖引导它的头靠近那个伤口，于是小土蜂就会发现它曾经钻过的开口，便伸长颈子，一点一点探进金匠花金龟幼虫的腹中，直到一切恢复到起初的那种状态。然而，此后的饲养并不是一帆风顺。大多数幼虫因此会生长得很好，长大了并且织出茧来，而有些金匠花金龟幼虫会很快变成褐色并且腐烂掉，同时，土蜂也变成褐色，像腐烂的东西那样肿胀起来，随后一动不动。它视死如归，从不尝试从血脓中抽身。它就地死去，是被那变质的猎物毒死的。

食物突然腐烂后，土蜂也随之送了命，这其中藏有什么玄机呢？我只能有一种解释。小土蜂被我从金龟子幼虫的腹中拉出来，肯定受到了惊扰，当它再回到我将它拽出来的伤口旁，就找不到它几分钟前要开采的矿脉了，只得在虫子内脏里胡乱地噬咬，这让它断送了最后一线生机。它被丰盛的食物毒死，如果它完全遵循进食规则，它一定会长得胖胖的。

我还想看看另一种由于在进食时被打扰而造成的死亡后果。这一

小土蜂啃噬金匠花金龟幼虫

如果小土蜂的食物突然腐烂，那么它也会随之死亡。

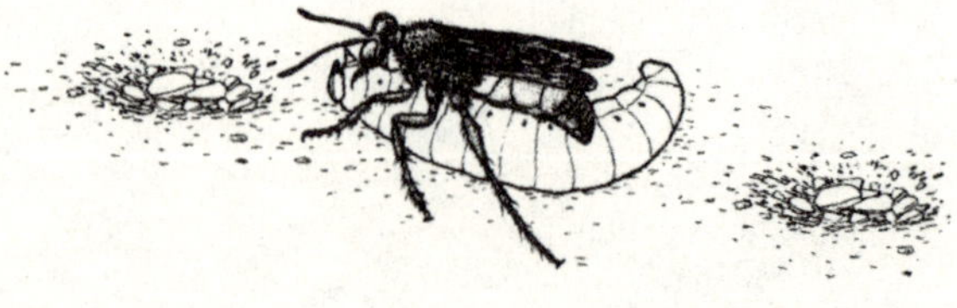

次是猎物本身搅乱了小虫子的行动。雌蜂为小土蜂准备好的金匠花金龟幼虫是被深度麻痹的。它一动不动，这种平静让我感到惊讶，这也构成了这段故事的亮点之一。但我们下结论还为之过早。现在，我用一只相同的幼虫代替它，但这只虫子没有被麻痹过。为了防止这个替代品翻身时会把小虫子压死，我必须让大虫子不动，保持着将它从土层里取出时的模样。我还要提防它的腿和上颚，只要它们稍微碰一下小土蜂，就会使后者立即命归黄泉。我用一根非常细的金属线，将大虫子肚皮朝天地固定在一块软木板上。我知道，小土蜂自己是开不了大虫子的肚皮的，为了给小土蜂提供一个现成的小口子，我在大虫子的皮肤上，也就是在土蜂固定它的卵的位置划开一道小小的口子。于是，小虫子被放在金匠花金龟幼虫的肚子上，头贴着带血的伤口。它们整个儿被放在一个玻璃瓶里，下面还铺着一层腐殖土。

金匠花金龟的幼虫像被绑在悬崖上的普罗米修斯①一样无法动弹，既不能扭动臀部，也不能用腿和上颚扑抓。它毫无抵抗能力地将身体呈现在要吞噬它内脏的小鹰隼面前。出于本能，小土蜂没有经过太多的犹豫，就钻进了我用刀剖开的伤口里开始进食，这道伤口对它而言就是我使它离开的那个伤口。最后，它将颈部伸进猎物的肚子里，过了两天，一切都似乎顺理成章。但后来，我看到金匠花金龟僵硬了，土蜂也被腐烂猎物的肉毒胺毒死了。我看见它先变成褐色，然后就地死去，身体的一半还留在有毒的尸体中。

实验的结局是很容易解释的。为了使小土蜂能毫无危险、安安静静地进食，我将这只生龙活虎的金匠花金龟幼虫捆绑起来，使它

①普罗米修斯：古希腊神话中的神，他触犯了主神宙斯的意愿为人类盗取天火，宙斯下令将他锁了起来，并让一只恶鹰啄食他的肝脏。他忍受着肝脏被啄食的痛苦，而被啄食的肝脏又会不断地生长出来。——译注

无法进行外部运动。但是，我不能控制它内部的运动，这种带有强迫的静止和土蜂的咬噬，会刺激它的内脏和肌肉不断颤动。因为大虫子的感官依旧存在，疼痛会引起它本能的痉挛反应。小虫子每咬一口，它那无法运动的肌肉都会抽搐一下，受到干扰的小虫子就会胡乱地嚼着，最终这样杀死了那只仅仅切了一刀的大虫子。但如果猎物被毒针刺到了，那么情况就大不一样了。既没有外在的挣扎，同样也没有内部的颤动，因为小虫子用上颚咬的时候，猎物已经没有感觉了。无人惊扰的小土蜂每口都不会有偏差，那种聪明的进食方法也得到了正确的运用。

这些结果让我觉得异常有趣，以至启发我在研究中想出了更新颖的招数。以前的研究结果告诉我，挖掘虫对于猎物的特性并不很在意，因为雌蜂总是用同一种方式给它们喂食，我甚至拿来许多种与正常猎物差异很大的食物喂它们。我在后面将再次提及这些内容，希望从中能得出一些规律。让我们沿着这种思维，看看土蜂在食用非它本来的食物时会是什么后果。

院子里的土堆犹如一个采之不竭的矿藏，我在里面找出差不多已发育到了成虫的1/3的两只葡萄根蛀犀金龟的幼虫，这样的大小与金匠花金龟的幼虫不差上下，和土蜂的体积相比也不会相差太多。其中一只神经中枢被我注射了氨气而呈麻醉状态，并在它的肚子上小心翼翼地切开了一道小口子，然后就把土蜂放在上面。带血的小口子对土蜂很有诱惑力，可以诱它进入。于是，它毫不犹豫地将半个身子扎进了猎物丰满的腹腔内，食物好像很合它的口味。这一次一切都很顺利。难道是后天的饲养成功了？不，完全不是这样。到了第三天，蛀犀金龟开始腐烂，土蜂也死了。问题变得很复杂了，这次的失败应该归咎于谁呢？是我还是虫子？是因为我鲁莽地注射了氨气，还是因为虫子对一个与往常不同的食物的吃法不够了解，过早地开始进食一块还不该吃的地方？

我带着这些疑惑又从头开始研究。这一次我不干预试验，这就可以避免因粗心而导致失败。和先前做过的那个金匠花金龟的实验一样，我把蛀犀金龟的幼虫也固定在软木板上。我像平常一样在猎物的肚子上开了一道口子，用这道带血的口子来引诱小虫子，方便它进入。但结果仍然是失败的。在很短的时间里，蛀犀金龟就变成了一具腐臭的尸体，小土蜂也毒死在它的身上。失败像是注定的，这些猎物除了是小土蜂不熟悉的以外，还是没有被麻醉过的。

再从头来吧，这一次是一只被麻醉过的猎物，但手术并不是我做的，而是一位十分有经验的麻醉师做的，肯定不会出现任何意外。因为就在前一天，在一个沙土坡底隐蔽的地方，我发现了 3 窝朗格多克飞蝗泥蜂的幼虫，每只蜂巢都有距螽，还有刚刚产下的卵。距螽就是我找的猎物，它肥胖丰满，而且大小对土蜂也适宜，此外，更重要的是，它是被超级麻醉大师按照技艺标准麻醉过的。我希望自己好运，能够如愿以偿。

和往常一样，我把 3 只距螽放在一个瓶子里，并且铺上一层土，我取走飞蝗泥蜂的卵，在它们每个猎物的腹部都轻轻切开一道口子，然后在上面各放一只小土蜂，这样的试验我已是轻车熟路。一直过了三四

螽斯

在昆虫界，每种昆虫都有自己专属的食物，并且它们懂得进食的技巧。比如飞蝗泥蜂幼虫主要吃螽斯，它们在进食螽斯的过程中，使被猎物始终保持新鲜，而土蜂幼虫却不懂这种技巧，螽斯在它的嘴下会很快变成一堆臭肉。

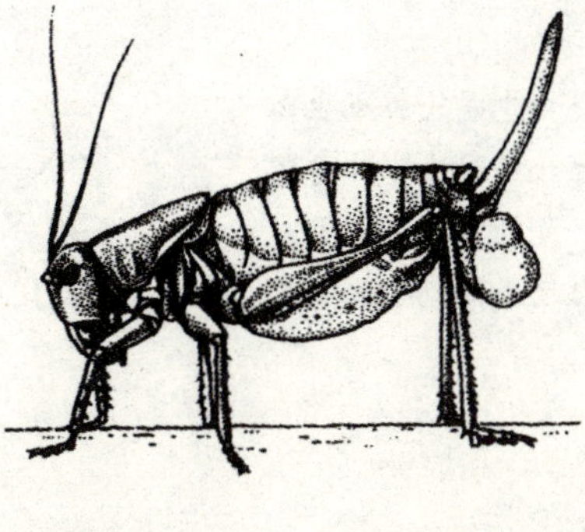

天，小土蜂们不停地并且没有任何不良反应地享用着这个对它们来说十分新鲜的猎物。我从其消化道的变化可以看出进食是按规律进行的，这与它们食用金匠花金龟幼虫没多大区别。食谱上出现了大变化，食欲却没有任何损坏。但是，好景不长，到了第四天，3只距螽陆续变干枯了，土蜂也渐渐死去。

这样的结局很有说服力。飞蝗泥蜂孵出来的幼虫就会以距螽为食，这样的试验就算做100次，出现的也会是一幕幕让我不可思议的场景。一只昆虫在将近两个星期里会一块一块地被吞噬、被掏空，然后消瘦、衰弱下来，最终干枯死去，但到最后关头还一直保持着具有生命力的新鲜。如今，土蜂的幼虫代替了与它差不多大小的飞蝗泥蜂的幼虫，菜还是那道菜，但客却不是原来的客，原本新鲜卫生的食物很快就会变质。在飞蝗泥蜂嘴下能长久保持洁净的食物，到了土蜂的嘴里就变成了有毒的脓血。

也许猎物直到最后还保持新鲜的原因是这样的：膜翅目昆虫在使猎物麻醉的那一针毒液中含有某种特殊的防腐性能。那3只距螽已经被飞蝗泥蜂麻醉了，但既然它们能在飞蝗泥蜂幼虫的上额下保持新鲜，为什么到了土蜂幼虫的嘴下很快就腐烂了呢？所以防腐的假设显然不成立，按照常理，在飞蝗泥蜂幼虫嘴下能保持新鲜的防腐液，不该到土蜂幼虫嘴下就不起作用了，防腐液的特性是不会随着进食者牙齿的不同而有所改变的。

聪明的读者们，你们知道问题出在哪儿吗？为什么在飞蝗泥蜂幼虫嘴下能保持长久新鲜的距螽到了土蜂幼虫嘴里就很快腐烂了呢？我只能

短翅距螽

距螽科昆虫也是土蜂幼虫喜欢的食物，但土蜂幼虫却对进食它们的方法一无所知，以至于当猎物慢慢干枯时土蜂幼虫也会呈现出病态。

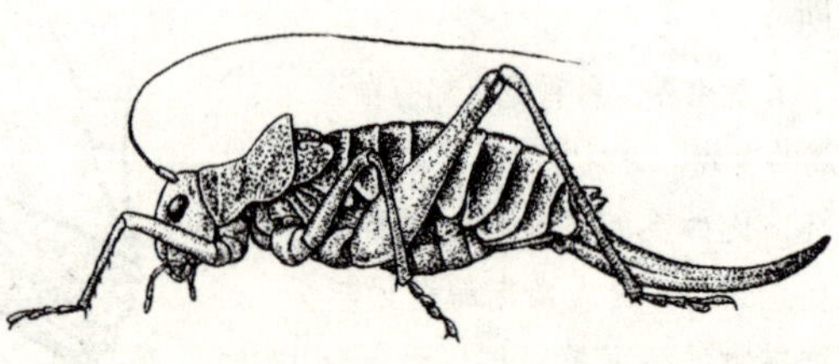

找出一个原因，我认为除此之外，恐怕不会再有其他原因了。

这两种幼虫的进食方式都是由猎物决定的。飞蝗泥蜂的幼虫在食用距螽的时候，它运用的是进食距螽的艺术，知道怎样食用距螽才能让它保持长久的新鲜。在它吃花金龟的时候，原有的进食技巧就不管用了，生理上的差异让它失去能保鲜的进食技术，于是，它面前的食物很快成为一堆臭肉。同样的道理，土蜂的幼虫只知道如何进食花金龟，对进食距螽的艺术却一无所知，尽管它也喜欢吃距螽，但它的大嘴不知道如何吞噬这道大餐，因此只要进入猎物的体内，它就会随意噬咬，以致很快杀死了距螽。秘密就在这儿！

关于这个问题，我还会在下面重新做一些叙述。我发现，用飞蝗泥蜂麻痹过的距螽来喂食土蜂，尽管吃的东西不同，但只要食物还保持新鲜，土蜂就能保持很好的状态。只是当距螽干枯的时候，它们也会显现出病态；等猎物腐烂的时候，它们也会随之死亡。它们死亡的原因不是因为吃了不同的菜肴，而是动物在腐烂时产生了可怕的毒物肉毒胺，它们就是被它毒死的。因此，尽管我的 3 个实验都以失败告终，但却让我坚信一点：如果距螽没有腐烂，这种异化饲养就会取得完全的成功。也就是说，如果土蜂像飞蝗泥蜂那样懂得进食距螽的技巧，它就能够以距螽为食。这是多么微妙而危险的饮食技艺啊，这些食肉的小虫子，一个整块的食物，它们要吃上半个月，但还要保证到最后一刻才杀死它！那些令人仰视的生理学，它可以准确无误地描绘出这种连续进食的方法吗？小小的虫子是怎么学会了我们都无法知晓的东西的？按照达尔文的理论，这种天生即有的习惯来自于本能。

在对这个观点下定论之前，不妨先弄一只膜翅目昆虫来，它的第一代不具备那种能够避免食物腐烂的进食技艺，现在让我们用一只金匠花金龟或者其他能保存很长时间的大猎物来喂养它的下一代吧。没有习惯，更没有遗传，它的幼虫随意地咬着食物。它是一只不会珍惜食物的饿殍，它冒着风险在猎物身上胡乱撕咬，而我们刚才也看到了不经控制的嘴巴在乱咬之后带来的致命后果。它死了，我刚刚用最准确的方式得到了证明。它死了，是被它杀死了的或者腐烂了的猎物毒死的。

为了顺利地成长，对于膜翅目昆虫来说，就算是新手，也必须知道挖掘大虫子内脏时的禁忌和许可，尽管那是个难解的秘密，但它必须完全领会，不能只知道个大概，因为只要乱吃一口，它就会走向死亡。我实验中的土蜂是个进食大体猎物的行家，它们从来到这个世界开始，就从事着切割的技艺。然而，当我想用被飞蝗泥蜂麻醉过的距螽喂养它们的时候，却都一个个死于腐烂的食粮。它们在进攻金匠花金龟方面受过严格的训练，但面对新的猎物时，却完全不知如何下口才能有节制地进食。

它们所掌握的进食技艺还不够全面，它们只知道该吃新鲜的肉，但不知道辨别食物有没有毒。我们可以追溯到源头，幼虫第一次咬一个丰满的猎物时是什么样的呢？不懂进食的技艺就会死去，这是必然的，除非有人认为古代的幼虫能吃那些可怕的肉毒胺而不死，但如今，这些肉毒胺却能使它们的后代很快毙命。

大概没有几个人会相信昔日的食物如今却变成了毒药。如果说古代

土蜂幼虫之死

土蜂幼虫似乎只懂得进食花金龟的艺术，在进食其他猎物时由于不讲究方法，随意啃噬而断送了自己的性命。

幼虫吃的食物是新鲜的而不是腐烂的肉，这样人们也更不能相信，一个偶然的机会能避开陷阱，在食物身上进食取得成功；对于这样复杂的进食技艺，偶然成功几乎是不可能有的。所以，从有幼虫的那一天起，进食就应当有严格的方法，它符合所吃食物生理机制的严格要求，膜翅目昆虫才得以繁衍至今；如果进食没有确定的规则，膜翅目昆虫就不会繁衍至今。第一种情况，是天生的本能起了作用，第二种情况则符合后天习惯的道理。

的确是一个意想不到的收获！我们假设它一开始就是一种奇特的生物，那么我们就要接受它的后代也是奇特的。有因就有果！小雪球慢慢地滚成了一个大雪堆，这必须做到起点不能为零。要想得到一个雪堆就必须先有雪球，无论那个雪球有多小。然而，对于后天的习惯，我推断出了各种可能性，可是得到的每个答案都站不住脚。如果昆虫完全不清楚它该怎么做，仅仅靠后天摸索的话，它就会死去，这是毫无疑问的。没有最初的雪球，雪堆也堆不成。如果它后天什么都不用学，对该知道的一切都本能地了如指掌，那它就会很兴旺地繁衍下去，子孙满堂。这就是天生的本能，本能就是那种不用学也不会忘的东西，是不会随着时间流逝而改变的。

我向来不会提出那些空洞的理论，把事情弄明白就行了。我不会大而化之地论证，或者再配上一些模棱两可的假设。我只通过观察和实验让事实说话。这些事实，我们都了然于胸了。本能究竟是天生的能力还是后天的积习，现在我们自己能断定了吧。

第三章

金匠花金龟的幼虫

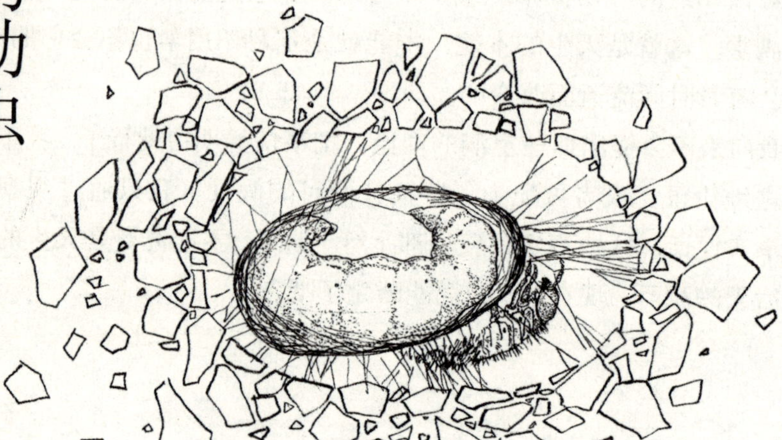

土蜂幼虫进食的时间大约是12天，食物直到幼虫吃完最后一口时才会变成一块枯皮。当金匠花金龟幼虫的肤色变得像落叶一般的颜色时，它体内最后一点儿生命的火星也将熄灭了，最后，枯皮被抛弃在一边。四壁坍塌变形的厨房于是有了一点儿秩序，空间宽阔了很多，土蜂的幼虫开始马不停蹄地织虫茧。

茧是从围墙四周开始织起的，通常以一堆血红色的大块丝状物为材料。根据研究的需要，在腐殖土层上，我把幼虫放在我用手指挖的沟槽里，由于沟槽没有拱顶，幼虫无法固定位于网最高处的那些线，所以织不成茧。为了方便织茧，所有幼虫都需要生活在一种吊床上，这个吊床必须悬在四壁中央，与四周和上下的墙壁有一定的空隙，这样它们可以在各个方向均衡地织茧。如果没有顶板，幼虫找不到必要的附着点，茧的上部就不能形成。在这样的情形下，试验中的土蜂幼虫最多只能给我造的那个沟槽铺上一层红丝呢地毯。由于不能成功织茧，所以几只幼虫相继死去了。也许是因为找不到丝的附着点，那些丝就卡在喉管里将它们噎死了。如果不注意这一点，人工饲育就常常会因此而失败。但只要知道了原因，解决的办法就很简单了。我在沟槽上面叠放了一个纸带做的顶板，当我想看看织工的工作进展时，只要把纸带卷成一个拱形就可以了。如果想尝试做个饲育家，在具体操作时就要注意这些重要的细节。

茧经过一天一夜就织好了，至少我看不见幼虫了，也许它还在加厚住宅的内壁。刚开始时，茧是火红色的，随后变成了淡淡的栗褐色。茧呈椭圆体，雌蜂的茧长轴约26毫米，短轴约11毫米。雄蜂的茧要

土蜂幼虫织茧

土蜂的幼虫慢慢长大，猎物的生命气息逐渐消失，直至土蜂幼虫吃完最后一口，猎物变成了一张枯皮。这时，土蜂幼虫开始织茧。

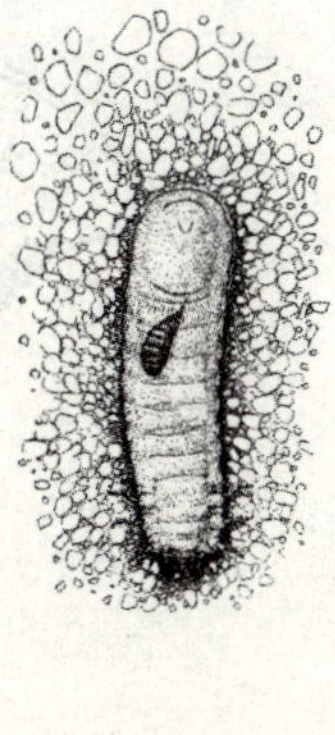

小一点儿，长约17毫米，宽约7毫米。从形状上，人们无法区分哪儿是头部，哪儿是尾部，因为茧两端的形状几乎是一样的。其实，茧的头部较软，经不起镊子的压力；而尾部较为坚硬，能经得起镊子夹。保护层和飞蝗泥蜂类的围墙一样是双层的，外层由十分细软的纯丝构成，不是很坚硬，它和内层紧紧连在一起，但留有一定的空隙；在尾部的两层是紧粘在一起的。两层有的地方粘在一起，有的地方分开。粘连的地方硬，分开的地方软，这就是用镊子夹两端时产生不同结果的原因。

蛹的内层结实、富有弹性而不易变形，即便是碎掉一块也是如此。我毫不怀疑，当幼虫织成网后，它会从胃中吐出来一种黏液渗进丝中，这样会让茧更牢固。泥蜂的茧已经给我们展示过类似的构造。这种液体是栗褐色的，不仅加厚了丝，还让茧从火红色变成了褐色。黏液从茧的尾部大量溢出，所以尾部的两层是紧粘在一起的。

大约到了7月初，成虫才真正孵出。出壳时，茧并不会一下子被撬开，也不会留下杂乱无章的伤痕。在茧的首端附近会出现一道清晰的环状裂缝，这样，首端的那块茧就像一个套上去的盖子，有十分清晰的分离线，至少在茧的内部是这样，这可是整个茧最坚硬最重要的一部分。成虫出茧时，盖子会脱落下来，像是用头在撞击盖子并把它顶开，至于外部的壳，因为它的强度本来就不够，所以当内层壳裂开后，它也就轻而易举地被裂开了。

膜翅目昆虫能从内壁为自己打开这样一扇规则的门，我不清楚究竟

土蜂的茧

土蜂的茧呈椭圆形，起初是火红色的，随后变成了淡栗褐色。

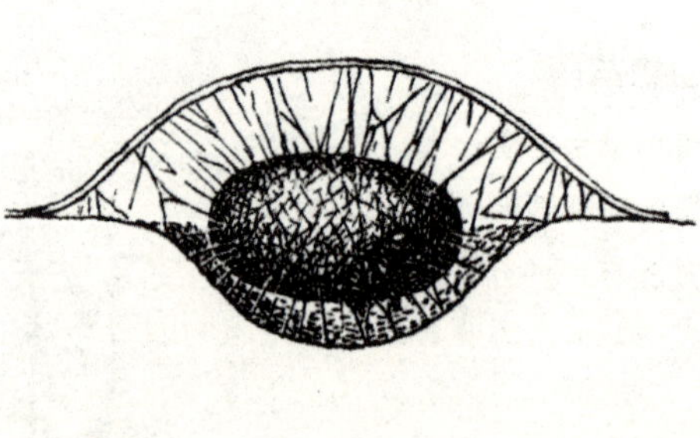

是用什么高超的手段，它是用上颚来剪裁的吗？我不相信会是这样，因为茧很厚，可剪开的环状切口显得很整齐。它的上颚不会这样锋利，不能做到一点儿毛边也没有，况且切口很完美，看上去就像是用尺规量出来的一样，这种几何上的精确又是如何保证的呢？

因此，我推测沙地土蜂当时造外壳的时候，是按照一种本能的方法。换句话说，它们整齐划一地织线，整个外壳的布局没有任何与众不同之处，关键是，它们在织内壳时换了编织方式。它显然是在模仿泥蜂，泥蜂幼虫一开始是编网，然后从网宽大的开口出去，从外面找来一些沙粒镶嵌在丝网里，最后才用一个与网开口大小合适的盖子将网套上。这样就留下来一条不那么结实但很整齐的环形线，以后壳就是从这里裂开的。假如土蜂也这样织茧的话，一切就真相大白了：还留有网口的时候，土蜂将壳的中央部分里里外外地涂一层漆，使它像牛皮纸一样坚硬，最后再盖上罩子。罩子是建筑物的结束工程，为以后的开裂留下了一条既方便又清晰的线，成虫撕开这条线，就能破茧而出。

关于土蜂的幼虫就说到这儿吧，接下来让我们说说它的食物，还有它那令人惊讶的身体构造，这些我们现在还不是十分了解。

为了能保证在最后一刻都有新鲜的食物，土蜂幼虫必须非常慎重和准确地选择猎物的进食部位。金匠花金龟幼虫必须完全不能动弹，既不能在土堆中移动，它那强壮的肌肉组织也不能出现任何颤动，因为哪怕是极其轻微的颤动也会使进食的幼虫受到惊扰，从而影响进食的精准。我之前的实验足以证明这一点。

在正常的情况下，金匠花金龟幼虫只要一受到惊扰，就会像刺猬一样蜷起身体，首尾合在一起。金匠花金龟幼虫这样大的收缩能力会让我感到非常惊奇。如果试图把它拉回原形，手上感觉的阻力超出我的想象——一个虫子居然有这么大的力量。我必须加大力气，我感到再这样下去，会突然弄断幼虫的身体，让它五马分尸，于是不得不放开它。

葡萄根蛀犀金龟、细毛鳃角金龟和缩绒鳃角金龟幼虫的肌肉都显得非常有力量。幼虫健壮的体质，足以使它们在艰苦的环境中保持丰满的体形。它们生活在地下，挺着沉沉的大肚子，以腐殖土或者树根为食。每只幼虫都可以把身体蜷起来，人们不用力就无法控制它。

土蜂的卵或者幼虫是贴在金龟子肚子下的，如果金匠花金龟蜷起身体，或者葡萄根蛀犀金龟和细毛鳃角金龟弯成弓形，它们会变成什么样子呢？它们会被夹得粉身碎骨。土蜂只有等到弓变直、钩子张开、绝对不会再弯起来的时候才是安全状态。土蜂的安全还需要更多因素，必须让这些健壮的金龟幼虫失去任何颤动的能力，否则会给土蜂的进食带来致命的麻烦。

双带土蜂的卵固定在金匠花金龟的幼虫上，后者完美地提供了它所需要的条件。它四脚朝天地躺在土堆中央，把肚子充分暴露出来。膜翅目昆虫用螫针麻醉猎物的情景，对我来说已经司空见惯，看到牺牲者不能动弹我已不再觉得奇怪。其他外皮柔软的猎物，例如毛虫、蟋蟀、螳螂、蝗虫和距螽，它们在被针尖戳过后，我至少

葡萄根蛀犀金龟

鞘翅目金龟科昆虫，以腐殖土或树叶为食。当土蜂将卵产在它的身上时，必须保证它已经丧失了任何颤动的能力，否则土蜂幼虫出生后就会有生命危险。

可以看到其腹部的抽搐和轻微的扭动。而金匠花金龟被蜇以后，似乎一点反应都没有，我只看到它嘴巴一张一合，触须微微搐动，短短的触角摇摆几下而已。即使是被螯针戳的位置，也没有任何颤动。如果用锥子一处一处地戳它，它也是没有丝毫反应。只有尸体才会这样悄然无息。在我很多年的研究中，我从没见过这样深沉的麻醉。我见过膜翅目昆虫利用它们的外科技术创造出的奇迹，但今天这样的手术太不同寻常了。

当我弄清楚土蜂是在什么样的条件下工作时，我更加惊讶了。其他的麻醉师往往都是露天工作，在光天化日之下可以让它们放开手脚去做。它们捕捉猎物，制服它，杀死它；它们盯着猎物，避开它的反抗，躲避敌手的钳子和钩子。一切都在它们的控制之中，它们能不费吹灰之力地将螯针插入，所有动作做起来都显得轻车熟路，游刃有余。土蜂和它们相比，是多么困难啊！因为它在昏黑的地下狩猎。可以想象，它身边的土不停地坍塌着，使它的行动非常不便，它无法看见那些会一下子将它劈成两半的上颚。此外，金匠花金龟面临敌人的时候，会摆出一副防范的架势，它蜷缩起来，背弓着，像是披好盔甲就为护住腹部这个气门似的。在地下，能精准地蜇刺以达到快速麻醉，这样，要征服这个强壮的幼虫可不是桩轻松的活儿。

我们希望能亲眼看到这两个死敌的交手，并且直接看清交手的整个过程，可这无法做到。一切都是在地底下偷偷地发生，在光天化日之下不会有这样的战斗。因为牺牲者必须留在战场上，战事一结束就要产卵，卵的发育在腐殖土和潮热的环境里才能顺利进行。如果不能直接看到二者交战的好戏，我们可以通过其他类似的争斗，从侧面看看这场征服战的主要情节。

在地下，毛刺砂泥蜂是靠触角特殊的感觉认出灰毛虫的，于是，我这样设想事情的经过：土蜂在土堆下挖来挖去，就这样发现了胖乎乎的金匠花金龟幼虫，这恰好正是它需要的猎物。金匠花金龟遇到险情，一下子蜷起身子，绝望地收缩起来。土蜂从颈部抓住它，靠力气把它打开是不可能的，因为我也是费了好大的气力才成功的。金匠花金龟幼虫这样的防卫还是无济于事，还有一个地方可以用针刺进，那就是头的后部，或者说是最前面那几个节。为了用坚硬的头保护防卫能力稍差的尾部，上苍将它的头部安排在螺旋体的外部。可是，有利就有弊，这个狭窄的区域成了金匠花金龟幼虫的软肋。既然别的地方已不可能，柳叶刀只有在这里能找到切口，这个地方足够让膜翅目昆虫的针蜇入，幼虫被深深地麻醉了。

瞬时，麻药摧毁了它的神经系统，它的肌肉停止了运动，身体就像一个弹簧断了一样散开了。此后它便失去反抗的能力，平躺着，腹部完完全全地展现出来，任人宰割。土蜂在它腹部中线的偏后一点，就是腹中因为有食物而呈现出褐色斑块的地方产下卵，除此之外，它什么也不做，做完就会离开，去寻找下一个猎物。

过程就是这样，因为结果可以充分证明。金匠花金龟幼虫有个比较特殊的神经器官结构，它强劲的收缩只会留下一个破绽——颈背，当它努力预防攻击时，颈背就会门户大开，而在这唯一的地方蜇一下，就可以造成我从未见过的麻醉效果。按照常规，神经节存在于金匠花

金匠花金龟幼虫的神经系统

当金匠花金龟幼虫的神经系统被麻痹时，它的肌肉就会立即停止运动，身体像弹簧一样散开了。

金龟幼虫的每一节肢体中，毛刺砂泥蜂的猎物灰毛虫就是一个典型的例子。毛刺砂泥蜂深知解剖原理，它将灰毛虫一节一节地蜇刺，一个神经节也不放过。倘若金匠花金龟幼虫的结构也是这样的，那种顽强的卷曲会让土蜂的蜇刺变得很难操作。

假如第一个神经节被麻醉，其他神经节还正常工作，虫子就不会失去运动功能。那么那些卵、那些在它肚皮上的幼虫可就要大难临头了！假如土蜂像砂泥蜂那样，为了安全起见，在不断有塌方发生的漆黑的地下，面对金匠花金龟那可怕的上颚，一一地去蜇每一个节，这对它来说是要冒多大的风险啊！精细的手术应该在明亮的、没有任何干扰的环境里操作，用眼睛来指挥解剖刀，一旦发现危险就可以随时停止对猎物的解剖。但是在阴暗的地下，在随时都会崩塌的杂物堆里，和强劲的对手紧贴在一起，险情一旦发生，就没有任何退路，如果要几次三番地去蜇刺，该如何保证螫针的精确呢？

如此深沉的麻醉，土蜂蜇刺的困难，金匠花金龟令人绝望的蜷缩，这一切都向我证明，金匠花金龟的幼虫在神经系统上应该有特殊的结构。在它颈部下方开始的那一节里，所有的神经节群都应该集中在那里。我看得很清楚，就像已经见过解剖的过程一样。

我所用的检验方法是最直接有效的。有些汽油可以用来分解脂肪，为了使神经系统看得更清楚，可以将金匠花金龟幼虫放在汽油里泡上48小时，然后解剖。只要对我们这行有所了解的人，都能理解我为何而乐。

土蜂的世界就是一所大学！它是那样的完美无缺！在这里，我们可以看到金匠花金龟幼虫胸部和腹部的神经节连成了一个神经块，位置就在离头很近的螯只后腿构成的四边形里。神经块呈灰白色圆柱体，大约有 3 毫米长，0.5 毫米宽。这就是土蜂螫针要插入的地方，除了头部是单独的神经节外，蜇这里可以让它的整个身子麻醉。这里有无数的神经纤维控制着四肢和强健的肌肉，它是昆虫最优良的动力器官。用普通的放大镜看，这个圆柱体神经块显现出很多横向的条纹，其结构的复杂可见一斑。在显微镜下看，我发现它的内部是并联在一起的，十个神经节一个接一个地紧接着，相互之间有轻微的分节。最大的是第一节、第四节和最后一节，这三节是差不多大小的。其余的神经节只有前面三小节中单个的 1/2 大或者 1/3 大。

在时刻崩塌着的沙土里，沙地土蜂捕捉着细毛鳃角金龟幼虫，在有些地方是捕捉晨害鳃角金龟的幼虫。它们在狩猎和做外科手术时会面临一定的困难，为了能够摆脱困难，猎物也需要像金匠花金龟那样有较为集中的神经块。这是我在实验之前通过推断得出的结论，事实也证实了我的推断。在解剖了晨害鳃角金龟的幼虫后，我看到在它胸部和腹部非常靠前的位置，神经中枢合成了一个短的圆柱体，柱体的一头紧贴着头，另一头也不会超出第二对足。这是个较难防卫的地方，就算晨害鳃角金龟的幼虫摆个防卫的姿势，把身体收缩起来，螫针也很容易刺到。我发现圆柱体有 11 个神经节，比金匠花金龟幼虫的多一个。前 3 个胸腔的神经节尽管靠得很近，但还是有很明显的分界，而后面的都紧连在一起。胸腔的那 3 个神经节和第 11 个神经节最大。

清楚了晨害鳃角金龟的神经结构之后，我回想起荷兰自然学家斯瓦麦尔达姆对葡萄根蛀犀金龟做的研究。一个偶然的机会，我拜读了昆虫解剖学之父那本权威之作《自然圣经》的节选本，它简直成了我的参考书。它告诉我，在我之前，这个尊敬的荷兰人看到的金匠花金龟和鳃角金龟幼虫的神经中枢的特殊生理结构如此相似后，和我一样深受触动和震动。在证明了蚕体内存有由不同神经节组成的神经块之后，他惊讶地发现，在葡萄根蛀犀金龟幼虫的体内，有一些神经节串联起来形成一支短链。从他的惊奇可以看出，肯定是有了非同一般的发现，因为他平常研究的都是正常的器官，这样异常的组合很少见。我所惊奇的不是组合的异常，我为土蜂能如此精确地麻醉猎物而惊叹不已，尽管在地下进行手术时条件非常艰难，但麻醉还是如此深沉，它让我猜测到这一切都得益于猎物特殊的生理结构。通过特殊的解剖技巧，我证实了我的推断。在我看来，生理学看到了解剖学不能证明的东西，因为在之后我翻阅《自然圣经》时，他那些解剖学上的案例，我还觉得非常新奇，而现在已觉得它是再普通不过了。我们都知道，金龟子不论是幼虫还是成虫，都具有一种比较集中的神经器官。

葡萄根蛀犀金龟是花园土蜂的最爱，金匠花金龟是双带土蜂的佳肴，鳃角金龟是沙地土蜂的美食。3种土蜂都以金龟子的幼虫作为食物，它们都在条件异常艰苦的地下蜇刺金龟子。只有金龟子这样特殊的神经中枢结构，才能让土蜂如愿以偿。尽管金龟子在大小、形状上都有很大的差异，但这种简易的麻醉对它们来说都会屡试不爽。我不用多想就将它们看做一类，把所有不同种类的土蜂的食物都归类为金龟子的幼虫，以后如果还有所发现，就可以进一步看出它的类属。也许，松树鳃角金龟的幼虫，这个对植物来说非常有害的白虫也是有些土蜂的最爱；也许，大小与花园土蜂相近的痔土蜂，决不拒绝食物的丰盛，在昆虫的世界里，缩绒鳃角金龟也会是它的美餐。这种带有黑底或栗底白点的鞘翅目昆虫，在夏至时分的夜间，就会啃噬松树的叶子。我好像看到过那些以金龟子为食的土蜂，像一个勇敢的护林使者捕捉过它们。

金匠花金龟幼虫一直都是作为牺牲品出现的，现在，我们看看它原本的面貌是什么样的。金匠花金龟幼虫有一个隆起的背和一个平平的腹部，看上去呈半圆柱体，尤其是后半部分更为突出。在背上，每一个环节都皱成 3 个大肉坠儿，上面长着浅黄褐色的硬毛。肛门的环节比其他位置的都大，深褐色的尾端形成圆形。透过半透明的皮肤可以隐约看到内脏，这一节上面也长着毛，但是比较光滑，没有肉坠儿。腹部上的环节是不起褶的，虽然毛也很多，但比背上的要少。腿虽然长得还算协调，但与身体的大小比起来还是短而细的。它的头看起来就是一个长着角的壳。大颚显得强健有力，切成斜边，在平切处有三四个可怕的锯齿。

它运动的方式显得它是一种特殊的生物，与众不同而且稀奇古怪，简直是我在昆虫世界里难得一见的。短短的腿只是一个摆设，行走时却几乎用不到它。它始终是用背行走，除此以外没有别的方法。行走时，背上的毛支撑着身躯，它四脚朝天地向前行动，腿在空中不停地乱舞。任何人第一次看到这种奇怪的运动都会以为虫子是受到了

乱土蜂

属膜翅目土蜂科土蜂属昆虫。体长 9～15 毫米，全身生有黑色的刚毛，腹部有橙色斑纹。翅膀呈暗褐色，根据光线的强弱会闪现出紫色。

惊吓，正在危险中拼命挣扎。无论好心人把它翻过来还是倒过去，都无济于事，它还会固执地再转身用背向前行进。这是它在平地上前进的唯一方式。

如此与众不同的用背走路的方式，足以让一个门外汉轻而易举地辨出金匠花金龟的幼虫。在老柳树的树洞里，挖这些由腐烂的木头形成的腐殖土，在烂树桩下或者在土堆里寻找，就会有几只胖胖的小虫子落到您的手中。只要它们用背行走，毫无疑问，您发现的就是金匠花金龟的幼虫。

它们用背行走的速度是相当快的，速度并不比用腿行走的其他种类的肥胖幼虫慢。在光滑的地面上，用背行走甚至占有优势，因为用腿行走常常会不停地打滑，用背上密集的毛则增加了支撑点，更能稳步前行。

在诸如刨平的木板、纸张、玻璃片这样的光滑面上，我都看到金龟幼虫像在地面上一样移动自如。一分钟内，它在木桌上前进了 20 厘米。在一张钟罩形的纸上，它也前进了 20 厘米。在筛过的平整的土面上，它还是前进了 20 厘米。而在一块玻璃片上，它只前进了 10 厘米。最光滑的表面也只能让它的前进速度降低一半。

现在，让我们各取一只金匠花金龟的幼虫和晨害鳃角金龟的幼虫放在试验面上。普通的鳃角金龟和花金龟的幼虫差不多，这只胖胖的小虫子，大大的呈深褐色的肚子，头上戴着一个红褐色的像铠甲一样的厚壳，强健有力的黑色上颚是挖掘和切割树根的工具，粗壮的脚上长着钩形的指甲。它在桌面上侧躺着，拼命挣扎，可就是无法前进，既不

蠕蠕爬动的金龟幼虫

金匠花金龟的幼虫虽用背行走，但速度很快，并不比用腿行走的其他种类的肥胖幼虫慢。

能平躺也不能俯卧。它正常的姿势是紧缩着身子弯成弓形，我从来没有看到过它完全把身子伸直，可能是因为大大的肚子很碍事。如果把它放在松软的沙土上，这个大腹便便的虫子就更加动弹不得，只能弯成钩形侧躺着。

为了挖土并且钻进去，它头的前部就是工具，那里就像是一把锄头，两个上颚就是锄头的两边。腿也会参与到这项工作中来，但收效甚微。这样，它挖出了一口浅浅的井，借助背上硬竖着的毛蠕动着，它撑住隔板，在沙土上移动并往里钻，举步维艰。除了在此处有几个意义不大的细节之外，这便是鳃角金龟幼虫的大致样子。把它的轮廓放大4倍以上，我们就可以得到花园土蜂庞大的猎物葡萄根蛀犀金龟的样子——一样的形象，一样圆挺的肚子，一样弯成弓形的身体，一样用背行走。显刻禾犀金龟的幼虫也是这样，它同葡萄蛀犀金龟和花金龟的幼虫一同生活在地下。

第四章

土蜂的问题

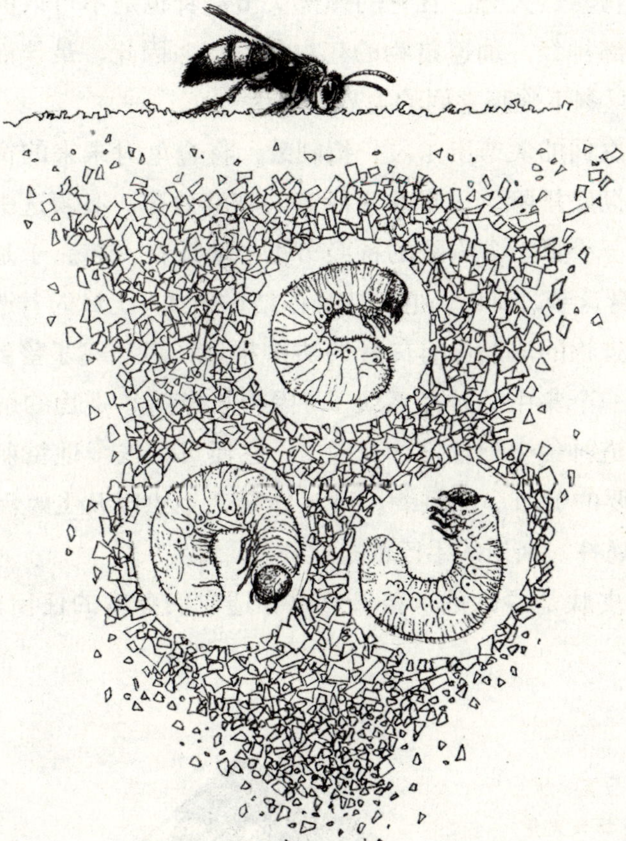

事实全都摆在眼前，接下来进行归类就可以了。我们已经知道，像土蜂那样的猎手会专门捕食那些神经器官高度集中的昆虫。例如节腹泥蜂，是专门捕食象虫和吉丁的。这些猎杀者都是在光天化日之下进行捕食活动的，因此没有遇到土蜂在地下捕食时所遇到的困难。它们可以自由施展捕食技艺，并用眼睛指挥操作；但是，从另一方面讲，困难也会有，它们在进行外科手术时就会遇到一些最为棘手的问题。

鞘翅目昆虫浑身披着一层刀枪不入的铠甲，只有暴露的关节才有可能被螫针蜇到。虽然可以刺到它们脚上的关节，但无济于事，针戳上去只会让局部有些发痒，根本不可能驯服猎物，而且这种类似挑衅的举动反而会使猎物勃然大怒。在它的颈部关节戳针也是不可取的，那样会损伤它的脑部神经，加速猎物的死亡和腐烂。因此，最佳而且唯一能攻击的位置只剩下胸腹之间的关节了。

必须从胸腹之间的关节出击，一招制敌，将金龟对未来的饲育造成的危险的挣扎彻底排除。一个非常满意的麻醉效果，必须选中一个主要的神经节，至少那三个胸腔的神经节集中地连在一起。于是，象虫和吉丁虽然全身武装，却因为它们的身体结构便成了土蜂的首选。

但是，如果猎物的皮肤没有良好的防护措施，阻挡不了螫针，那么就不一定要有一个集中的神经系统了，因为土蜂熟悉猎物的解剖构造，它清楚地知道神经中枢位于什么地方，它便可以挨个地蜇刺这些地方，把所有必要的关节全都蜇刺。砂泥蜂猎杀毛虫以及飞蝗泥蜂对待蝗虫、距螽和蟋蟀，所用的手段都是这样。

土蜂猎物的皮肤是柔软的，螫针可以穿透它们身体的任何部位。

寻找猎物的土蜂

土蜂的螫针十分厉害，加上它的猎物的皮肤一般都很柔软，所以很难抵挡不了它的进攻。

砂泥蜂猎杀毛虫的那种战术会在这里重演吗？不会的，因为受地下环境的约束，它们无法施行这样复杂的手术。现在，唯一可行的是运用麻醉戴有铠甲的昆虫的战术，螫针只能一招制敌，将外科手术的规模缩减到最小程度，这是地下手术所迫使的。因此，土蜂在地下寻找并麻醉食物，猎物必须是神经集中的那种，就像节腹泥蜂的象虫和吉丁那样，这也是金龟子的幼虫为什么能成为它们的食物的理由。

在找到满意的食物之前；在找到几乎就是通过数学计算出的那一个精确的点，螫针可以在插入就能瞬间造成持久麻木的那一点之前；在掌握能长久食用新鲜猎物的技艺之前，总而言之，在具备这三种成功要素之前，土蜂又在做些什么呢？

进化论者达尔文会这样告诉你：它们在犹豫着，搜寻着，尝试着。在漫长的盲目探索之后，最终会找到最好的方法，而这种方法将让它们的后代繁衍下去。目的和手段的绝妙配合，是从一个偶然的结果中得来的。

偶然！当我听到有人引用它来解释像土蜂的本能这样复杂事物的起源时，我只好耸耸肩——这只是一个不负责任的说辞。他们有时还解释说，一开始，昆虫在漫无目的地摸索。为了养育好后代，根据幼虫的胃口，它普遍撒网，力所能及地捕捉所有可以食用的猎物；它试试这个，尝尝那个，这样碰运气式地试了无数个世纪，最终才找到了最适合自己的食物。于是渐渐形成了习惯，时间长了就变成了本能。

算了吧，古代土蜂的猎物与现代的不同就把它看做是一个真理，如果土蜂家族曾经以另一种猎物为食并繁荣不止，后代应当没有理由

双棉芽吉丁

体长 11 ~ 12 毫米，躯干呈富有光泽的深绿色，细长形。鞘翅处有两颗乳白色的小点。

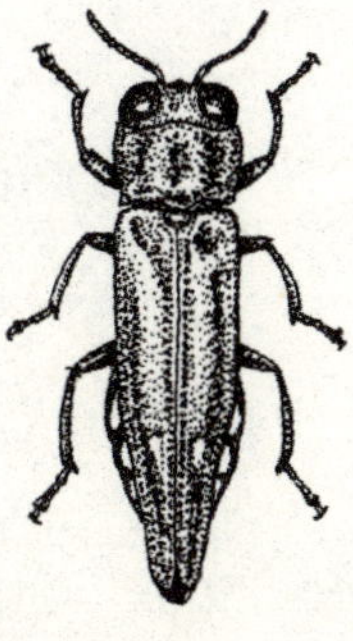

更改食谱。况且，昆虫不会因为吃厌了某种食物而随意给自己换换口味的。既然已经能让自己很好地活下来并繁衍下去，吃这种猎物就会成为习惯，而今天显现的本能就会是另一种样子。如果起初的食物不适应它，家族就会陷入饥荒之中，根本来不及尝试就会遭受灭门之灾，没有正确的猎食方式，它们是不会留下子孙后代的。

为了找到一个合理的解释，我们可以这样推断：物种的初始——土蜂的祖先是一种没定型的生物，它们的习性、形状会根据环境、地域、气候条件而改变不定，然后，自然将它们分成各种小的种族，最后，每一种都按照今天的这种特征定型。祖先说可以让进化论显得更合理，只要有解释不清的事，搬出祖先的概念一切都会顺理成章。其实，所谓的祖先只是一个想象中的生物，没有人见到，也无法见到，它给人的只是一个概念而已。用祖先来推断昆虫的未知世界，犹如用另一个更黑的黑暗来照亮黑暗，用一堆乌云来遮住阳光。可信的理由找起来要比祖先难得多，那就试着看看土蜂的祖先吧。

土蜂的祖先会做些什么呢？既然它是万能的，那它用在什么地方都是合适的。我们可以这样推断：在它的系谱里，有一种喜欢挖掘沙土和腐殖土，感谢老天，它们会在这里遇上金匠花金龟、蛀犀金龟和鳃角金龟的幼虫，这些是饲育后代的美餐。一步一步地，这些还没有最终定型的膜翅目昆虫有了地下工作所要的强健体魄；一步一步地，它们掌握了刺杀它那胖胖的邻居的聪明技巧；一步一步地，它们掌握了吃掉猎物但并不将它杀死的技术；一步步地让食物变得更丰盛，最后，丰盛的食物成就了我们今天熟悉的强壮的土蜂。跨越这个过程，整个种族和它们的本能也就成型了。

这就是慢慢进化的步骤，缓慢而又不能令人相信的步骤，土蜂必须从第一步开始，每步都要成功才能形成现在的这个样子。我们不再坚持说在这个过程中有很多无法克服的困难，而是认定在许许多多的困难中出现了一些有利的条件，而且，随着这种危机四伏的饲育技艺的日臻成熟，这些有利的条件会一代更比一代多。所有的细微变化都是朝向一个目标，相加起来就形成了一个成型的整体，于是，古代的祖先变成了当今的土蜂。

尽管遭受到最务实的研究者的摒弃，尽管对它的结论是怀疑大于肯定，但一个含糊不清的说辞戏弄了几个世纪的谜和生物的未知，一种源于我们惰性的理论建立了起来。但是，如果我们以严谨和实践为日常准则，而坚持不懈地探索真理，事情就会面目一新；放长眼光，我们会发现事情不像我们看得那么简单。从大局出发，的确是一项具有很高价值的工作，只有它才能带来真理。但是，我们还是要避免一种建立在基础薄弱、适应范围狭窄这种条件下的普遍化。

当没有基础时，最容易犯这样错误的是孩子。对他们来说，不论是大还是小，长羽毛的就是鸟，爬行的就是蛇。对世界缺乏认知，他们就做最高级的普遍化，因为他们没有能力看到多彩的世界，所以把事物简单化了。随后，他们会知道麻雀并非灰雀，朱顶雀并不是翠雀，随着他们的观察能力的提高，他们会一天一天地个性化。他们最先看到的只是相似，现在他们看到了相异，但是，他们总无法避免一些不合适的归类。

蜗牛

蜗牛属于软体动物门，主要寄生在棉苗、油菜、蚕豆、豌豆等上面。昆虫的老化、发展是法布尔观察研究中的一个重点。

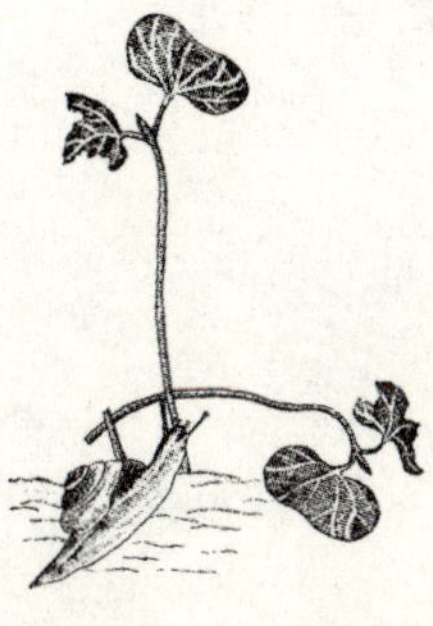

长大成人后，我的那个园丁在动物学上犯的错误，常会在他们身上出现，这是十有八九会发生的事。法维埃原是个目不识丁的老兵，现在是我的园丁。太难为他了，生活中数数比阅读更重要，但他数数都只是数个大概。在随我周游四方后，他思路开阔了，见识也广了，因此当我们谈到动物时，他会发表一些奇谈怪论。在他看来，蝙蝠是一种长翅膀的老鼠；杜鹃是一种呆头呆脑的鹰；蜗牛上了年纪失去了壳后就变成了鼻涕虫；他还会把夜鹰看成一种喜欢喝奶的老蛤蟆，披上羽毛是为了到羊圈喝羊奶。法维埃是一个随心所欲、信马由缰的变形论者，他会胡乱地给动物联姻。他相信自己对一切的判断：这个来源于那个。如果你问他为什么？他会说：你看看它们多像啊。

当我们听到他说我们的男祖先会被雌猴的体形所吸引，我们能指责他的大不敬吗？当有人慎重地对我们说，科学已经充分证明，人是从一种冥顽不化的猕猴变来的，我们可以抛弃他关于夜鹰是披上羽毛的老蛤蟆的变形论吗？在这两种进化中，法维埃的说法似乎更让我接受。大作曲家费利西安·戴维[①]的兄弟是个画家，我们是好朋友。一天，在谈及人体结构时，他对我说："是的，我的朋友，人具有猪的内部器官以及猴子的外表。"在这个忌讳称猴的时代，我把这句俏皮话送给那些希望人从野猪变过来的人。在戴维的眼里，内部器官的相似决定亲缘关系，人具有猪的内部器官——人是由猪变来的。

创造祖先的人看的只是器官的相似，不会考虑到才能上的区别。他们只要参照骨骼、皮毛、翅脉、触角，就可以利用想象绘制出我们体系中所要求的系谱树。因为简单地讲，动物都是通过一根消化管形成

①费利西安·戴维：法国作曲家。——译注

的。一部机器的优劣不在于它有什么样的齿轮，而在于其成品的性质。客栈里马车夫手里的烤肉叉和布雷盖[①]马表用的齿轮工作原理几乎是一样的，那我们就认为这两种机械有联姻关系吗？我们会将一个在炉膛前翻动羊腿的，另一个以秒计算时间的东西混淆吗？

同样，动物能力的相同比器官相似更有说服力，特别是精神上的能力，这是最高级的特征。众所周知，猩猩与人类在结构上有着惊人的相似，但比较一下彼此的能力，差别是多么巨大呀！我们没有必要提到帕斯卡尔[②]口中脆弱的芦苇人，芦苇人只是因为脆弱才被压倒，但他还是高于压倒他的世界。我们可以看到，人为自己制造了工具，工具可以使人的力量和灵敏度增长百倍；人也懂得如何取火，而使用火是人类进步的标志。运用工具和使用火的能力，虽然很简单，但要比脊椎骨和臼齿数目更能成为人类的特征。

进化论者对我们说，人一开始只是用四条腿走路的弱小野兽，后来有两条后腿褪去体毛并直立起来，他们还满怀得意地向我们演示浓密的体毛消失的过程。也许重要的不是来阐述哪些毛失去了、哪些毛留下来了，而要说明最初的人是如何获得工具和火的。能力获得的过程比毛的褪去过程更有研究意义，而所以忽视它是因为人们很难弄明白能力获得的过程。看一看进化论者是如何诡辩的，当它牵强地把本能拉进他的模式中时，他就变得前言不搭后语了。他们可以随意推断体毛的颜色、尾巴的长短、耳朵是低垂的还是直立的……进化论者心里清楚，这就是他的致命弱点。本能背离了他，并使他的理论大厦彻底垮塌。

①布雷盖：18世纪末至19世纪初的法国钟表家。——译注

②帕斯卡尔：法国数学家、物理学家、哲学家，曾提出过“人是思想的芦竹”的观点。——译注

土蜂给了我们不错的启示，这个问题或多或少地牵涉人类的起源。根据达尔文的理论，土蜂祖先在历经一次次的试验后，才把花金龟的幼虫当做自己的食物。这个想象出的祖先会随环境变化而变化，并分成许多支，其中一支挖掘着腐殖土，在生活在土堆中的众多昆虫中选择了金匠花金龟作为食物，因此有了双带土蜂；而另一支也挖掘土堆，但是选择了蛀犀金龟作为食物，因此有了花园土蜂；而第三支在沙土上生活时，发现了鳃角金龟，因此有了沙地土蜂。除了这三支，毫无疑问还要外加其他支流才能形成整个土蜂的类群。各类群的习性在我看来大体类似，这里不再赘述。

从一个共同的祖先，进化出至少三种我熟悉的物种。从单个的祖先到演化成不同种类的蜂群，需要克服种种困难，其中每一个困难都关系到进化的全局，如果其他困难得不到解决，克服其中的一个也是无济于事的。这样，难度就越来越大，为了成功，需要满足很多条件，实现每个条件的机会几乎都为零，如果只从数学上的概率来看，要整个实现是不可能的。

首先，花金龟的幼虫在昆虫界是非常特殊的、有限的，古代土蜂面对无数个昆虫的种类，只有花金龟的幼虫是它的正选，错选是无数个，这需要怎样的运气才能取得这种猎物呀！它又为什么单单选择那些神经系统集中、易受伤的幼虫做食物呢？

让我们继续研究下去吧。金龟子的幼虫第一次遭遇攻击时肯定会反抗，并以自己的方式防卫，全身蜷缩起来，只留下一处螯针蜇过无关痛痒的地方。因此，土蜂新手一定要选准那个唯一的地方插入它那带毒的武器，而这地方还非常隐蔽。稍有差错，它就会遭受灭顶之灾，庞大的猎物在被毒针激怒之后，必然要将它碎尸万段。即使它能死里逃生，但必需的食粮没有了，它至少不会再按计划繁衍后代。金龟子的幼虫是土蜂家族的救星，所以第一次出击就要蜇中它的脑神经，尽管它的脑神经只有 0.5 毫米长。如果没有什么指引它，这样的手术该需要多好的运气才能成功啊！在猎物体表无数个这样的点中，一下子就选择对，那是多么难呀！

我们再进一步说。即使针戳到了一个致命的位置，使金龟子幼虫麻醉而不能动弹了，那该在什么地方产卵呢？前面、后面、侧面、背部还是腹部？不同的选择结果也大不一样，土蜂幼虫要在卵固定的那一点穿透食物的皮肤，入口一旦打开，它就会义无反顾地深入进去。如果进攻点选错了，幼虫可能会刺伤猎物的主要器官而吃不到新鲜的食物。当我们把土蜂幼虫从母亲选的那一点挪开后，我们就会知道成功饲育是多么的困难。而猎物迅速腐烂后，土蜂也会随之死去。

我对解剖学和动物生理学没有细致的了解，我只得出大致的理由，细节常被我疏漏，所以我无法全面解释土蜂产卵选点的动机。我可以肯定的是，产卵的选点是不可改变的。所以，在从土堆里挖出的样品中看，卵都是固定在腹部，在那个由消化物而呈现褐色斑点的地方，无一例外。

这一点真是太小了，在整个猎物身体上只有两三平方毫米的大小。这一点对于饲育成功最有利，假如没有什么指引，雌蜂怎么会知道将它的卵始终附着在这一点呢？

土蜂蜇刺金龟幼虫

土蜂在螫刺时蜇针必须要一击戳进金龟子的脑神经，才能使金龟子麻醉到不能动弹的地步，否则自己就会因遭到金龟子的反抗而受伤。

还有一点就是，幼虫孵出来后，它要在定好的点上钻透金匠花金龟的肚皮，把颈部钻进猎物的内脏里。如果它随意乱咬，或只凭一时冲动和饥饿的迫使而选择进食的位置，那么被腐烂的食物毒死的下场就在所难免；保持新鲜的器官一旦受损，猎物就将一下子死去。所以它必须以一种谨慎的技艺享受这份美餐，吃完这一点才能品尝那一点，然后一次食用其他的点，这样井然有序地进食，直到吃完最后一口。随着金匠花金龟生命的终结，土蜂的进食也告终。如果土蜂幼虫是个新手，如果没有引导它的上颚就钻进猎物腹中，它哪会有什么运气吃这种会使它毙命的食物？这种运气能让它像一只贪婪的饿狼对待羊羔一样，把羊羔拖到一边慢条斯理地剖开，再把它撕成一片一片大快朵颐。

饲育必须同时满足 4 个条件，否则就不能完成，而每个都是从无数个错选一次抓住唯一的正选，实现的概率都几乎为零。如果土蜂没有掌握将螫针准确刺入猎物那唯一致命点的技术，它就不会捕获一只神经系统非常集中的金匠花金龟的幼虫。如果土蜂不懂得在哪个点固定虫卵，它就不会对进食的艺术了如指掌。就算找到了合适的地点，如果土蜂不掌握一边进食一边使食物保持新鲜的技术，那么一切也都无法进行下去。要么同时具备 4 个条件，要么彻底走向灭亡。

可以估算得出，这种维系着土蜂或者它祖先命运的概率是多少。4 种几乎不可能完成的事情，构成了这种复杂事情的因子。就算这种巧合是一种偶然的结果，那么现在的土蜂又是怎么来的呢？让我们探讨下去吧！

土蜂的产卵位置

土蜂从捕捉猎物到固定产卵都是十分精巧的，比如当它把卵产在猎物身上时，一定会选择一个安全合适的位置，这个位置不会将来出生的幼虫构成任何威胁。

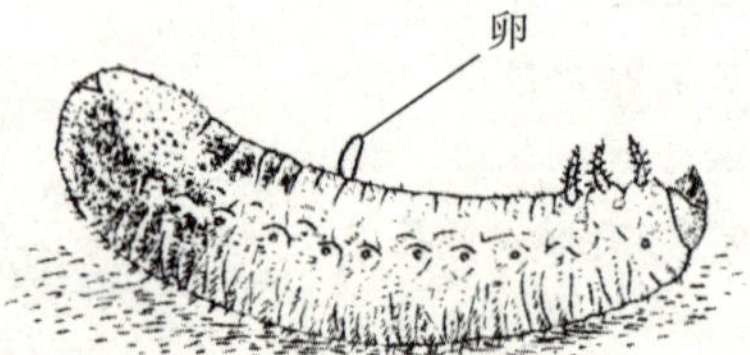

换个角度看，达尔文的理论也会与土蜂及其猎物产生矛盾。在上面提到的那个土堆里，生活着3种金龟子幼虫：金匠花金龟、蛀犀金龟和鳃角金龟。它们的身体结构几乎是一样的，它们的食物也都是腐烂的蔬菜。它们习性一致，在不断更新的地道中生存。虫茧都埋在腐土里，呈大大的卵形。环境、食物、活动方式、内部结构，一切都是如此的接近。但是，金匠花金龟的幼虫与它的同类们相比，有一个与众不同的特点，甚至在金龟类乃至在昆虫界，都是独一无二的，那就是它靠背部前行。

如果说结构上有细微的区别，那么这丝毫不影响研究者的分类，但是如果有一只腿脚健全的昆虫，却有意将腹部朝天地翻过来行走，并且永远只保持这一种奇怪的姿势行走，这就值得研究一下了。它是如何掌握这种奇怪的前进方式的？为什么它要刻意与其他昆虫不同呢？对于这样的问题，最新的科学解释是：为了适应环境。金匠花金龟幼虫的生活环境是土堆不断坍塌的地道，它必须蜷缩起来，贴着地道的隔板，支撑点一面是肚子、一面是背脊，通过这两个有力的杠杆才得以前进。就像疏通烟囱的工人，只有用背、腰、膝作支撑，才能钻进烟囱狭窄的管道里一样。腿的用途越来越小，几乎为零，逐渐变得无力，很可能像那些无用的器官一样消失；背部则不同，它是前进时的主要动力来源，于是就不断被强化，也因此长了许多强壮的褶子，还竖起一些钩子或毛；这样日复一日，金匠花金龟幼虫因为不行走而丧失了行走的能力，于是改用背部行走了。只有适应环境，才能更好地适应地下的生活。

乍一看这还算说得过去，但问题是，为什么蛀犀金龟、沙土里的鳃角龟、植物土里的缩绒鳃角金龟幼虫同样也生活在腐殖的土内，却没有

金匠花金龟幼虫

金匠花金龟幼虫的生活环境是土堆不断坍塌的地道，它必须蜷缩起来，贴着地道的隔板，支撑点一面是肚子、一面是背脊，通过这两个有力的杠杆才得以前进。

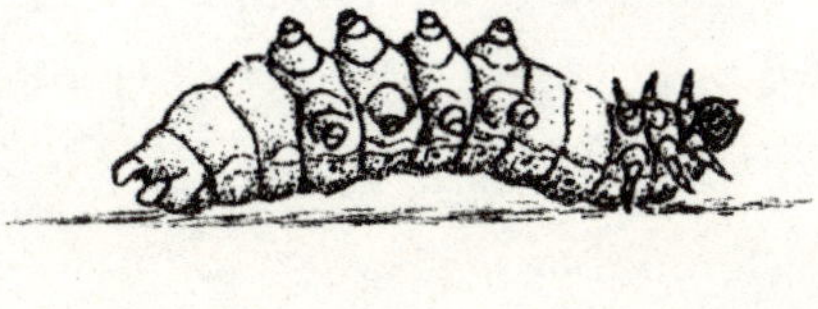

为适应环境而掌握这种用背行走的能力呢？在它们的通道里，它们也像金匠花金龟开始那样按照疏通烟囱工人的方法，前进时用背脊为支柱，可它们并没有仰面朝天呀。难道它们不受环境的制约吗？如果仰面行走的原因是进化和环境造成的，那么我至少可以负责任地说，其他各种金龟也必须仰面行走；既然它们的结构相近，习性也应该一致。

我不太相信那些空洞的理论，因为它们无法解释在相同的情况下出现的两种不同结果。太可笑了，他们就是在痴人说梦。比方说，老虎皮上的黑纹，进化论者会把它看成是环境使然。他们会这样解释：阳光透过竹林，动物为了更好地隐蔽自己，便采用了环境的色彩，光线为野兽提供了正常的毛色，阴影则提供了那些黑纹。

就是这样，我这个不接受这种解释的人显得很难缠。如果这是茶余饭后的谈资，那么我也没必要当真。但是，这不是玩笑，它是很正式、很严肃的科学话题。可叹！可叹！可叹！图塞内尔在他那个时代对自然主义者提出了一个阴险的问题："为什么鸭子的臀部有卷毛？"据我所知，没有人能回答这个不怀好意的提问，那时还没有进化论，但今天可以一下子就解释清楚，这就像老虎的皮毛一样清楚明白，一样是有理由的。

幼稚的话已经够多了。金匠花金龟的幼虫用背行走，是因为它始终这样行走。环境不能造就昆虫，是昆虫生来适应环境的。对于这种简单而又老生常谈的哲学，我还要加上苏格拉底[①]的一句哲言："我知道得最清楚的东西，那就是我一无所知。"

①苏格拉底（约公元前470～前399年）：古希腊三大哲人之首，与柏拉图，亚里士多德共同奠定了西方文化的哲学基础。——译注

第五章

各种寄生虫

在8～9月间，坡上被骄阳炙烤的沟渠虽然宁静但却闷热难当，我们不妨在这样的地方停下脚步，这儿有丰富的收获物等着我们采摘。这个角落犹如一个小小的塞内加尔国，那可是一个盛产膜翅目昆虫的国度。有些虫子为准备一家老小的口粮，在这儿把象虫、蝗虫、蜘蛛等收入仓库，有些虫子在这儿储存各种蝇虫、蜜蜂、螳螂和毛虫，还有一些虫子在这儿用类似皮袋、土罐、棉布包和垫着薄垫圈的瓮等这些工具囤积着蜜。

这些生灵像勤劳的人类那样和平地砌砖、结网、织布、咀嚼、收获、狩猎和储存，但在它们中间也不乏混杂一些寄生虫类，它们东游西荡，从一家到另一家，在门外监视、观察，伺机在别人身上繁衍自己的后代。

事实上，昆虫界和人类世界一样，都存在着残忍的争斗！这些虫子劳心费力地为自己的家人积攒粮食，可它死后，那些寄生虫类便跑来掠夺它的财富。一个善于积攒粮食的虫子，有时有五六个甚至更多的侵入者来拼命争夺它的遗产。抢夺往往比偷窃还要糟糕，而且更残忍。一般来说，这些勤劳的虫子会精心护理自己的家庭，房子也建成了，粮食也存足了，但它的后代却正在成长时被异族吞食了。一个封闭的小房间里躺着幼虫，丝质的外壳保护着它，它吃完可口的佳肴后，就在里面做着甜美的梦，如此养精蓄锐都是为未来做准备。为了从虫变成蜂，为了有一个休息的小窝，它们采用了所有的安全手段。

但采用了所有的安全手段都是枉费工夫，进攻者个个都掌握了精妙的战术和战略，它们能攻进这密封的堡垒。在一只熟睡的幼虫身边，

桑象虫和桑枝

属鞘翅目象虫科。体黑，长椭圆状，分布在我国的江苏、浙江等地。主要以成虫蛀食桑芽。

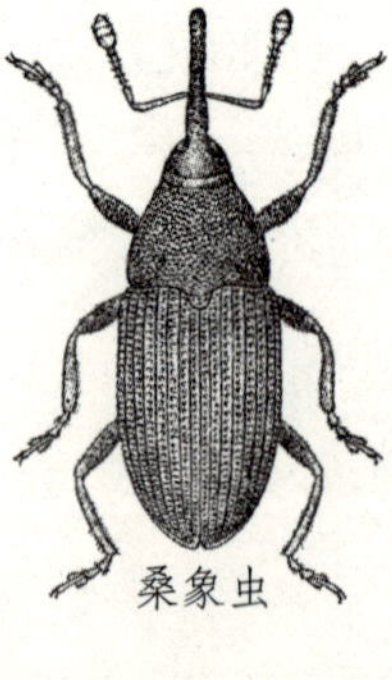

桑象虫

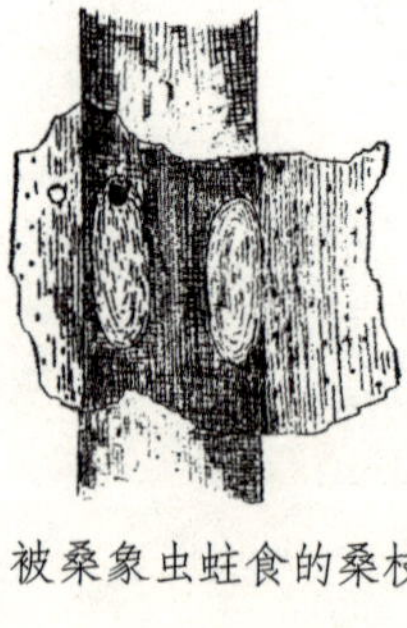

被桑象虫蛀食的桑枝

一只卵利用钻头钻进来；或者，一只不起眼的小虫，在没有同样的工具的情况下，就像原子一样溜到沉睡者面前，于是虫子彻底沉睡了，成为入侵者的美餐。入侵者鸠占鹊巢，反客为主，在这里建自己的窝，织自己的茧。到下年，这个吃掉房主的盗贼，将作为新的宅主从土里出来。

这种不速之客，身体呈黑、白、红三色，长相像一只多毛的胖蚂蚁。它来到斜坡上最隐蔽的角落，不时用触角尖轻轻地叩动土地。这是一只蚁蜂，是那些幼虫的灾星。雌虫没有翅膀，但作为膜翅目昆虫，它有一个厉害的螯针。尽管它那炫目的体色能让它显得与众不同，在新手的眼中，它常被当成是一种大的蚂蚁。雄蜂有宽大的翅膀，优雅的体态，在离地面上方几法寸处，它不停地飞来飞去。在一条路线上，它会像土蜂那样飞上几个小时，监视着破土而出的雌虫。如果我们耐心观察，能看到雌蜂在斜坡上奔跑一段之后，会在一个地方停下来开始掏挖着什么，最终开出一条地下道，但入口在哪儿我们无从得知，它可以明察到我们无法看到的东西。它进入他人居所，在里面待上一段时间后又再度出现，将掏挖的土重新整好，关上房门。与其说它在产卵，不如说它在实施罪恶。蚁蜂将卵产在别人的茧里，就产在土蜂沉睡着的幼虫旁边。

这里还有不少闪着金属般光芒的虫子，金色的、翠绿色的、蓝色的和紫色的，应有尽有。有一种体型很小的青蜂，是昆虫里的蜂鸟，也是沉睡在虫茧里的幼虫的杀戮者。在耀目的外衣下，它们却是残杀幼儿的凶手。它们中间的肉色大青蜂，体色半绿半红，居然胆大到闯入铁色泥蜂的地下室里。这是个不会钻探的恶棍，它会趁泥蜂母亲还在房里喂养幼虫的时候进入，因为这是唯一开着门的时机。只要雌蜂离开，门就会被关上，这个穿着彩袍的强盗就无法进入了。它在这时进入这个巨人的家里，并一直溜进深宫，毫不担心铁色泥蜂的螫针和下颚。屋子里有人又能将它怎么样呢？主人不是无所畏惧，就是被吓得不敢迈出一步。铁色泥蜂母亲最终会选择听之任之。

被入侵者的漠然视之与入侵者的胆大妄为形成了强烈反差。我见过条蜂在巢边打点行装给毛足蜂腾出空间的情景。后者轻而易举地就霸占了这个可怜虫的家，成了这个满是蜜糖的小屋的主人！没有任何的反抗和打斗，就像是两个朋友在门槛处相遇，一个进去，另一个出来。

在铁色泥蜂的地道里畅通无阻地进行着，好像是天定如此。第二天，当我们打开铁色泥蜂这个捕猎虻的猎手的外壳，发现里面多了一个红丝状像个顶针的茧，一个水平的盖子堵着开口——这是肉色大青蜂的房间。至于铁色泥蜂的幼虫，它已经不再纺丝，不再在茧里镶着沙土，现在只剩下一层破皮，它却完全消失了。怎么会消失了呢？毫无疑问，它已经成了青蜂幼虫的美食。

还有一种叫蚁小蜂的青蜂，身体色彩斑斓，有青色的胸部，金色的腹部夹杂着薄塔夫绸般的青铜色，尾部还有一道天蓝色的带子，它也是一个恶棍。在悬崖上，阿美德黑胡蜂建了一座由许多蜂房构成的育屋，上面还嵌着一些砂石子。我看到，就在储存的毛虫被吃光，黑胡蜂将给它们的居所铺上丝毯时，青蜂就在这个不可侵犯的城堡里潜伏下来。那些毫不起眼的缝隙，水泥结合处的一些狭缝，它们通过输卵管深入探测将卵产在里面。到了第二年的5月末，黑胡蜂的居所里会出

刺胸青蜂

膜翅目青蜂科昆虫，该科昆虫数目庞大，分布很广，它们会潜伏在黑胡蜂巢的附近，在巢的缝隙处探入输卵管，产下卵。

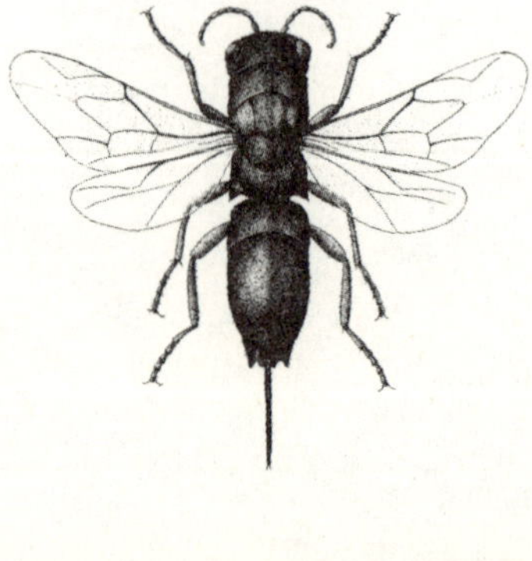

现一个形状似顶针的茧，从里面出来的便是蚁小蜂。而黑胡蜂的幼虫已经没了踪影，青蜂早已用它填了肚子。

双翅目昆虫看上去是那么的弱不禁风，有时衰弱得让捕捉者不敢用手指去抓，害怕稍一用力就把它们捏碎，但它们大部分都是可恶的强盗。有一些穿着细丝绒，身上的绒毛团一碰像雪花那样轻柔地飘落下来，这是蜂虻。很难想象，这么细小的身型却有着不可想象的抢劫能力。看看蜂虻，翅膀震动得极快，在地上一动不动地滑翔，就像被一根无形的线悬在那里，很容易让人误以为它正在小憩。您只要一动，蜂虻会立即消失。您或许会从远方四处寻找，猜它会飞往哪里。不在这里，也不在那里，它在哪儿呢？就在您的身旁。看看起点，蜂虻还在那儿，一动不动地在滑翔。我看到它重回原地和离开时一样突然。它正勘察着地面，伺机残杀幼虫，霸占别人的家，产自己的卵。难道它不给家人留点什么吗？储存蜜糖和猎物，还是已经麻木变形的幼虫？我现在无从得知。我知道，它细弱的小腿，还有那一碰就掉的丝绒外套，是不允许它进行地下挖掘工作的。机会一旦出现，它就用腹部麻利地将卵产在那里，再很快飞起来。我怀疑，要是考虑到前面讲述过的理由，从蜂虻卵里出来的小虫应该冒着风险，按照母亲的指引，艰难地来到附近的食物跟前。母亲太柔弱了，子女必须自己溜进食堂。

我对弥寄蝇的行动了如指掌。弥寄蝇是一种孱弱的灰色小蝇虫，表面看是蜷缩在阳光下的沙土上休息，实际是耐心地守在一个窝旁，伺机干坏事。等到铁色泥蜂、大头泥蜂、节腹泥蜂和步甲蜂捕猎归来，它们带来了虻、蜜蜂、象虫和蝗虫这些美食，弥寄蝇便马上围着狩猎者，跟在它的身后。狩猎者的躲藏、转圈的谨慎战术也摆脱不了它们。就在狩猎者带着猎物要进家门的那一刻，它扑向即将消失到地下的猎物，以迅雷不及掩耳之势产下卵。于是，在跨越门槛之前，猎物身上布下了罪恶的种子。其目的不是想掠夺它们的食物，而是让一个新生的强盗在饥饿的时候杀死狩猎者的孩子。

另一个在炙热的沙地上休息的卵蜂虻也属于双翅目昆虫，它平张开大大的翅膀，可以看到是半黑边、半透明的。它像蜂虻一样穿着丝绒外套，一样的精细，颜色却不同。卵蜂虻在希腊语是“炭疽”的意思。命名很有趣，也显得很恐怖，很让人容易联想到它的体色：炭黑的身体外带银白的液浆饰物。类如盾斑蜂和毛足蜂这些膜翅目昆虫的寄生虫，它们的服装就像是参加隆重葬礼的丧服，我从来没有见过黑白的对比是如此的强烈。

今天，人们能很肯定地解释一切。会说非洲沙漠染色的功能造就了狮鬣，印度竹林里的阴影带让老虎有了深色条纹，那些神奇的现象被他们解释得头头是道。我渴望有人对我讲讲毛足蜂、盾斑蜂和卵蜂虻究竟是什么原因有这样的穿着打扮。

拟态这个词匆忙地被创造出来，意思是指动物适应环境和周围事物的能力，至少从颜色上看是这样。人们说，其迷惑对敌人或者猎物都非常有用，可以不易被敌人发觉，也容易接近猎物。

隐蔽是种族繁衍的保证，任何种族都要在生存竞争中去芜存菁，保持具有拟态性最好的一面，让其他类别消失，这样逐步将一种偶然的获得变成固定的习性。

一种拟叶螽

这是直翅目螽斯科昆虫，它的前翅好像一片叶子。在自然界，很多昆虫为了保护自己会利用自己近似于环境中的某种特殊形态，这就是拟态。

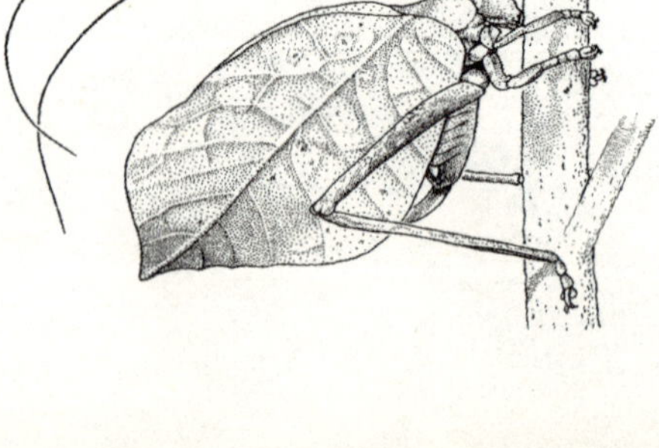

云雀变成土色，是为了在田野啄食时避免成为敌人的目标；一般的蜥蜴变成草绿色，是为了更好地隐蔽在树叶中；青菜毛虫和所食植物的颜色保持一致，是为了躲避鸟类的攻击。其他动物无不是借此保护自己。

我在年轻时就对这种科学熟烂于心，对这种科学比较乐此不疲。晚上，我和朋友们在草场里聊起德拉克[①]，这个魔鬼为了能捉住人类，常和岩石、树干、柴堆融为一体，用这种方式迷惑人。最初我还相信，后来怀疑论终止了我的想象。除了上面的 3 个例子外，我又多了一个疑问，为什么灰鹊和云雀都在田野里觅食，但它进化成了白色的胸、黑色的颈呢？这样的装束使人很远就能将它和地的颜色分辨出来。这个可怜的小家伙和它在田野里觅食的同伴一样，都应该需要拟态，可它为什么不用呢？

在阳光下，普罗旺斯的眼状斑蜘蝎在崎岖而光秃的岩石上觅食，这里可是连苔藓都没有呀！它避开了绿地，为什么还和普通蜥蜴一样是绿色呢？也许有人会说，为了捕食，它的同类会觉得在树林里和篱笆里有隐蔽的必要，于是穿上绣着珍珠的外衣。可是，为什么这个岩石上的眼状斑蜘蝎却顶着烈日，穿着青绿色的外套？这样在白色的岩石上可是暴露无遗的呀！没有拟态性的土蜂会显得迟钝，它的种族会因此趋向灭亡吗？土蜂随处可见，我可以肯定，它的数量可以保证种族的万世繁荣。

毋庸置疑，不论是人还是动物，或多或少都会有敌人。可为什么大戟幼虫选择红、白、黑三色，并且有对比极为强烈的图案分布在身上？这和它常去的树林颜色最不和谐，也显得最耀眼。对它来说，不用像青菜毛虫那样模仿植物的绿色吗？难道它没有天敌吗？显

①德拉克：传说中的魔鬼。——译注

然不是。

类似的例子举不胜举。如果有充足的时间，我可以就每一种拟态的例子，轻松地找一堆反例来驳斥。因此，在100个例子里有99个特例的法则哪能成立呢？我突然觉得自己是那么的无知，一些人的荒谬的解释就能让我上当。我们在茫茫的无知中看到了真理的影子，一个充满骗局的法则；解释一些小现象也就算了，但我们却用它来解释宇宙，我们忙不迭地喊道："法则，这是法则！"其间，无数可以反驳的事实摆在这个法则面前，但它在真理里面就是找不到自己的位置。

在这个过于狭窄的法则面前，青蜂一族成了它最有力的反驳。青蜂一族有着鲜艳的体色，就像印度戈尔孔达城[①]的五光十色的财宝，这与它们常去的地方那灰暗的色彩形成强烈的反差。为了能骗过雨燕、燕子和其他一些残暴的杀手，它们不仅与沙土和土坡的颜色极不协调，还像宝石一样熠熠发光，仿佛放在灰色石头上的金块儿。有人说，蝈蝈为了防卫敌人，必须身披绿袍，和它居住的草地保持同色。膜翅目在昆虫中属于大家族，精于作战，可以允许笨蝗虫比它们更先进！它不但不像它那样与环境的颜色保持一致，而且高调地披红挂绿，让它的天地远远便可望到；特别是在残垣下晒着太阳的灰蜥蜴，正不怀好意地监视着它呢，可它依然是穿红戴绿地和周围的灰色形成鲜明的对比，而它的种族并没有因此而衰败。

拟态不仅是为了骗过自己的敌人，还要骗过自己的猎物。看看森林里的猛虎，看看在绿叶间的螳螂吧，想成功诱骗猎物，机智的模仿是必要的。寄生蝇似乎能证明这一点，它们的身体跟地上的灰土一个颜

①印度戈尔孔达城：印度安得拉邦海德拉巴市的一个古城堡和废墟，其附近的丘陵曾以盛产钻石而闻名遐迩。——译注

色。它们等待着捕猎者带着猎物归来。但刻意的遮掩是没用的，泥蜂和它的同类居高临下，拟态一点儿也不管用，在落地之前远远地就发现并认出了它们。因此，它们就在沙土上方谨慎地滑翔，通过迷惑敌手、猛然地冲刺，对这些凶顽的虫子攻其不备。它们清楚寄生蝇的来意，便躲来绕去，甚至会离开这个是非之地。毫无疑问，寄生蝇尽管有拟生性，为了达到目的，在同样环境中，它并不比其他不是灰色的寄生虫获得的更容易。看看鲜艳的青蜂、毛足蜂和盾斑蜂，它们的身体都是黑白相间。

人们还说，为了更好的欺骗，寄生虫类保持与宿主一样的姿势和协调的色彩。比如依靠熊蜂维生的拟熊蜂，从表面看，它们就像一对邻居，或一起劳动的同类。若是这样，肉色大青蜂和铁色泥蜂相像吗？毛足蜂和条蜂相像吗？面对入侵者，条蜂却在门口打点起来，让入侵者进入自己的家。服饰的差异是非常清楚的。毛足蜂黑白色的丧服和条蜂红棕色的外衣一点儿都不相同，大青蜂也和铁色泥蜂的体色大不相同。还有青蜂，从体型上看它与蜂虻比起来就是一个小不点儿。

与宿主保持或多或少的相似是寄生虫类成功的保障，这是一个很奇怪的观点。确切地说，除了群居的膜翅目昆虫之外，实际情况大都与此相反，模仿并且在一起劳动是必然会失败的。因为，就像人类一样，最危险的敌人往往就是他最亲密的朋友。壁蜂、条蜂是不会擅自将头放在邻居家门口的！如果不小心这么做了，它们也会在激烈的反击下逃之夭夭。这种本无恶意的举动，常会以关节脱臼、腿脚残废为代价。所以，它们和同类老死不相往来，各自忙着自己的生活。但如果换

楼燕

雨燕的一种，翅膀又长又尖，飞行速度很快，可达每小时100公里以上。分布于东南欧、北非、中东、中亚、喜马拉雅山脉及印度。

成了寄生虫，情况就不一样了。不论寄生虫装扮得多么奇异，穿得多么色彩斑斓，打扮得多么恐怖，蜜蜂们并不介意对它们的造访。只是觉得有些拥挤的时候，它们才用翅膀赶它一下。它们之间不会有激烈的打斗，不会有玩命的拼杀。打架的事只会在同类中才会发生。因此，如果拟态有作用的话，条蜂和石蜂还会对那些阴险的造访者置之不理吗？只要和昆虫们接触几个小时，你就可以坦然地把拟态理论当成一个天真的笑料。

总之，在我看来，拟态就是稚语童言。如果说得不客气一点，这是一句蠢话，这个词充分表达了我的内心。在一定的范围里，会有无穷多的现象出现。毫无疑问，很多地方都会有动物在体形上与环境协调的情况。如果将这些情况排除到事实之外，那就更奇怪了，什么都是有可能的。这些明显与环境相反或不协调的情况也为数众多，出现的频率也很高，从逻辑上讲，它也可以作为基础推导出某个法则。这儿有1个例子说是，那儿有1000个例子说不是，到底谁能证明事实呢？最谨慎的做法就是都不去听，也不因此而推断什么法则和定律。

我们不必刨根究底，只将法则当成看问题的一种很模糊的方式，方便我们的事业需要就行。我们那些设想的法则只是事实中的一小部分，其中包含了许多无谓的想象。这就是拟态，它能向我们解释绿色蝈蝈用绿叶建造住宅，可是让它解释负泥虫时它却只能闭上其口，因为同样在绿叶上生活，负泥虫却是珊瑚红的体色。

这不仅是一种言过其实的观点，还是一个圈套，不了解昆虫的人会轻易相信它。我不能向那些门外汉做任何点拨，因为资深的生物专家也会陷入这个圈套。

一位昆虫学专家莅临我的实验室，我给他看了我培育的一系列寄生虫类，其中一个穿黑黄色外套的家伙引起了他的注意。

“这个，这肯定是胡蜂的寄生虫。”他说。

我很惊讶他的肯定，便问他：“您怎么认出来的？”

“请看，它黑黄相间，这就是胡蜂的体色，拟态很明显。”

“确实很像，但它是高墙石蜂的寄生虫，石蜂的形态颜色与胡蜂毫无可比性，它是褶翅小蜂，不会有任何一只进入胡蜂的巢。”

“那么，难道是拟态错了吗？”

“拟态只是一种幻觉，我们最好把它忘掉。”

这种不正常的例子，数不胜数，强大的说服力让我的访问者心悦诚服，他承认他的错误判断是基于一种可笑的基础。所以，喜爱昆虫的朋友们，如果你们以拟态作为向导，想以此来推断一种昆虫的习性，那么你一定会走向一条与成功南辕北辙的道路。当遇到拟态证明这是黑的时候，你一定要首先弄清它不会偶然变成白色。

将昆虫的体色抛在一边，来看看寄生现象，这是一个很重要的课题。可以望文生义，所谓寄生者就是吃别人食粮的人，依靠别人为生的人。但在昆虫的世界里，常常会偏离这个词的本义。例如，可以把青蜂、蚁蜂、卵蜂虻和褶翅小蜂称为寄生虫，但这些虫子并非用他人储备的粮食喂养家人，而是以幼虫本身为食，幼虫才是真正的宿主。当弥寄蝇成功地在铁色泥蜂储存的猎物身上产卵时，泥蜂的家就已经被真正的寄生虫占据了，寄生在这时才名副其实。在家中为孩子准备的虻

大胡蜂

膜翅目胡蜂科的一种，此科昆虫多呈黑、黄、棕三色相间或为单一色，它们的寄生虫常常会模仿它们的体色来伪装自己。

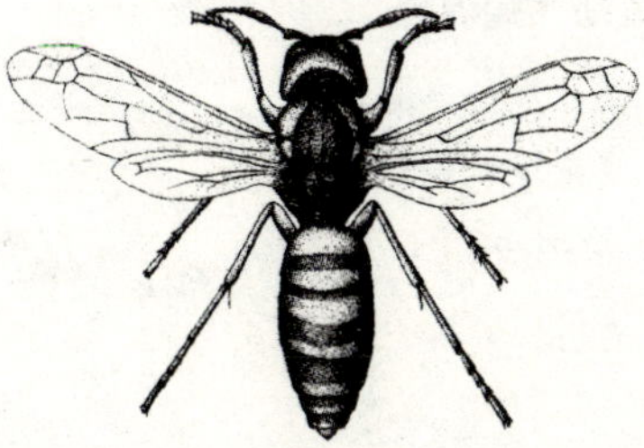

堆里，有了不速之客，它们数目众多，个个都犹如饿狼恶虎，毫无顾忌地朝虻堆里钻。它们霸占了别人的食物，从容 地和真正的主人面对面地进食。主人很快便被饿死，而它们却吃得肚圆肠肥。

当毛足蜂用自己的卵替代条蜂的卵后，它也成了真正意义上的寄生虫。蜜堆是雌条蜂的劳动成果，它的孩子还没吃过，寄生虫就首先来享用，并且肆无忌惮，没有遇到任何阻挠。弥寄蝇和毛足蜂是名副其实的寄生虫，是享受他人劳动成果的恶霸。

青蜂和蚁蜂也是名副其实的寄生虫吗？不是。土蜂的习性我们现在已经了解了，它们不是寄生虫，因为我们没有看到它们偷食别人的食物。它们辛劳地在地下寻找能养家糊口的金龟子幼虫。它们和泥蜂、飞蝗泥蜂、卵蜂等最有名的猎手一样捕猎，不同的是，它是一个没有家的偷猎者，它不把猎物带到家里，而是将猎物放在原处，它们让孩子原地进食猎物。

在生活方式上，蚁蜂、青蜂、褶翅小蜂、卵蜂和许多别的虫子，土蜂与它们有什么不一样呢？在我看来，没有什么区别。也的确是这样，雌蜂才能的不同，决定了它们猎杀食物的手法不同，相同的是，它们的后代不论在卵里还是已经出生，都和养活它们的猎物放在一起。因为它们大部分没有螫针，所以它们的猎物都没有伤口；活的猎物已经陷入麻醉状态，因此，都落到要吃它的小虫子手里任其宰割。

寄生虫就像土蜂那样，按照一定的规则窥伺猎物，毫不费力地就能得到它，然后就地让它的幼虫进食；猎物没有能力反抗，也不需要用螫针刺入。找寻一个已被麻痹的没有反抗能力的猎物，与勇敢地用上

弥寄蝇在窥探黄翅飞蝗泥蜂

在昆虫界，寄生和抢夺是经常发生的事情，弥寄蝇就是一种有名的寄生虫。

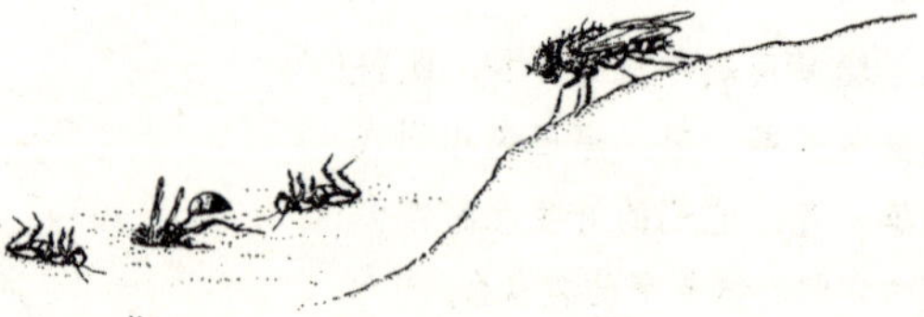

颚猎杀金匠花金龟和蛀犀金龟相比，还算不上有什么功绩；但是对于一个人能杀死一只无辜的野兔，一个人用猎刀捅破野猪肚子将它杀死，都能让他们获得狩猎者的称号。如果说狩猎没有攻击的危险，过程也没有困难，那么这只要二流偷猎者的功夫就可以做到。但是，觊觎的猎物是根本看不到的，它在坚固的城堡里，还有茧壳保护。为了确定它确切的地点，为了把卵产在它们旁边或附近，雌蜂难道不用付出勇气和心血吗？基于这些考虑，我大胆地将青蜂、蚁蜂和它们的对手判为食利者，而把弥寄蝇、毛足蜂、盾斑蜂、芫菁归入寄生虫类，它们的确是以吃别人的食物为生。

看过上面的例子，难道就证明昆虫的寄生现象是可耻的吗？的确，在人类世界中，好吃懒做为别人所不齿，但动物担当不起我们从自己生活里得出的对寄生的愤怒。人类也有寄生虫，他们没有羞耻之心，吃同类的食物。但动物界永远没有这种情况，事实完全不同。我不知道除了人类以外，还有谁吃自己同胞储存的粮食，哪怕是一例。

我承认，动物界也偶尔会有抢劫同类的食物的情况，这是偶然发生的争斗，并不能作为寄生同类的佐证。我要慎重申明的是，没有哪个动物会以它的同类为生。我查阅了我对生物的观察记录，在我漫长的昆虫学研究中，没有发现昆虫寄生同类的特例。

成千上万的檐棚石蜂能形成一个庞大的村落，它们个个都有家。它们在一起工作，虽都很忙碌，但家里除了神圣的房主，谁也不能擅自动家里的一点点儿蜜。邻居之间相互尊重，已经形成了默契，但是如果有哪个冒失鬼走错了家门，进了不属于它的地方，也会受到房主毫不留情的训斥，意在让它遵守村落的秩序。这儿也会路不拾遗吗？不会的，如果哪个蜜库的主人不幸亡故或者走失，它的遗产会被一个邻居占为己有。利用这份财产的人，不是源于贪恋，而是为了经济。所有膜翅目昆虫也是这样，在它们的世界里，从来没有懒惰的成虫妄吃过同类的成果。也就是说，没有什么昆虫会成为同类的寄生虫。

因此，寄生究竟是什么，需要在不同种动物中再找找看吗？其实，生活就是一种广义的抢掠。不自觉地进行着自我吞噬，物质从一个胃流转到另一个胃中，这样让机体保持着生机。在生存的游戏中，每个生物都轮流地成为食客和食物，今天吃别人，明天被别人吃。活着的都以活着的或曾经活着的为生，这就是寄生现象。人是最大的寄生虫，强占一切可以吃的而又不属于自己的东西。他吃羊的奶，就像毛足蜂抢条蜂幼虫的食物那样抢劫蜜蜂的蜜，两种情况可谓是异曲同工。这是我们的错吗？不是，这是生活的法则，一个残酷的法则，有一个要生，就必须有哪一个要死。

在这种吃者与被吃者、抢劫者与被抢劫者之间的斗争中，毛足蜂并不该比人类有更多的坏名声。它只是毁一只条蜂而已，与人类相比那又算得了什么呢？我们可毁了无数的东西啊！毛足蜂的寄生并不比我们更阴险，它要哺育后代，但又没有收获的工具，又不懂得收获的技术，就只有利用其他生物来获得口粮，对它来说，这是才能和工具的最好分配。在你死我活的竞争中，它做了它力所能及的，这是上天给予它的能力。

第六章

寄生理论

毛足蜂遵循它的天性，做它力所能及的事，我没有对它过于指责，只能这样说说。但是，有人说它是一个既懒惰又无能的家伙，它不知好歹地毁弃了它最初作为劳动者必要的劳动工具。它喜欢清闲，喜欢通过损人来养活家人。渐渐地，这个种族便把劳动看成是一种可怕的行为。作为劳动工具的器官越来越少用，其功能就逐渐退化、消失。这样，整个种族会从一个勤奋的劳动者变成懒惰的寄生虫。寄生理论简单而有趣，值得我们去探讨。

一位母亲在工作之后，因为急着产卵，便把自己的卵托付在就近发现的同类的巢里。对于办事松散的人来说，没有时间去建造巢和收获粮食，为了生存，为了家人，它必须强占别人的成果。为了能专心致志地产卵，它们就要放弃耗时而又辛苦的工作，并使得后代也同样继承了这种懒惰。随着世代不断地进化，它们会逐渐趋于完全的寄生生活。因为充满竞争的生活需要用这样简捷的方式，成功地传宗接代需要最好的条件。劳动的器官长期不用，就会废弃乃至消失，同时，为了适应新的环境，身体形态和色彩的某些细节会多少发生些变化。这样，寄生一族最终定型。

然而，如果看看这一族系的历史，有些方面的变化并没有人们想象得那么多。寄生虫继承了不止一个祖辈劳动的特征。因此，拟熊蜂与熊蜂非常相像，拟熊蜂便是熊蜂的寄生虫和变种；暗蜂保持了祖先黄斑蜂的长相特征，尖腹蜂会让人联想起切叶蜂。

关于进化论的案例数不胜数，可以信手拈来，不仅外貌相同，而且在细节特征上也相似。人们和我一样确信，这种相似没有大小之分，

切叶蜂

切叶蜂是蜜蜂总科中长口器的进化类群之一，是重要农、林、牧业植物的重要传粉蜜蜂。它们因常从植物的叶子上切取半圆形的小片带进蜂巢内而得名。

我更认可用细节特征的相似作为理论的基础。我被进化论说服了吗？不论有没有道理，在我心里还不满足于结构上的细微相似，我不会让一条触须成为激起我热情的导线，不会把一簇毛当成无可指责的论据。我可以直接向昆虫提问，让它们说说它们的爱好、能力和生活类型。当我们听到它们的证词时，我们就会明白寄生理论会变成什么样子。

在向昆虫提问之前，萦绕在我心头的话如鲠在喉，不吐不快。首先，尽管懒惰可能对昆虫的繁衍有利，但我还是不喜欢昆虫的懒惰。我一直相信，不论是动物还是人，生命在于运动；劳动造就了生命；工作才能进步。一个种族，有多大的活动量，就会有多大的能量。

不，我对这种在科学上鼓吹的懒惰没有任何好感。我们已经听到了不少动物学上的胡乱说法，比方说：人是猴子变的，替别人着想的人是傻瓜，良心是对幼稚天真者的谎言，天才都有神经质，爱国是沙文主义，灵魂源于细胞的能量，而上帝只是哄骗小孩子的把戏。吹起军号拿起刀，人存在的目的只是为了互相残杀，芝加哥贩卖腌猪肉商人的保险箱就是我们的理想！不必再说了，这样的东西够多的了！进化论还不能够摧毁劳动这一神圣的法则，不能让它对我们荒芜的精神家园负责，它没有足够能量来丰富我们日益凋零的思想，它只会尽力加速它的凋零。

我再说一次，我不喜欢这种源于懒惰的掠夺，它把所有能给予我们这可怜的生活以尊严的东西都否定了，让我们活在物质那让人窒息的阴影下；啊！不要阻止我对这个问题的思考，即使这是一个幻想，我也要想一想人性、良心、责任和工作的尊严。假如动物为了自己以及后代的繁衍而认为游手好闲、掠夺别人是好事，为什么人类在教育后代的时候不赞同这种观点呢？对于母亲的懒惰是为了后代的繁荣这种说法应当引人深思。我不再多说了，现在我让动物来说话，它们的话更有说服力。

懒惰的喜好是寄生习性的根源吗？寄生虫的不劳而获是完全为了自己的享受吗？休息对它至关重要，它宁可放弃久远的习惯吗？自从我观察膜翅目昆虫的寄生性以来，我还没有从它身上发现能表明它懒惰的特性。相反，寄生虫的生活是很艰难的，可能比劳动者更为艰苦。看看它生活的那个终日被烈日照射的斜坡就明白了，它太忙了！它辛劳地在酷热的地面上走着，一刻不停地寻找着，而结果常常是无功而返！在幸运地遇到一个合适的巢之前，它要上百次钻进一些毫无价值的洞里，钻进还没有猎物的通道里。然后，哪怕宿主心甘情愿，寄生虫也不一定在寄宿处受到礼遇。另外，它的工作并非一直那样顺利。确定产卵时，不仅需要时间，更要耗掉力气，和那些劳动者建巢储蜜比起来，花的力气更多。那些劳动者的工作有规律，并且一直在为产卵做准备，产卵时有最好的保证条件；而寄生虫的活儿常常会枉费力气，它们靠的是运气，依靠运气获得偶然条件才能产下自己的卵。尖腹蜂在寻找切叶蜂的巢时，为了弄清楚占据别人的这个巢会不会有困难而变得犹豫不决，这样我们就能够理解它的难处。如果它真想让养育后代变得方便，生活更加富足，它的确考虑得不够周到。它不要休息，要的是艰难的工作；它不要子孙满堂，却要一个不断缩减的家族。

如果这种说法会让我们听起来有些糊涂，那就让我们加上一些精确的事例再来说说。高墙石蜂的寄生虫是暗蜂。当石蜂将巢筑成时，暗蜂便不期而至，接着，它告诉孱弱的自己，一定要长时间挖掘蜂巢的外壳，这样才能在这个水泥城堡里将卵殖入。巢室很结实，整个外层涂着一层至少有1厘米厚的粗灰泥浆，而且每个蜂房的入口处还封有厚厚的沙浆。它要开采蜂房里的蜜，就要穿透那厚如岩石的隔板。

勇敢的寄生虫开始工作，有名的懒王开始干起累活。砂浆外壳几乎就像天然水泥一样坚硬，我用刀尖才能勉强地将它切开。寄生虫来到蜂房的外壳上，一下一下地啃咬着，它一点一点地钻探着整个外壳，它要挖出一个能正好容纳自己身体通过的入口来，这样才能获得诱人的食物。可是，寄生虫用那小小的镊子需要多么耐心的工作才能成功啊！挖掘是一种缓慢而艰辛的活儿，孱弱的暗蜂往往会为此累得筋疲力尽。

因为我从来没有机会或者说我从来没有耐心看完它的整个工作过程，所以我并不能确切地知道暗蜂挖掘所需的时间。我只知道，石蜂比它的寄生虫要强大得多，我目睹它毁坏一个前一天用沙浆罩好的蜂房，大半天的时间是不够的，最后，还是我帮了它一把，寄生虫才达到目的。石蜂蜂房的坚固可与一块石头相比，然而暗蜂不仅仅要穿透蜜库的盖子，还要穿透整个巢的外壳。这对于它来说实在是个浩大的工程，需要多少时间才能完成这样的工作啊！

功到自然成，有付出就会有回报。蜜露出来后，暗蜂溜进去，在食物的表面，对着石蜂的卵产下自己数量不定的卵。对于里面所有的新生儿，食物都是共同享用的。

被侵犯的巢穴不能就这样大门敞开，寄生虫会将开通的通道堵死，这时，暗蜂从毁坏者一下子又变成了建设者。它从蜂巢的下方采集了一些我们种植熏衣草和百里香的红土，这种红土来自多石子的高原。它用唾液将土混合成砂浆后，它就像一个熟练的泥瓦工那样，细心地、有艺术性地把入口堵住。修葺后的外壳和原先的相比只是颜色不同，石蜂很少用巢下的红土，大道上的路面布满了碎石，因此它在附近的大道上寻找水泥。显然，它的选择是考虑到了材料的化学特性会决定建筑的牢固性。道上的石灰岩与唾液混合之后，会形成红土达不到的硬度。由于材料不同，石蜂的巢始终是灰白色，在上面会出现一块大约有几毫米宽的红点，这就是暗蜂留下的迹象。打开红点下的蜂房，我们能看到无数寄生虫的家庭。铁红色的斑点成了石蜂的家庭遭到侵犯的标志，至少在我家附近是这样的。

可以说，暗蜂始终是一个恪尽职守的挖道工，它先用上颚来啃噬岩石，随后它成了黏土搅拌工，最后，还要做一回用砂浆修复顶板的泥瓦工，这整个工作过程是非常艰辛的。然而，在做寄生虫之前，它又在干什么呢？按照进化论，从它的体形看，我们可以确信它过去是黄斑蜂。黄斑蜂会从油脂类植物干涸的茎上采摘一些软的絮状物，然后加工成囊，它用一个长在腹部的刷子，将花上的花粉收集在里面。或者，这个棉布工会在一只死蜗牛的螺壳上建造几层油脂隔板，这便是它们老祖宗的职业。

不会吧！这个古代的织工或者说古代的油脂采集工，会为了逃避耗时费力的工作，为了过舒适的日子，为了有空闲建造自己的家而去咬噬坚硬的水泥，舔食花蜜的它会嚼那坚固的凝灰岩！它在用牙齿碰石头

黑卵蜂

膜翅目昆虫，是重要的卵寄生蜂的一种，在发现寄主后，会将卵产在寄主的体内。幼虫孵化后取食寄主的营养，和寄主共生一段时间后使寄主死亡。

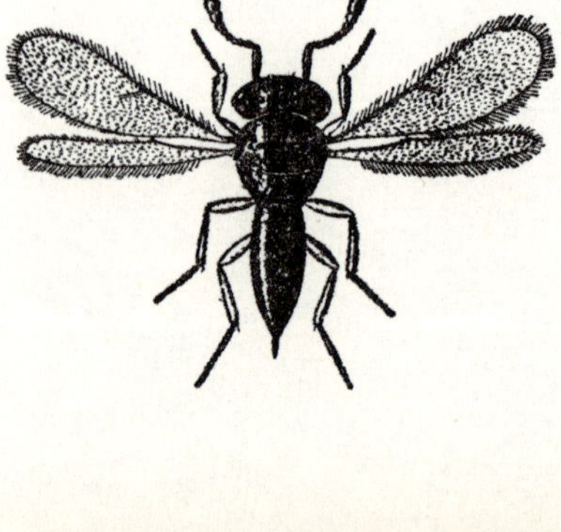

时，常常会累得筋疲力尽。打开一个蜂房，它花的时间要比织造一个棉囊再给它装满花粉的时间要多得多。如果它为自己和家人的利益着想，想有所进步放弃了过去那轻巧的工作，那么我们可以说，它真是犯了又一个极大的错误。这种错误就像是一个能绣出精美图案的刺工，改行到大路上敲打石头一样。

不，动物不会这样愚蠢，心甘情愿地加重自己的工作负担；如果按照懒惰的说法，它就不会放弃轻松的工作，从事一种更为艰辛的工作；如果它只是一次犯错，它也不会让子孙后代继续犯这种代价昂贵的错误。不会的，暗蜂不会放弃织造的精巧艺术，而去干敲打墙壁刮水泥这种累人的粗活，这种工作比起在花上采集真是一点儿吸引力都没有。按照懒惰的理论，暗蜂就不会是黄斑蜂转变过来的，它过去就是这种特殊的有耐心的劳动者，只会埋头干着苦活儿的工人，过去和现在应该是一样的。

你们会解释说，过去母亲会忙着在同类的巢里放置自己的卵，发现这种随意的做法既省时又省力，还非常有利于后代的兴旺。这种新做法会给它们留下很深的印象，不断繁衍的后代将其继承下来，最终成为寄生的习性。棚檐石蜂和三叉壁蜂将会告诉我们，该怎样正确对待这个假设。

在门廊南方的一个墙上，在大约一人高的地方，我看见那儿有群石蜂。位置很适合观察，吊着它们冬天从附近弄过来的瓦，它们的居民全聚在那儿。五六年来，每到5月，我就关注石蜂如何工作。在我的观察日记中，我选出了与本话题有关的下述内容。

为了研究石蜂重寻自己巢的能力，我让石蜂背井离乡。我发现，它们如果长时间离开，回来后就会发现，自己的家门已经门户紧闭，邻居早已将其利用，在完成了建造和储粮的工作以后，已将自己的卵产在里面。看到丢弃的家产已被收入别人的囊中，看到家被别人侵犯，游历归来的石蜂不吵不闹，平静地在自己巢的附近随便找一个蜂巢，并啃咬那个蜂巢的外壳；别的虫子不予理睬，都专心地干着手头的活儿，没有时间跟破坏它劳动成果的家伙计较。带着一种以其人之道还治其人之身的疯狂，盖子打开后，石蜂开始筑巢并储存粮食，它毁掉了里面的卵，将自己的卵放进去，并把蜂房关了起来。一切仿佛都是在接续它曾经中断了的工作。在这里，有一点特殊习性值得深入研究。

上午 11 点左右，是石蜂工作最火热的时候。它们有的正在建巢，有的正在装蜜。这时，为了区别，我将其中的 10 只石蜂涂上不同的颜色，我还把所对应的蜂房都同样做上标志。等到涂上颜色的记号干掉后，我抓起那 10 只石蜂，将它们关在盒子里。在 24 小时的监禁之后，我把它们放了出来。它们不在的时候，它们的蜂房被一层新建筑代替了；或者，如果蜂房依然存在，但门也被关起来了，因为已经被别人据为己有了。

10 只石蜂有 9 只很快回到了原来的瓦片处。尽管我的囚禁给它们带来了麻烦，但它们还是按照自己的记忆继续干下去。它们重新回到当初建造蜂房的地方，虽然现在被侵占了，但它们还是热爱那里。它们小心地啃咬着蜂房的外壳。如果原来的蜂房被新建筑代替，它便挖掘离自己巢穴最近的一个。如果蜂房还在，其他的蜂已在里面产了卵，门被牢牢地关了起来。面对如此悲惨的境遇，它们进行报复，你偷了我的，我就偷你的。它们没有丝毫犹豫，就寻找一个蜂房啃起它的外壳来。

不同的蜂巢

蜂巢的形式是多种多样的，比如有的建在树枝上（左图），有的则倒立（右图）。

如果自己的住宅还可以进去，那它就回到自己的家里。

但更为常见的是，有时这住宅离原来的家还很远，它还会将别人的住宅据为己有。它们耐心地啃着坚固的外壳。所有蜂房全部筑好后，整个粗糙的灰泥层才会被涂上，因此，它们只需要毁坏蜂房的砂浆外壳就可以了。这是缓慢而又艰苦的工作，但依靠它们上颚的力量还能够完成这项工作。它们啃碎了水泥大门。整个砸门工作是在非常顺利的情况下完成的，哪怕是受害的当事人，没有人会来干涉，也没有人来阻止这个可耻的行为。石蜂是非常喜欢它现在的居所的，这让它忘记了原来的家。瓦上的蜂群用沉默来面对这个破门而入且为所欲为的家伙，没有一只蜂会跑过来保卫这个很可能是它自己的家。啊！如果蜂房正在建造中，那么结果该又是什么样子啊！但是，它们已经属于过去，没有人再会想起来。

好了，当盖子被毁后，进入已是很方便了。这时，有的石蜂会斜躺在蜂房上，耷拉着头就像在沉思一样。在徘徊一段时间之后，它最终抓住蜜上面的卵，将它抛到路上，一点儿怜悯之心都没有，像是容不得自己的窝有任何污点。这种恶行我看到过好几次，我承认，有好几次是我引诱它这样去做的。为了自己的后代，石蜂简直变成了一个没有同情心的恶霸。尽管那是它的同类的卵，可它毫不关心。

它们当中有的正在贮藏食物，我看见它们把蜜积起来，在食粮已经储存得满满的蜂房里吐刷着花粉；有的在修补开口处，有的用抹刀抹上一点儿砂浆。尽管食物已经丰足，房子都已经十分完美，但石蜂还是从它 24 小时前中断的地方重新干起。最后，产下自己的卵来，再填上开口处。在我那些试验品当中，有一只耐心相对较差的石蜂，它没有耐心等待外壳慢慢风干，就运用起弱肉强食的法则。它将一个储存了一半粮食的房主赶了出去，然后长时间蹲守在蜂房门口，当它感觉到已经完完全全成了房子的主人时，就开始贮藏食物。我一直盯着那个旧房东，看着它霸占了一个关闭了的蜂房，从行为举止看，它很像那些被长期关禁闭的石蜂。

这样的试验实在太多了，从这么多实例中，不得出一个结论都难。每一年这一现象都不断上演，而且每每成功。我想补充一点，那些被我略施小计捉弄的石蜂，有的脾气非常好，乖乖地去重新弥补过去的时光。有的重新建巢，仿佛什么事情都不曾发生过；即使有的没有那么大的决心，也去另一片瓦上建自己的房子，仿佛是为了躲开这个兵荒马乱的世界一样；其他的则带着砂浆团，兴致高昂地完成自己蜂房的盖子，尽管里面躺着外人的卵。但是最常见的情况还是撬锁砸门。

还有一个细节也值得关注，没必要亲自介入，只要把石蜂关起来一段时间，就能看到我刚才描述的那种场景。或者去细心地观察石蜂的工作，奇迹就会出现，这会让您省去许多麻烦。有一只石蜂出现了，您可能并不知道它的动机，但它啃开一个原本封闭的门，并强行在蜂房里产卵。它的行为足以证明，这个罪犯是个迟到者，或是有事远离了蜂房，或是被风吹到了远方。因为缺席了一段时间，等它再回巢穴时，发现自己的位置已经有人替代，自己的蜂房已经被别人侵占。它们只有像那些被我关在纸袋里的石蜂一样，撬开别人的门、霸占他人的家来弥补自己的损失。

最后，我想知道石蜂在强占了别人的家之后是如何行动的。它们只要破门而入，就会喧宾夺主，赶走别人的卵，用自己的卵取而代之。入口重新封好后，一切又变得秩序井然了。在这过后，石蜂会继续报复性地用自己的卵取代别的卵吗？回答是否定的，报复的快感虽然谁都会有，石蜂可能也有，但石蜂把一个蜂房剖开之后便中止它的强盗行径。当安置好自己的卵以后，一切怒火都会随之熄灭。之后，无论是我的囚徒还是那些因故迟到者，都和蜂群融合在一起，重新开始正常的工作。它们老老实实地建房、储粮，不再去想干坏事了。如果不再有类似的灾难降临，它们会彻底忘掉过去。

闲话少叙，让我们再回到寄生虫上来吧。一位母亲偶然成了一个巢的主人，并利用它来产自己的卵。对于母亲来说，方法非常简便，对它的后代来说也非常有利，影响更是非常深远，母亲的懒惰已经植入了后代的习性中，慢慢地让一个劳动者变成了寄生虫。

我们把设想写在纸上了，很奇妙，说得头头是道，也顺理成章。但是，不要忘记事实，在论证可能性之前，请看看现实是怎样的。

我们就拿棚檐石蜂来说。撬开别人的房门后，把别人的卵扔出门去，用自己的卵取而代之，是它们的一种习性。我没必要通过小手段来迫使它撬开别人的房门，石蜂会在长时间缺席后这样去做，或许它认为这样做是它的权利。也许自从它的种族知道用水泥筑巢时，它就掌握了一报还一报的法则。从进化的角度看，强取的积习要多少个世纪才能养成呀！此外，对于母亲来说，强占会给它带来便利。它不必刮坚硬的水泥，不必搅沉重的砂浆，不必建复杂的外壳，不必往返无数次去采集花粉。有丰富的食物和坚固的外壳，一切都是现成的。只要给

侵入的石蜂

石蜂把蜂房剖开之后会把自己的卵产在别人的巢穴里。

自己一些空余的时间就可以享福了。那些善良的劳动者，它们对蜂房被强占完全无动于衷，没人反对。石蜂不必担心会有什么隔阂和争吵，让自己懒惰下去，再也没有比这更好的生活了。

如此，可以选择一个最温暖、最干净的地方，母亲可以把用于做其他事情的时间来全心全意地照顾卵，后代的生长就会拥有最优越的条件。如果强占别人家有如此深刻的印象，就可以代代相传，那么石蜂干坏事的时候，那种印象是多么深刻啊！那些优越的条件让人挥之不去；无可厚非，母亲所做的也只是为自己和后代找一种最好的安居方法罢了。干吧！可怜的石蜂，不再做那劳累不堪的工作，听进化论者的安排，既然你有那个条件，为什么不变成寄生虫呢？

事实上，它们没有由此变成寄生虫。在了了结原有的恩怨以后，石蜂又以一种不折不挠的热情重新开始筑巢。它会完全忘却由一时发怒而犯下的罪过，防止给它的后代也染上懒惰的恶习。它好像清楚得很，劳动才是生活，劳动是这个世上最大的快乐。建房以来，面对无数的蜂房，它没有为了安逸而去撬其中的任何一个，连这个千载难逢的好机会，它都没有加以利用。没有什么能说服它，工作已经成为它的本能，它会继续辛劳地工作。它没有衍生一个分支，一个破门而入侵犯蜂房的新种群。暗蜂倒是这样的种群，但两者之间没有任何相似之处，谁敢相信它和石蜂之间有亲缘关系呢？我需要一种棚檐石蜂的分支，它是依靠撬开顶板的技艺为生的种群。在遇到这样的分支之前，我听到寄生性是由古代的劳动者放弃自己的职业而变成懒惰的理论时，只会淡淡一笑。

同样地，我还要说能够毁坏隔板的变种，一种三叉壁蜂的分支。

为看到了偷盗者的工作，我让一群壁蜂在我的工作台上和玻璃管里筑巢。我在后面会说明，我是以什么办法做到的。

每只壁蜂都很谨慎地在自己的管子了待上三四个星期，管子里满是它辛辛苦苦用土质隔板分开的卧室。不同色泽的胸腔我能将它们区分开来。每个透明的通道都只是一只壁蜂的地盘，其他人不可以进入筑巢，不可以储存食物。在喧闹的蜂城里，如果有个冒失鬼忘了自己的家，而在邻居门前逗留，房主马上会把它赶走。它们不允许有丝毫的大意。在这个蜂的世界里，每虫一屋，真正是居者有其屋。

直到工作结束时，一切正常。最后，蜂群差不多都消失，管口也被一个厚土盖封上了。留在原地还有20来只，由于一个月的辛苦工作，它们的毛都掉了很多，衣衫褴褛的样子。这些落后分子还没有产完它们的卵。还有空管子时，我拿掉了厚土盖封后的管子，将其他还没有用过的补充上去。尽管空管子与原来的家根本没什么不同，可只有几只壁蜂接纳这些新家，而且它们在那里建的蜂房，常常只有一些隔板的雏形。

它们需要的不是家，而是别人的巢。它们靠近那些住着邻居的管子，钻探管尾部的软塞。软塞只是一个干泥盖，不像石蜂的水泥那样坚硬，所以钻探工作显得很轻松。打开入口后，巢中食物带卵都露出来，壁蜂会用它那粗壮的上颚将卵剖开，并把它扔到远处。还有比这更残忍的，就是它会在原地把卵吃掉。我简直不敢相信自己的眼睛，我看过好几次这种恐怖的场面，才相信这是事实。值得一提的是，被吃掉的卵很可能就是它自己的，壁蜂对家的渴望，已使它忘记了以前的家。

做完谋杀亲子的行为之后，它们开始储存食物了。无论是什么样的蜂，这时都会退回到正常的活动中来，重新连接原先被中断的工作。最后，它产下自己的卵，再小心地建好毁了的盖子。对于这些重返故里的蜂儿来说，一个居所还不够，它需要两个、三个、四个……因此，破坏可能会更多。为了达到拥有多个居所的目的，壁蜂把所有挡在前面的房间都清除掉。于是，隔板被推倒，卵被扔掉或吃掉，食物被搬运到外面，甚至常常被搬得很远。在它进行强盗行径时，人们往往很难辨认出它是一只壁蜂，因为它的全身沾满毁坏房屋时产生的石膏残块、花粉和破碎的卵。在霸占了一个地方之后，一切又重新恢复正常。重新搬进来的食物取代扔到路上的那些，每份食物上都产下一个卵；新隔板被建了起来，塞子也被重新换过。暴行不停地发生，为了保证那些不想受我打扰的蜂巢的安全，我不得不终止它们的行径。

我无法弄清这种强盗行径的原因，它的行为就像一个精神传染病病人、一个躁狂症患者。如果缺少盖房的地方也就罢了，但近在咫尺的管子还是空空的，并且非常适于产卵。壁蜂不想借此安居乐业，它宁愿做强盗，这是由于一段疲于奔命的活动，使它开始变懒，开始讨厌工作了吗？不是，因为当它做罢掠夺的事情之后，它又重新开始正常的工作，劳累并没有减少，而是加重了。为了继续产卵，按理说应该选一个空的管子，可是，壁蜂却有与众不同的想法。它的行为动机让我迷惑不解。难道它身上天生就有毁坏别人巢穴的坏品质吗？谁知道呢？人的身上肯定是有的。

可以肯定，在天然的蜂巢里，壁蜂的举止与在我的透明管子里一样。在工作结束的时候，它就把别人的家给抢夺了。它如果就在第一个

壁蜂靠近管子

壁蜂需要的不是家，而是别人的巢。它们靠近那些住着邻居的管子，钻探管尾部的软塞。

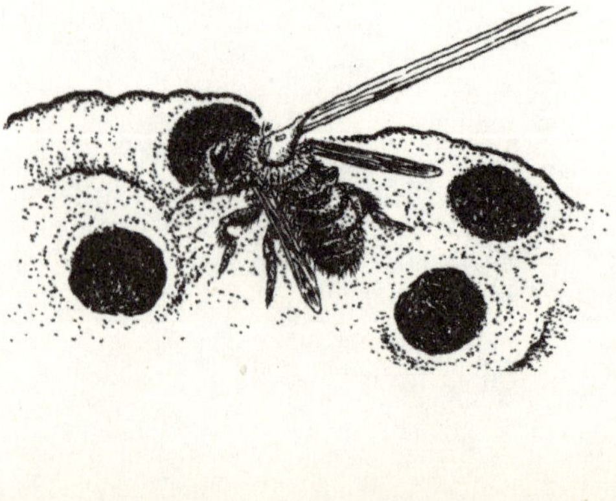

房间里，而不继续清空下一个房间，它就可以利用现成的食物，并且省去余下最费时的那一部分工作。这般抢劫也会有大量的时间养成习惯，并且传到下一代身上。因此，可以想象，壁蜂就会产生这样一个变种：它吃别人的卵，来为自己的卵安家。

我们无法证明这个变种，但我们可以说它正在形成。按照我刚才的推断，一种未来的寄生虫就要产生了。进化论过去得到了确证，它在将来也会得到确证，但它现在得到的确证却最少。变形现象出现了，变形现象即将出现，最讨厌的是它现在没有出现。在3个时间段中，一个项失去了，而这个项是我们最关心的，也是唯一能超越虚构的荒诞的。现在，进化论不再辩解什么，这令我很不快，就像在一个乡野教堂里看到那幅著名的红海的画一样。那些艺术家只在上面画了一道最鲜红的色带罢了。

在付钱之前，神父端详了杰作后说："是的，这就是红海，但是希伯来人在哪儿？"

"他们已经消失了。"画家说。

"埃及人呢？"神父问。

"他们只属于未来。"画家说。

一些变形已经过去了，另一些变形即将到来，我们就是看不到正在变形的东西。是否那些过去的真实和未来的真实会排除现在的真实呢？我弄不明白。

石蜂和壁蜂的变种，从它们的起源开始，就乐此不疲地抢劫同类，并且热情地衍生出一种什么也不做的寄生虫。它们如愿以偿了吗？当然没有。难道它们没有其他目标吗？人们会证明这点的，但现在不行。今

寄生虫产卵

寄生虫总是趁蜂房的主人不在时侵入并产下卵，它的卵又细又小，一端较平，另一端较尖。

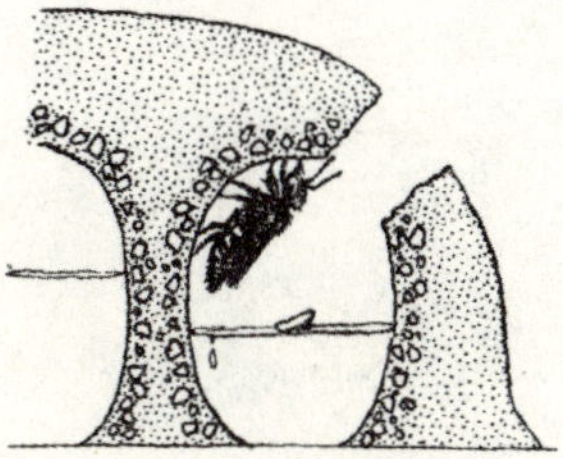

天的壁蜂和石蜂毁掉最初的水泥或泥浆时，这点与它们过去一样。那么，它们需要几个百年才能变成寄生虫呢？太长了，我怀疑会不会有那一天，这让我们不再有等待的信心。

在7月里，我劈开壁蜂用来筑巢的树莓桩。在成串的蜂房里我看见了虫茧和刚刚吃完食物的幼虫；还有一些附着壁蜂卵和还没被动过的食物。卵大约4～5毫米宽，是两端呈圆形的白色透明圆柱体。卵的一端靠着食物，另一端竖起来离蜜有一段距离，斜躺在那里。当我多次造访后，我有了十多次有趣的发现。在卵自由的那一端还固定着另一个卵，那个卵与壁蜂卵一样，也是白色透明的，只是形状完全不同，它长2毫米，宽0.5毫米；一端较平，另一端比较尖，它比壁蜂要小得多，细得多。显而易见，它是一个寄生虫的卵，那奇特的安家方式让我特别注意到它。

寄生虫的卵比壁蜂的卵早孵化，刚一出生的幼虫会让对手的卵干枯，它占据着壁蜂卵的高处，在远离蜜的地方。啃噬壁蜂卵的工作是非常迅速的。我们看到壁蜂的卵从开始被蚕食到丧失了光彩，再到逐渐变成一张软皮、一个空壳，只需要24小时，之后，一切竞争都没有了，寄生虫就成了这里的主人。新生的小幼虫忙碌着，它需要尽快摆脱窘境，它抬起头选择并增加攻击点，尽力地挖掘掉那些危险的东西。现在，它竖躺在蜜的表面，不再移动，它要吃掉壁蜂储存起来的粮食。不出半个月，食物就吃光了，茧也织起来了。卵形的茧相当坚实，颜色是像树脂一样的深褐色，这种特征使人能很快将它与壁蜂的虫茧区别开来。茧的孵化期是在4月和5月。那时，谜底会最终解开——寡毛

寄生虫的卵孵化

寄生虫的卵产下以后会在寄主的蜂巢里慢慢孵化。

土蜂是壁蜂的寄生虫。

然而，寡毛土蜂也属于膜翅目昆虫，可归于哪一类还是个问题。寡毛土蜂是以他人的食物为生的消费者，可以说是真正的寄生虫。它的相貌、身体结构与暗蜂相似，即使是对昆虫没什么研究的人看起来也是这样。另外，对于严谨的分类学学者来说，也都同意把寡毛土蜂放到土蜂和双刺蚁蜂之间，二者都是以猎物为食。如果壁蜂的寄生虫真是从一个变化的祖先转变过来的，那它的祖先应该是个食肉者，这几乎相当于狼变成了羊，因为它成了吃蜜的虫子。富兰克林①曾说过：从橡树的果实里不会长出苹果树来。而在这里，它们对甜食的喜好却是从对肉的喜爱演化而来的。如此的错误论断，是找不到论据的。

我可以写出一卷书来继续说出我的怀疑，现在就到此为止吧。问题终究会解决，只要一代一代把寻根溯源的习性传下去，我们就会获得正确的答案，如果今天说是真的，明天说是假的，问题就会像伊西斯神②始终蒙着面纱一样，永远不会有真相大白的一天。

①富兰克林：美国18世纪最著名的政治家、外交家、哲学家、文学家，参与起草了《独立宣言》。——译注

②伊西斯神：古埃及的丧仪主神，有起死回生的能力。——译注

第七章

石蜂的苦难

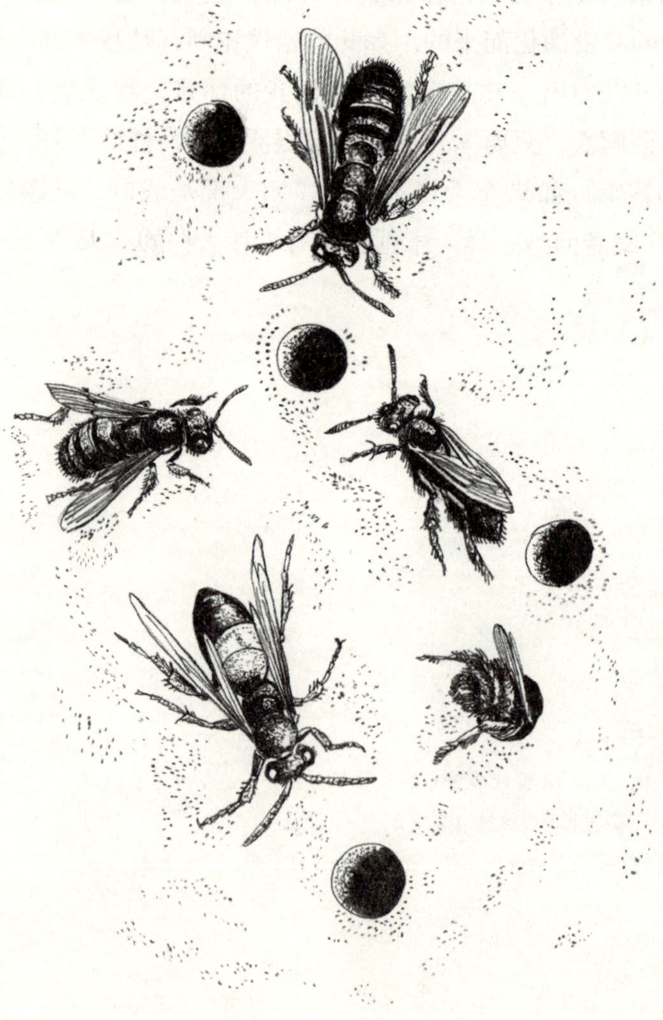

前面我们介绍的高墙石蜂，给我们留下了非常不好的印象，它被我们看成是强占别人财产的剥削者，以及掠夺劳动者遗产的强盗。因为它们的所作所为，给它的种族带来了十分恶劣的影响，以致我们很难想象石蜂也有自己苦难的一面。在卵石上建窝的卵石石蜂完全称得上是辛勤的工作者。整个5月，我们都会看到它们辛勤劳动的身影，在骄阳的暴晒下，卵石石蜂用自己的牙齿挖掘着附近道路上的砂浆。它们如此热情高涨和全神贯注，收获水泥的喜悦让它们沉醉其中，以至行人的脚踩到它们的头上，它们都浑然不知。

街道上最硬最干的地方是卵石石蜂最愿意去的地方，在卵石石蜂眼里那是最优质的矿脉。如此坚硬的地方对于它们弱小的身体来说，十分不便采集，必须一粒一粒地挖。刮下来的东西就地用唾液搅拌成灰浆，然后石蜂才会带着充足的原料满足地离开。它充满激情，成群结队地朝约百步远的卵石飞去。

新鲜的砂浆很快就被用掉了，要么是为了搭起一个转塔一样的建筑，要么是为了在隔板里涂上砂浆砾石，这会使整个建筑更加坚实。于是寻找水泥的旅程又开始了，直到建筑达到他们满意的要求。它一刻都不休息，上百次地往返于开采工地和蜂巢之间，始终去同一个地方，因为它认为那里是它的最佳选材之地。

除了要修建一个坚固而结实的家，石蜂的任务还有储存粮食，蜜和花粉是它们最好的食物。如果附近有盛开着的鲜花，那么鲜花上面嫩嫩的花蕊便是卵石石蜂最喜欢的采蜜地点，它每次采蜜都要越过半公里长的路途。直到嗉囊里的蜜满得再也放不下了，肚子上也全沾着花

卵石石蜂

卵石石蜂会到干硬的街道上采集、挖掘优质的矿脉来建窝。而坚硬的地面对于弱小的石蜂来说，采集工作十分的艰辛。

粉，它们才会踏上返家的旅程。回到蜂房之后，它慢慢地将劳动果实塞满整个房间，随后马上又回到收获的地点。整整一天，它们不知疲倦地劳作着，只要有足够的阳光，同样的活动就会继续下去。天色一晚，如果住宅还没有关起来，卵石石蜂便躲进蜂房里过夜。它低着头，肚子的尾端还露在外面。这种习惯是棚檐石蜂所没有的。卵石石蜂的休息是一种近似于工作的休息，它这样躺着是为了堵住储蜜仓库的入口，防止黄昏或者夜晚有强盗抢劫它的财产。

下面，让我们计算出石蜂建一个蜂房和储粮总共飞了大概多少距离。我分别算出从蜂巢到开采砂浆工地和岩黄芪的距离，然后，我又耐心地先记下两条路上它们飞行的次数，最后，把这些工作和蜜蜂即将要做的工作做个对比，使数据更加完整。这样，我计算出整个往返路程为 15 公里。当然，这只是个大概的数字，要得到确切的数字仅仅靠我这点努力还是不够的。

在大多数情况下，实际距离可能要比 15 公里多，它只能加深我对石蜂工作的评价。整个蜂巢大约有 15 个蜂房，此外，整个蜂巢还要罩上一层一指宽的水泥，这道工序虽然比蜂巢的其他部分要粗糙，但材料需要得比较多，大约占整个工程的一半材料。为了建好这层顶，在高原上卵石石蜂要来回跑 400 公里，这差不多相当于横贯法国南北端一半的距离。也许正是这个原因才让蜜蜂精疲力竭的，在此之后，它会找一个隐蔽的地方独自休息，然后死去。“我工作了，我尽了我的职责。”也许这是某个勇敢者最后的遗言。

石蜂的确是累坏了。它的生命只有五六个星期，它毫无保留地为家

忙碌的石蜂

卵石石蜂将刨下来的石粒用唾液搅拌成灰浆，再带回家一点一点地筑起自己的蜂巢。

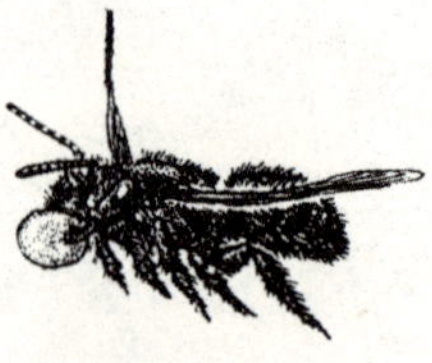

人耗尽了全部生命。在它的家里，一切都有了保障：有了充足精细的储粮，有了阻挡冬天风雪的庇护所，有了防止敌人入侵的城墙。一切都安排好了，至少在它看来是这样的，所以现在它安然地死去了。但是，唉，可怜的母亲却想错了！命运总是那么残酷，可恶的命运，它摧毁了辛勤的劳动者，养活了不劳而获者；那个愚笨粗暴的法则，使得劳动者用辛苦成就了懒惰者的成功。我们只能冷眼旁观，只能在上天这种无情的漠视中，让我们和动物被悲惨的命运折磨得痛苦不堪！啊，如果任由我想象，石蜂的不幸就会给我带来这个可怕而悲惨的问题！还是让我们远离问题，只做个简单的历史学家吧。

能让辛勤劳动的石蜂遭受惨痛损失的，一共有10来种家伙，我不全认得它们。其中的每一种都有各自独特的损人利己的办法和扫荡战术，也都非常狡猾，它们能让石蜂的任何工作都逃脱不了毁灭的命运。凡是石蜂所拥有的，它们都会侵犯，居所、粮食、还未断奶的小幼虫，无所不抢。它们有的抢粮食，有的偷食幼虫，还有的强占房屋。

暗蜂和束带双齿蜂是偷粮食的贼。前面描述过，当石蜂不在时暗蜂是怎样钻探蜂巢的弯顶，并在每个蜂房产下自己的卵；又描述过它是如何用红土来修补缺口，让人很快就能认出寄生虫存在的痕迹的。石蜂比暗蜂的身材要大得多，所以，在一个蜂房里，暗蜂有足够多的食物来养育它的幼虫。所以，暗蜂母亲可以在一个还没有受到任何侵扰的石蜂的卵旁产下一堆卵。我看到过，一堆卵的数目常在2～12个之间。

一开始时的情况还不错，二者相安无事。在广阔的空间里，客人可以尽情地享受，跟主人就像兄弟一样一起进食、消化。可是渐渐地，主人的日子就不那么好过了，食物在逐渐减少，最终变得稀少乃至消失，而此时的主人至多只长到了1/4长，主人会因断粮而死去。因为客人在餐桌上的动作极快，它们在主人发育到正常大小之前就已经把食物吃光了，吃饱了以后就开始织茧。茧是褐色的，很小但很结实。为了充分利用拥挤而狭小的居室空间，它将茧结在一起，连成一个团。如果过些时候我们再看蜂房，就会发现在茧团和隔板之间有一个干枯的皮囊，这便是曾经被石蜂妈妈精心呵护的幼虫。那样辛勤工作的结果却落下了这种悲惨的结局。从某种角度上讲，蜂房既是摇篮又是坟地，可我在其中常常看不到小虫子的尸体。我推断，暗蜂在产卵之前，可能已经毁掉了石蜂的卵，或者就像壁蜂那样，把它吃掉了。我还推断，在这么狭窄的斗室里，石蜂的卵妨碍了暗蜂的织茧，为了给茧让位，卵便被暗蜂劈得粉碎。已经有了这么多让人伤心的事实，我不想再雪上加霜了，我宁愿接受小虫子是被饿死的，只是我没看到而已。

现在再让我们说说束带双齿蜂的故事吧。这是一个很随意的造访者，它能旁若无人地挖掘棚檐石蜂的蜂城和卵石石蜂的弯顶塔。那里有无数的居民来来去去，嗡响震天，但这一点儿也吓不倒它。在我家门廊墙上悬着的瓦上，我看到了束带双齿蜂。它身着红色的外套，从容自得地爬行在蜂巢的凸起部分。蜂群并没有意识到它是个别有用心的家伙，没有一个去驱赶它的，只要它不靠近蜂群，蜂群就不觉得烦，即使遭到它碰触的蜂，也最多只表现出一点儿不耐烦。没有任何情绪，更没有遇到敌人时一定会有的那种拼杀追捕。蜂群中负责安全保卫的有近千只蜂，它们看不到险情，没有一只去攻击恶人，没有一只去追捕强盗。

束带双齿蜂像是在参观工地，它一边在石蜂群中穿梭，一边等待时机。只要遇到一个房主不在的蜂房，我就会看到它钻进去，很快就出来，嘴里填满了蜜。它轻车熟路地从一个蜂房到另一个蜂房，贪婪地收集着别人的蜜。我不敢确定它的这种掠夺是为养活自己，还是给将来的幼虫做储备。束带双齿蜂总是在品尝过多个蜂巢的蜜之后，就在一个蜂房里腹部朝里、头朝开口安顿下来。如果没错的话，它该在那里产卵了。

在束带双齿蜂走了以后，我看了它产卵的那个住宅，在食物的表面，我没有发现任何不正常的东西。蜂房的主人到来之后，虽然它有非常敏锐的眼力，但它什么也没有察觉到。如果食物上有另类的卵，那是逃不过它的眼睛的。它还在储存粮食，束带双齿蜂的造访没有给它带来任何干扰。我发现，石蜂储粮时非常注意保持清洁，我曾经试着将一个小小的包裹着稻草虫子的卵放进蜂房，很快，石蜂会小心翼翼地将这个另类的卵扔到巢外。因此，事实足以证明，即使束带双齿蜂的卵产下来了，也没有产在食物的表面。

我在猜测卵是不是埋在了花粉堆里。我看见束带双齿蜂从蜂房里出来时，总是一嘴黄色，它也许是在勘察产卵的地点，为选择隐藏卵的地方做着准备。我先前认为它只是偷食而已，原来选址产卵才是它

束带双齿蜂

这种膜翅目昆虫总是在石蜂群中穿梭，只要发现哪只石蜂外出，它就会立刻钻进主人的蜂房盗取蜂蜜。

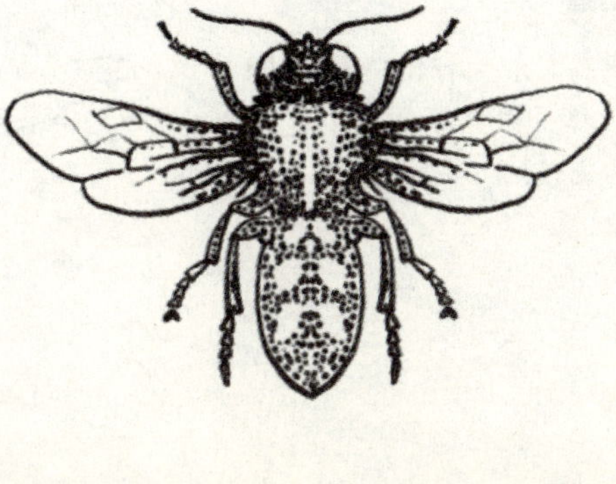

的真正目的。卵就这样被埋在了花粉堆里，它逃过了石蜂的火眼金睛。卵如果露在外面，很快就会被房主扔出来，这样束带双齿蜂的幼虫就必死无疑。当寡毛土蜂在刺霉壁蜂的卵上产卵时，常常是在一口深井的黑暗处，阳光都射不进去，行动起来十分隐蔽。壁蜂带着它的黏合剂建外壳封盖时，看不到入侵者的后代，无知者无惧，也意识不到危险。但双齿蜂却是在光天化日之下在别人的家产卵，因此安家方式需要讲究策略。

此外，对于双齿蜂来说，留给它的好机会并不多。如果它等到石蜂产卵的时候，那一切都晚了。石蜂一产下卵就会走出居所，然后上颚携带着一些坚硬的砂浆回来，把大门封起来。材料运用得当，刷一遍砂浆就能完全封闭大门，后来顺便带回来一点材料只是用于加固外壳。石蜂只要用抹刀抹一下砂浆，束带双齿蜂就无法进入这个房间里了。双齿蜂还不知道如何像土蜂那样撬门而入。因此，双齿蜂必须在石蜂产卵之前产下自己的卵，还一定要将卵隐藏在石蜂发觉不到的地方。

在卵石石蜂的蜂巢里，双齿蜂的机会会多一些。卵石石蜂产下卵之后，它得去找封闭入口所必需的水泥，这样就会有一段时间顾不上自己的巢穴，就算它的上颚里已经有了封闭入口的材料，但因为入口太宽了，材料不足以把门封闭起来，因此，还要花时间再找一些材料将大门完全封闭。于是，就在石蜂母亲找材料的时候，束带双齿蜂就有时间干它的事儿了。不论是双齿蜂还是卵石石蜂，它们都会把卵藏在食物里面。

那么，和束带双齿蜂同住一室的石蜂卵会变成什么样子呢？不管我

寡毛土蜂

膜翅目的一种。体长约10毫米，体呈黑色，具有白色和黄色的斑带。

在什么时候打开蜂巢，都看不到石蜂的幼虫，更别提成虫了，石蜂的卵没留下任何蛛丝马迹，蜂房里只有一只束带双齿蜂。于是，我的脑海里浮现一个场景：双齿蜂的卵比石蜂的卵孵化得更早一些，幼虫从隐蔽的蜜里出来，就用牙齿咬石蜂的卵，就像寡毛土蜂咬壁蜂的卵一样。这就是事实，也是我看不到石蜂幼虫的原因。我不再描述这些新生儿的残酷行为，此后还要遇上更残酷的事。

生活中，强盗总是充满着恐怖，人们没有胆量过多地追问他们的所作所为。一个不起眼、肉眼几乎都看不清楚的小虫子，在乳臭未干的时候就能消灭自己的对手。石蜂的卵是被双齿蜂的幼虫消灭的，这对于束带双齿蜂来说，必须那样做吗？

其实，双齿蜂没必要赶尽杀绝。无论是在棚檐石蜂的蜂房里，还是在卵石石蜂的蜂房里，食物是绝对充足的。双齿蜂的幼虫差不多需要1/3或者一半就够了，剩余的粮食就放在那儿毫无用处，于是，浪费粮食也是束带双齿蜂的一大罪状。为了争抢食物而相互残杀还可以理解，但这儿的食物充足，超过了它们所需要的。既然食物足够多，那么束带双齿蜂为什么要毁掉石蜂的卵呢？它为什么不让石蜂利用剩下的食物呢？不要埋怨束带双齿蜂的恶毒，石蜂的后代最终会糊里糊涂地死于那些无用、发霉的食物的！如果我顺着寄生理论看，我可能会变成另一个叔本华[①]，说出一些胡言乱语来。

这便是两类卵石石蜂寄生虫的概述。暗蜂和双齿蜂是真正的寄生虫，说得好听一些，是以别人贮藏的食物为生的消费者。

在这里，我还要顺便说一下攻击石蜂幼虫的另外3个“恶棍”：卵蜂、

①叔本华（1788—1860）：德国哲学家。——译注

褶翅小蜂和小小的佩剑蜂。

当食物吃光以后，石蜂幼虫胖得流油，活像个球似的，它开始织着茧，为未来的生活做准备。在它织完茧后，会在茧里面美美地睡上一觉。就在石蜂幼虫熟睡的时候，那些恶棍便跑到巢里来。很快，在睡着的石蜂幼虫身旁就会出现一只刚刚出生的小虫，熟睡的石蜂幼虫就成了这个小虫的美食。它们的故事只说到这里，我将在以后详细讲述。

这些寄生虫的恶行给石蜂带来的苦难还不算最大。如果说幼虫被吃掉或让幼虫在卵里死去已经算十分不幸了，但还有给它们一家带来更悲惨结局的呢！

食物被强占，卵被毁掉，幼虫被饿死或被吃掉，这就算完了吗？不，还没有，它们还要深入挖掘，就像在自己家里一样。它们现在想占领居所了。

石蜂在卵石上安居的时候，这些靠寄生的强盗还有惧怕石蜂的力量和戒心，被石蜂远远地赶在一边。如果有些胆大的寄生虫来参观石蜂的新居所，石蜂会很快地把它们赶走。因此，如果巢穴是新建的，石蜂就对寄生虫毫无畏惧。然而，卵石上的蜜蜂也会利用旧巢产卵，只要旧巢不是破烂得不成样子就行。开始时，它们会为了旧房产展开整整几个小时的大战。它们面对面地用上颚撕咬在一起，腾在空中，跌倒到地面上，翻来滚去，打斗不断。从它们激烈的抢夺中，我能看出旧巢在它们心中的价值。

一个只要整修一下就能用的旧巢，对石蜂显得是那么珍贵和重要。我看到那些旧巢常常被整修，并住上新的居民，我怀疑，石蜂不到没有旧巢可用时是不会建新巢穴的。因此，有人占据它们的新蜂房对它们来说就是严重的抢劫。

有好几种膜翅目昆虫会辛劳地去采蜜、竖立隔板和制造食物，却基本不会为自己建造巢穴。对它们来说，宽敞的旧巢就是它们最好的住宅，只要抢先占有这些房子就可以了。按照惯例，只要是第一个占据旧巢的人，就能成为旧巢的主人。石蜂一旦在旧巢安了家，就不许人家来打扰它；同样，它也不会去打扰抢先一步占据旧巢的人。没有抢到旧巢的蜂不再侵扰那些已经占有旧巢的蜂儿，而是自觉地到另一个卵石上建一个新家。

在这些不劳而获的蜂儿当中，我要说说青壁蜂和切叶蜂。这两种蜂的体型很小，一个石蜂的蜂房，它们可以在里面筑上5～8个蜂房。和石蜂一样，它们也是在5月工作的。

壁蜂根据具体地形，把抢占来的旧巢用不同形状的挡板隔开，分成一些不规则的小居室。建这些小居所是不需要什么艺术的，壁蜂只要精打细算地利用现有资源就行了。隔板的材料来自于一种植物，壁蜂通过咀嚼这种植物的叶片就能得到绿色黏胶。关闭整个蜂巢的厚塞子也是由这种植物的绿浆做成的，但是，壁蜂并非只用这种浆做厚塞子，为了使房子更结实，它会将许多砂浆和在绿浆里。材料很容易采集到，壁蜂或许是担心房屋不够牢固，常常尽可能多地使用绿浆和沙的混合物。在石蜂光滑的外壳上，它们建了一层砾石的凸檐，这个粗糙的绿色外壳，让人一眼就能认出是壁蜂的杰作。不久，绿色的黏胶在空气的作用下会变成褐色，特别是在塞子的外部，就像落叶的颜色，这样很难辨认出当初建巢穴时用的是什么材料了。

喜欢卵石上的老巢的，还有摩氏壁蜂和蓝壁蜂，它们与青壁蜂和切叶蜂住在一样的房子里，但它们不是勤劳的房客。

在石蜂巢穴里选择住家的强盗中，我认识的还有斑点切叶蜂。斑点切叶蜂在每个蜂房里都堆上半打甚至更多的蜜罐，罐子是用一些野蔷薇叶片绕成的圆垫做成的。强盗中还有带有一些白棉絮一样的袋子的黄斑蜂，我不知道它的种类。

三叉壁蜂和拉氏壁蜂常常形影不离，棚檐石蜂给它们提供免费住所。三叉壁蜂喜欢去群居的蜂窝那儿，比如棚檐石蜂和毛足条蜂的窝。拉氏壁蜂差不多总是陪它在石蜂的蜂巢里。

在一个蜂城中，真正的建造者和剥削他人的强盗会一起工作，和谐地生活在一起。两种蜜蜂都和平相处，它们各做各的事，都显得很本分。壁蜂难道只是谨慎地利用那些被石蜂遗弃的通道和蜂房，而没有利用石蜂的宽厚去强占那些有房主居住的居所吗？强占的事肯定会发生，因为我常常能看见棚檐石蜂在清扫旧蜂房。如果没有强占的事发生，它怎么会像它在卵石上的同类那样去利用旧巢呢？不管发生了什么，可以肯定的是，这个小小的世界里不会为这样的事去争吵。卵石石蜂在各种壁蜂占据了自己的巢穴后，它宁愿在别处寻找一个可以独自工作的居所，而不愿将一个家一分为二与别人分享。为了别人而自愿放弃一个好房屋，它一点儿也不对它们表示反抗。壁蜂在卵石石蜂那里有着极高的豁免权。棚檐石蜂与它的租赁房屋者形成了混杂而安静的蜂群，使这种豁免权显得更为正式。壁蜂像是生来就是住在石蜂的家里，它

壁蜂

壁蜂总是抢占石蜂的居所，而对于壁蜂的这种行为，有的石蜂宁愿放弃自己的住所另择居所，有的石蜂则毫不在意，默默地接受这一切。总之，石蜂们绝对不会为此而与壁蜂发生冲突。

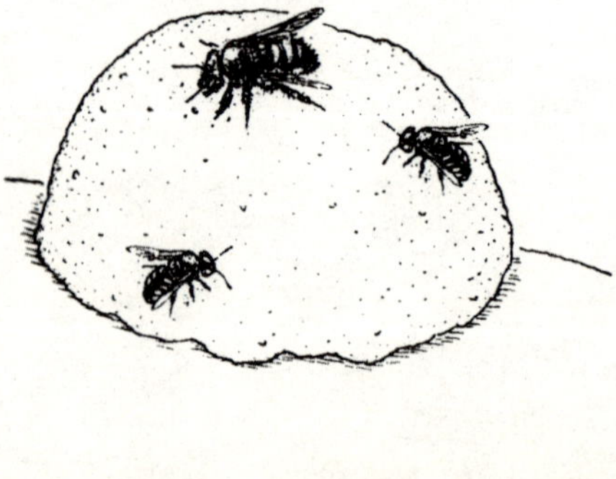

受到的就是和平的欢迎。

粮食被抢劫，幼虫被扼杀，住宅被霸占，这些都是石蜂的苦难。除了这些，就再没有什么要说的吗?

经历长时间的风吹雨打，石蜂的大宅最终成了废墟，卵石上的蜂房开始脱落破碎。即使不惜代价修复它，也无法达到起初的那种牢固程度了。虽然有瓦片掩蔽的蜂巢外壳保护得要好一些，但蜂城最终还是要破裂的。因为随着建筑层的不断叠加，蜂城已经显得很厚很重了，再加上粘在瓦上的那一层经常被雨水浸湿，蜂城的根基开始腐烂，修补已经是不可能的了。这时，所有的居民都会离开这里，再也不会回来。

其实，这样的旧巢就像一座坟墓。有一些石蜂变成成虫后，因为不能穿透出口，只得在蜂房内干死；还有死了的幼虫变成了黑脆的圆柱体；还有虫子变形后留下的一些零碎的茧和皮；没有碰过的粮食堆积如初，不论是新鲜的还是腐臭的，卵在上面都无法生存。

我把棚檐石蜂的巢从瓦上拿下来，发现巢有的厚达2厘米，在薄薄的外层上发现不了活的生命。在巢的内层，有一些是死去的石蜂，还有一些是没有变形的死幼虫；过去的蜜已经变酸，未吃过的食物已成了泥土。这里成了积累几辈子尸骨的坟场，那些可怕的无生命体在这里堆积、干枯和腐臭。

在这里，鞘翅目昆虫喇叭虫、蛛甲和圆皮蠹专吃这些残留物。圆皮蠹专吃里面的尸首；在石蜂的工作季节，喇叭虫的成虫常到这些土质蛋糕上来，舔一点儿从罐里渗出的蜜。尽管它那绿边的红色衣服很耀眼，与石蜂土灰的模样显得极不协调，石蜂也顺其自然，好像把它们都

小圆皮蠹

成虫体长1.7～3.2毫米，体呈卵圆形，背面显著隆起，表皮呈褐色至黑色，有光泽。

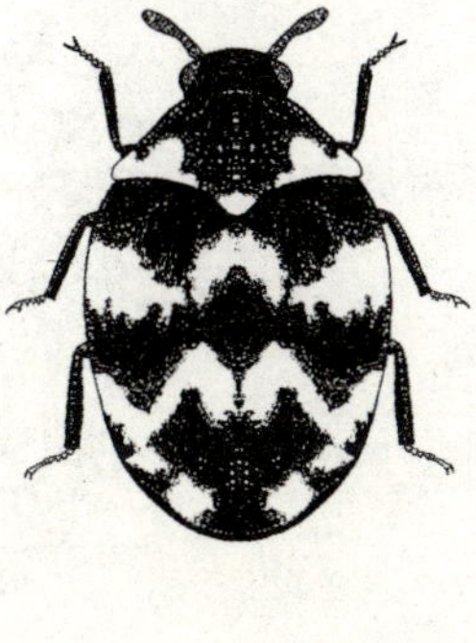

当成了清扫垃圾的工人。

无论是在卵石上还是在瓦上，在这个即将坍塌而无法挡风避雨的房屋里，常常会迎来这样一群流浪者。虽然巢穴变成了断壁残垣，但只要有一丝希望，石蜂都要坚持工作到最后。在老蜂房残骸的死胡同里，一些蜘蛛在织着的白缎顶篷后监视着过往的猎物。在有些角落里，有一些小的食利者，如蛛蜂、短翅泥蜂吃小蜘蛛；有时还会有织毯蜂，它们也是废墟里的房客。

我还没有提到灌木石蜂，没提到不是忘记了它，而是缺少有关它寄生性的证据。为了认识灌木石蜂巢内的居民，我打开了一个蜂巢。这个蜂巢固定在一棵石榴树枝上，与核桃差不多厚。里面有8间居室，其中7间里面居住着石蜂，第八间才是被一个称得上蜂群祸害的小蜂占据着。除了这个并不重要的情况，我什么也没有看到过。在这些随风摇曳的枝头上的蜂巢里，我没有发现更多的宿主。

缺少更多的宿主很容易解释，灌木石蜂的巢是建在树枝上的，因为根基不牢，所以不长久。冬天的寒风会很容易弄断树枝，为了防止危险，旧宅不会再翻新给下一代用，同一个巢不会用两次。这样，利用老蜂房的壁蜂和它的同类便排除了这样的巢穴。

树枝摇曳不定也是束带双齿蜂和其他蜂儿不青睐它的原因。只要蜂房条件很好，我可能会找不到更多的宿主不来这里的理由。由于没有更好的解释，我只得这样说。

灌木石蜂把巢建在空中应该是幸运的，不像有些蜂儿可怜地成了别人的猎物。如果我统计一下一片瓦上的蜂群数目，会发现束带双齿蜂和

石榴

石榴科的落叶灌木，原产于伊朗。灌木石蜂最喜欢在石榴树枝上筑巢。

石蜂几乎一样多。寄生虫把居民的一半都消灭了。吃幼虫的褶翅小蜂和它的同类惮格米蜂，再将另一半蜂民杀死。在棚檐石蜂的巢里，变形卵蜂的幼虫袭击石蜂的宿主三叉壁蜂。

卵石石蜂似乎可以让一些妨碍本族繁荣的祸害走开，但它们并未因此减少磨难。我发现：石蜂的一个居所里有 9 个蜂房，3 个被卵蜂侵吞，2 个被褶翅小蜂劫掠，2 个被暗蜂抢夺，1 个被惮格米蜂强占，最后剩下的那个才是石蜂的。整个石蜂家庭被 4 个坏蛋瓜分，只有位于蜂城中央的那个蜂房逃过了劫难。在我从卵石上取下的蜂巢中，没有一个是完好无损的，所有的巢都被那些作恶多端的蜂侵占，常常是一个蜂巢被好几种蜂占领。这些可悲的现实，让我想起了人类世界黑暗的一面：一些人的财富往往是建立在另一些人的贫穷上的。

第八章

卵蜂虻

1885年，我与卵蜂虻结缘。那年我在卡班特拉，按照芫菁这条线索寻找条蜂喜欢的高坡。卵蜂虻的蛹别具一格，蛹前面安装了一个复杂的犁铧，后面架了一把锐利的三齿叉，背上排着几排坚硬的铁钩，可以非常轻松地切开壁蜂的虫茧，毫不费力地穿透坡上坚硬的地表，为弱不禁风的成虫打开一道出口。我认为它们非常具有研究价值，当时对它说得不够详细，现在有点要迫不及待地向各位说清了。当时，因为我生活上遇到了很大困难，让我的研究半途而废了。下面我就用一章的文字，来具体描述这个奇怪独特的双翅目昆虫。30年的时光流逝了，我怀着年轻时的热情，在我的住处利用闲散的时间，从头开始以前的研究，这好比熄灭的炭火重新点燃一样。我现在想把从卵蜂虻那里得到的成果告诉每个人，我想告诉给我鼓舞的人们。但是，对于那些已经逝世的师长们，我只有一边深切地怀念故人，一边来描述卵蜂虻的情况。

7月份，我用力打击卵石的两旁，在强烈的震动下，高墙石蜂的巢从支撑处脱落了下来。大门在巢的底部，因为巢的底部是直接和石头表面相连接的，所以蜂房内部一目了然，为我的观察提供了极大的便利。这样，就免去了用侵蚀的办法，这种方法会让我很麻烦，而且会危害到卵蜂虻，现在蜂房可以被看得一清二楚了。我用剪刀小心翼翼地逐个打开蜂巢，剖开精细的外壳，在一些蜂巢里，运气和耐心让我最终发现了里面有两种幼虫的茧，一只活生生的，长得很圆润；而另一只有点干枯了。另外，我还不止一次发现，在一只枯干的幼虫旁边聚集着一群小虫，正在欢呼雀跃。

卵蜂虻

卵蜂虻的翅膀很大，一半有黑边，一半透明。它们常常来到高墙石蜂的巢，不仅吃掉巢里的石蜂幼虫，还会把这个巢据为己有。

在第一次观察的时候，我就发现了茧里这件惨案，干枯的是石蜂幼虫的尸体。从6月开始，幼虫吃完了蜂蜜，就开始迅速地织起丝布，在变态前，它还要在丝床上好好地睡上一觉。此时，在这隐蔽的安乐窝里，尽管有砂浆围墙和没有开口的帐篷构成的看似难以逾越的重重壁垒，但还是有一些入侵者前来偷袭这个正在做梦而毫无防备的大肉球。这些入侵者，会分散地袭击同一个蜂巢里互相紧挨着的不同蜂房。好几种入侵者的不同外形，将会在它们变态时暴露真实的身份。我先叙述事实，然后再快速地得出结论。在石蜂幼虫的身旁会单独出现3种杀手：三面卵蜂虻、褶翅小蜂、20多个甚至更多成群的赤铜短尾小蜂。每一个杀手都有自己的事迹，先从卵蜂虻开始。

首先，卵蜂虻幼虫享用了肥美的石蜂幼虫后，便鸠占鹊巢了。光秃灰白、奶油般润滑的它既没有足，也没有长眼睛，分节处浑圆，睡觉时身体大幅度弯曲，但跑起来腰杆就会挺得笔直。在放大镜下，透过半透明的表皮可以看出一层颜色显眼的脂肪层。在幼虫很小，只有几毫米的时候，长有不透明奶油状的白斑，还有一些半透明的略呈琥珀色的斑点。白斑是发育期的脂肪块；琥珀色斑是含有营养成分的流质，或者是血液流经脂肪形成的块。

我数出连头部一起共有13个体节，体节之间有一条很清楚的精细小沟。一个白色的球体状很小的头，跟一根别针头般大小，质地和身体一样柔软，即便是在放大镜下，在口腔里也发现不了什么。头后面是稍宽一点儿的赘肉，节间膜模糊，形成了一个上方微突的凸起。因为这两段界限不是很明显，很容易使人误认为这一段也是头部，事实上它是

三面卵蜂的二态蛹

三面卵蜂是全变态昆虫，它的二态蛹是它从幼虫转变为成虫所必须经过的一个静止虫态。

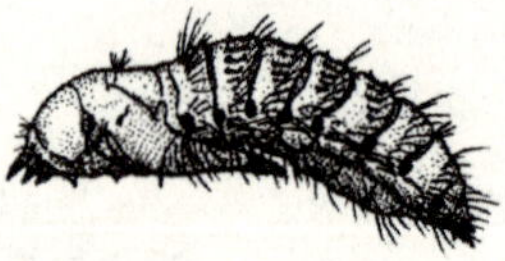

前胸。

中胸要比头部粗两三倍以上，前部平平当当，一道短窄的窦构成的深裂，将它与胸头凸起分隔开来。在中胸的前面，有两个紧挨着灰褐色的气门开口。后胸又粗了一点，并且向上凸起。隔了一段没有变化的过度后，就出现了一个高耸的坡度很大的凸出，并且头脑的凸起就嵌在了这个凸出部分的端部。

后胸的后面是一段标准的圆柱体，只不过最后两三节的宽度依次缩小。在倒数一节和第二节的分割线附近，我费了很大力气才看出有两个极小的稍微呈褐色的气门斑点，属于倒数第一节。双翅目昆虫的身体都长了两个在前、两个在后的四个呼吸孔，卵蜂虻也不例外。幼虫整个身体发育完成后的长度是 15 ~ 20 毫米，宽 5 ~ 6 毫米。

卵蜂虻幼虫的胸部凸起和窄小的头已经令人称奇了，它的用餐礼仪更是让人大跌眼镜。它连最原始的走路器官都没有，绝对是寸步难移的。如果我把它从睡梦中惊醒，它会借助身体的抽搐变形，一会儿伸直，一会儿弯曲，扭来扭去活动个不停，但只能在原地踏步。然后我会看到，不能行走会给它带来多大的麻烦。

现在，我看到了一个意料之外的事，那就是卵蜂虻的幼虫离开并再次用餐的速度非常迅速。我无数次目睹过食肉幼虫的进食情景，现在突然看到了一种与我看过的方式完全不同的用餐程序，我感到自己陷入了一种迷失的状态中。回忆以前的食肉性幼虫是怎么用餐的，比方说土蜂幼虫是怎么消灭掉蛴螬的。幼虫首先在蛴螬身体一侧开了一个口子，然后把头颈深深地埋了进去，吃里面的内脏。它进食的时候从不会休息，而是不停地向前，咀嚼、吞噬、消化……在肚子里一口气把猎物吃得只剩下一副空皮囊。它会自始至终选择一个固定的进食点，一动不动。假如要让它从进食的那点退出来，用稻草轻轻地挠它都无济于事，必须采用强制措施。当它的嘴被用力拔出来，拖到一边以后，虫子会犹豫很长一段时间，伸长身体，用嘴巴寻找原先的进食处，却并不去尝试在别的地方再找一个进食点。它必须找到原先的那个，如果它找到了，它就钻进去接着用餐。但从这以后，它的生长发育会受到很大的影响，因为重新在肚子里面吃的这个点，可能就不是原先那个地方了，食物开始变质了。

然而，卵蜂虻的幼虫根本不会划开肚皮用餐，也不会一直死咬着一点儿。我只要用画笔稍微碰它一下，它就立即离开进食点。在放大镜下，我看不到一点儿破损和血迹，假如穿过了皮肤，肯定会留下伤口的。幼虫感到周围没有危险后，再次把头凑到了食物的身上，胡乱地就咬上一口。我的骚扰并没有给它带来影响，它从容不迫、泰然处之，一点儿也没有使劲，就连进食的动作我都很难察觉。如果再骚扰它一下，它会同样快速地退回来，然后又继续上去用餐，同样不耽搁很久。

一会儿这儿吃一口，一会儿那儿吮一下，这种进食、退出、再进食的方式，直到整个幼虫全部吃完，也没有出现一处破损的地方。由此可见，卵蜂虻的嘴里没有大颚钩插进并割开皮肤，如果存在大颚钩的话，我肯定不能将进食的幼虫轻易拉出来，并且进食的地方也会有伤口。然而，事实上，这样的情况根本没有出现，用放大镜认真仔细地检查，皮肤没有任何遭到破损的现象。虫子将嘴贴在食物的身上或者退出进食的时候非常容易，从这里可以看出，虫子在幼虫皮肤上接触点极小，也就是说，卵蜂虻不是像其他食肉幼虫那样大口大口地咀嚼进食，也不是粗暴地啃噬，而是在轻轻地吮吸。

这种独特的用餐礼仪，可能需要具备一张特殊的嘴巴，下面就来研究一下它。在高倍放大镜下，我在头端的中央终于看到了一个琥珀般的红褐色小点。为了看得更清楚明了，我只能求助于显微镜。我用剪刀剪下头的一端，清洗干净后放在物镜上。在显微镜下可以看到一个红斑点的小嘴，具有极小的形状和极浅的颜色，如同一个有规则同心细纹的小火山口。在这个火山口深处是一根食管，前半截红褐色，后面迅速扩大成锥形。没有上颚钩、大颚，弄碎食物的口器，全部简化成了一个琥珀色带同心条纹的火山口形状，外面包裹着一层角质层。我只能把这种从来都没有看到过的进食器官叫做吸盘，进食时就如一种简单浪漫的接吻，但这个可怕的吻会吸干幼虫的整个身体。

弄清楚了进食的器官，现在看看进餐过程。为了更好地观察，我把卵蜂虻幼虫和石蜂幼虫从蜂房搬进了许多根玻璃管，这样一来，我就可以从头到尾地观察到这种进餐礼仪的全部细节。

卵蜂虻幼虫在肚圆肠肥的石蜂幼虫身上任意地选了一点，然后把它的吸盘吸了上去，当被打扰时，它立即停止用餐，等到一切平静后再重新进食。卵蜂虻幼虫吮吸了三四天后，石蜂幼虫原本丰满光滑的表皮开始变得干枯，身体起了皱纹、出现了凹陷，圆嫩新鲜的活力不见了，肉和血被吸走了，出现了憔悴衰老的迹象。7 天过去了，消耗变得更加厉害，干枯起皱的身体就像一个软绵绵的随时会坍塌的物体。如果我移动了它，它立马就塌成了扁平状，就像一个装了一半的羊皮袋摊开了一样。但是卵蜂虻不会停止享用它的盛宴，直到成了一张枯萎的肉皮，还在吸取最后一点油水。差不多半个月后，石蜂幼虫便只剩一个针头般大小的白色小粒了。

这颗白色小粒是没有一点油脂的干肉条，是石蜂幼虫的一层表皮。我把它放进水里，用一根极细的玻璃管子给它吹气，它就会沉下去。皱在一起的皮肤充气膨胀后恢复幼虫的形状，但是从水里可以看出，没有一处出现漏气泡的现象。一旦吸走了气体，它立马在水下原形毕露。由此可以看出，石蜂幼虫的油脂是通过渗透的方式被卵蜂虻的吸盘吸入体内的。这种在没有乳头的乳房上吸奶的方式，我有什么可说的呢？这里只不过做个形象的比喻，没有出口的石蜂幼虫体内的营养也能被卵蜂虻幼虫吮吸得一干二净。

这真是渗透作用造成的吗？或许是大气压力，将石蜂幼虫的体液压入卵蜂虻火山口似的嘴里，就像章鱼用强大的吸盘用餐一样。一切皆有可能，但我在这里不妄自断言，给那些不了解这种奇特进食方式的人找到反驳的机会。

在生理学上，这是值得研究的地方；在活体液体流体动力学上，人们也可以从中获得一些相关的新的信息。此外，还能够补充和丰富与其有联系的领域。时光短促宝贵，我只能提出问题，而不能解决问题。

华虻

双翅目虻科。似蝇而稍大，体粗壮，多毛。头阔眼大，刺吸式口器，触角较短，仅三节。

第二个问题是这样的。石蜂幼虫上没有丝毫的伤口，可以看出，卵蜂虻是一种不携带任何武器的双翅目昆虫。它也不会像多猎物膜翅目昆虫的食物那样，要用螯针来麻痹石蜂幼虫，石蜂幼虫既不会被大颚撕裂，也不会被足抓伤，更不会遭到其他任何的伤害。总之，它跟正常一样。然后，卵蜂虻幼虫倏忽而至，在放大镜下很难看得清它是怎么来的，准备工作完成后，就开始安家落户了。它来到了庞大的石蜂幼虫身边，就将石蜂幼虫吸成一张皮。可是，石蜂幼虫开始没有被麻醉，生命活动一切正常，但竟然能够被随意摆弄，任自己变得干枯，它甚至连肌肉颤抖一下的反抗都没有，恐怕只有死尸才会如此毫不在乎。

事实上，是极为阴险狡猾的卵蜂虻幼虫选择了恰当的攻击时间。它如果在石蜂幼虫吃蜜时到来，那肯定是占不了便宜，当它在吮吸时，石蜂幼虫就会不停地扭动尾部，大颚到处乱剪，进行反抗和挣扎。一旦坚守不住，卵蜂虻也就性命堪忧了。但是现在什么危险都没有了，石蜂幼虫躲在自己的丝帐里，处在变态之前的半死不活的昏睡状态，因此，这个时候，无论是用麻醉针刺，还是用卵蜂虻的吸盘，都可以放心大胆地对付肥胖的石蜂幼虫。

可以肯定的是，石蜂幼虫在变形时，会完全没有了抵抗能力。离开卵的卵蜂虻幼虫非常的虚弱，再加上母亲自己也没有能力使石蜂幼虫束手就擒，因此，我觉得没有麻醉的幼虫是在蛹态期间就受到攻击。我们很快就能看到这样的例子。

石蜂幼虫一点儿也不能动弹，但仍然没有死去，奶油似的体色和光滑亮泽的肤色是生命的证明。如果真的临近死亡了，不到一天的时间，它就会变成褐色，并且很快就会流出腐烂变质的水来。但是，现在却是另一番景象，卵蜂虻在长达半个月的用餐时间内，石蜂幼虫的体色仍旧保持着奶油似的颜色，没有变化，只是到快要被吃完的时候，才慢慢变成了腐烂的褐色，并且颜色也不会保持太久。一般来说，鲜活皮肉保存到最后时刻会成为一张白色的皮，没有任何的变质，这说明生命一直保持到身体完全消失的最后一刻。

我现在看到，一个石蜂幼虫身体融进了卵蜂虻的身体，只要石蜂幼虫没有完全转移给卵蜂虻，那么，剩余的身体部分就要保存一丝的生命。这是一种什么生命，就像烛火在燃烧完最后一滴蜡油一般。一个动物只剩下残留的生命物质如何能战胜死亡啊？然而，在这里，生命力不是消失于平衡的紊乱，而是消失于不存在任何机制，在形体的灰飞烟灭中死亡。

石蜂幼虫会像植物一样每一部分都能成为独立的生命吗？绝对不会，它是一种把复杂精妙的每个部分都连在一起的有机整体，一部分的死去就会造成整体的不复再生。如果我自己给幼虫弄了一道创伤，那么它的体色很快就会变成褐色，然后死去、腐烂，这一切只因为轻轻地刺了一针，而它只要没有被卵蜂虻的吸盘吸空，就能继续保持着身体组织的鲜活。一个小小的针眼能要了它的性命，而一种蚕食的暗杀却能让它的生命维持到最后一刻。我不知道其中的原因，就留给后人去寻找这个答案吧。

沉睡的幼虫并没有拥有成为成虫的所有条件，它好比是建房的原始材料，在等待自己被建造成蜂儿。为了以后变成成虫所需要的材料，幼虫利用空气在一个有机体的气管网中流通加工。为了引导空气的流量和流向，那么，动物的原型神经器官就给它们提供了分支。因此，神经和气管是最基本的加工机器，剩余的都是进行变态的备用材料。尽管这些材料没有被使用，没有得到前后的使用平衡，然而是可以抽出一部分材料的，因此生命尽管在一点点地被消耗，只要呼吸和神经系统存在，生命就不会枯竭。这就好比灯，不论油满还是被抽走了一部分，只要灯芯还在，就能够继续提供照明。卵蜂虻的吸盘通过皮肤渗透的只是储存的加工材料——体液，而呼吸器官和神经器官依旧保持完好无损。因此，生命就可以维持到体液吸尽的最后一刻。相反，我刺了一针，就损伤了神经网或者呼吸网的某个地方，因而就会出现了病变，直到全部腐烂。

我已经强调过土蜂吃花金龟幼虫精妙的用餐方式，它直到吃最后一口，花金龟幼虫才死去。同样的道理，卵蜂虻也要使得食物保鲜，它需要连续 15 天从同一只石蜂幼虫身上获取新鲜的食物。因此，它的用餐方式达到了一种很高的要求，通过吸盘的渗透一点一点地吸收所需的营养，这种精妙的方式在于能够避免任何一种可能存在的危险。无论它首先选择了哪一点吮吸，然后离开了这一点，最后重新找了另一点，都不用担心食物会变味。其他蜂类在用餐时都有一个固定点，大颚可以从这个点上深入。如果离开这一点，会失去正确的方向，食物立即就变质腐烂。可是，幸运的卵蜂虻想在哪里用餐就在哪里用餐，什么时候不想吃了就随时离开，再想进餐就可以立刻重新开始。

如果我没有推论错，那么我就已经看到了这种特殊的进餐方式存在的重要意义。食肉挖掘者的卵牢牢地定点在猎物的某一点上，不同种的猎物，这个定点也会不同；同一种猎物，这个定点是相同的。根据猎物特性的不同，这一点确实大不相同。对于同一种猎物来说，这一点是固定的。此外，它们严格遵守的一个规则就是卵的一端必须附着在这一点上，例如，壁蜂的卵就是以臀部粘在了猎物上，这是食蜜蜂的习惯。刚刚出生的幼虫不必冒险去寻找那个会导致食物死亡腐烂的点，只要张口吃身边的食物就可以了，因为这一块安全的地方，母亲凭着本能在它还没出生的时候就已经选择好了，它只要按着母亲已经制定的新生儿的饮食规则，有步骤地进食即可。

可是，对于卵蜂虻来说，情形就有很大的差别。因为卵蜂虻的卵没有安放在食物的某点上，甚至没有产在石蜂的蜂房里。这是因为卵蜂虻母亲没有能力和工具打通砂浆围墙，所以就进不了石蜂的蜂房里。刚出生的新生儿只能依靠自己闯入，独自面对那只肥胖彪悍的大肉球了。它可以随意走动，随机在猎物身上选择进食点，进食点可以凭嘴任意选择决定。假设它的嘴有嚼碎食物的利齿——上颚或者下颚；假设卵蜂虻的祖先制定了一种和其他食肉幼虫相同的用餐方式，新生儿就会陷入危险的境地。幼虫会毫无章法地划开猎物的腹部，胡乱地下口，而它们自己则早晚会死在腐烂的食物上面。

没有生前安排好的进食点，卵蜂虻幼虫就会因自由行动、随意下口导致食物变质，最终要了自己的生命。的确，自由是一种高贵典雅的权利，甚至对于一只无足轻重的小虫子也是这样，但自由也会危机四伏。因此，卵蜂虻只有将嘴巴带着一套特制的装置，才能处在安全状态，

幼虫在猎物身上

当昆虫需要把卵产在猎物身上时，它们会选择一个安全的位置，以保证幼虫出生后不会有生命危险。

这套装置不是一把可以开肠破肚的剪刀，而是一个能在无声无息中吸干营养并且对猎物毫发无伤的吸盘。它通过特殊的吸盘就可以高枕无忧了，把粗暴的噬咬变成浪漫的亲吻，因而整个成长过程都可以吃到新鲜的美味。即便是它不知道预先找一个定点，然后在这个定点上有步骤有规律地进餐，也是无伤大雅的。

我刚才的思考具有严谨、缜密的逻辑性。卵蜂虻的幼虫首先自由地在石蜂幼虫身上找到进食点，然后通过吸盘的渗透吸光食物体内所有的营养，但是从自身的安全上考虑，却不能破坏食物的身体。因而，我确信这是食客与食物之间存在的一种和谐关系，甚至我可以不假思索地称它为规则。

所以我说，每当一只卵没有固定在它作为食物的幼虫身上时，它可以自由选择、随意更换进食点的幼虫，就会戴上一种特殊的装置，即用吸盘吮吸的吃法享受美餐，并且在食物上丝毫看不出痕迹。这种严谨缜密的方式是为保持食物长时间的新鲜味美。我所说的可以体现在大量的例子上，都符合这个进食规则。除了卵蜂虻以外，褶翅小蜂和它的同类也是这样的；以黑色短柄泥蜂幼虫为食的长尾姬蜂、吃隧蜂幼虫的鞘翅目异类螓象更是如此。所有双翅目、膜翅目和鞘翅目的虫子，它们都对食物小心翼翼，避免损伤了食物的皮肤，将食物保持到最后一刻的新鲜。

食物的新鲜只是其中一个必要的条件，因为我还发现了另一个必要条件。食物的幼虫首先要化成流质的液体，才能在吸盘作用下通过完好的皮肤进行渗透，而出现这种状态，正是幼虫快要临近变态时才会

诺氏马尾姬蜂

膜翅目姬蜂科的一种。姬蜂科昆虫分布很广，约4万种。这类昆虫通常产卵器很长，有的种的前翅有黑点。多寄生在蜘蛛以及鳞翅目和其他膜翅目昆虫上。

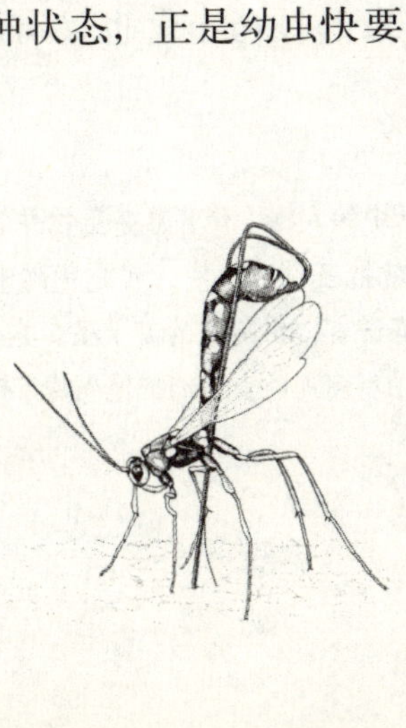

发生。这就好比是美狄亚要想保持珀利阿斯年轻，就在一个沸腾的锅炉里放入珀利阿斯[①]的残肢，因为一个新生命的诞生，需要另一个旧生命先进行溶解。毁灭是重建的前提，对死者的溶解是合成新生命的路径。因此，昆虫要想由幼虫变成蜜蜂，就需要先分解成一股流体，然后重新组合生成虫的生命材料，这就好像先将废旧的青铜扔进坩埚熔成流体，然后在模子里锻炼出新的铜器。幼虫先变成流体，抛弃了消化器官，然后重新化为成虫，例如蜂、蝶、蛾和金龟子，就用这种流程变成了一种高级的形态。

我在显微镜下，剖开一只处于沉睡状态的石蜂的身体，里面几乎全是一种液浆，浮着许许多多的油脂和少许的氧化组织的废物——尿酸。这种无形无名的流体，加上支气管、神经网和皮肤下一小层肌肉纤维，就构成了这只酣睡的虫子。这样的流质状态，容易联想到卵蜂虻用吸盘通过皮肤开始渗透油脂。当幼虫在醒着或者已经变成成虫的时候，坚硬的组织就不会出现渗透的情况，那么，卵蜂虻用餐时就会很难，甚至无处下口。事实上，我发现绝大多数的时候，卵蜂虻都是在临近变态前的幼虫身上安家落户，只有偶尔的情况下，选择在蛹上。我没有一次看到过它在正吃着蜜的幼虫身上，或者在过冬的成虫身上。我还要强调的是，其他食用并不损伤幼虫外形的食客，都是在幼虫的梦乡中下手的，因为这个时候幼虫的体内都呈流体状态。食客乘这个千载难逢的机会，把幼虫吸食一空，最后只剩下一层流脂皮囊。然而，在我所掌握的情况中，没有一只能跟卵蜂虻的用餐艺术相媲美的。

在从蜂房出来的技巧上，也没有谁敢和卵蜂虻相比。卵蜂虻的

①珀利阿斯：希腊神话中的人物，他曾篡夺王位并答应伊阿宋如果能夺取金羊毛就把王位让与他。可是伊阿宋取回金羊毛时，珀利阿斯背弃诺言。伊阿宋的妻子巫女美狄亚为了报复，采用计策诱使珀利阿斯的女儿们把他剁成了碎块煮熟。——译注

蛹，拥有了结实强劲的大颚，可以挖土穿墙，甚至将石蜂坚硬的水泥壁垒夷为平地。卵蜂虻成虫的样子就和蛹大相径庭，它长了一个软而短的喇叭嘴，适合舔花蜜；纤细瘦弱的腿，甚至移动一个小小的沙粒也可能会被折断；不能折叠收缩起来硬邦邦的大翅膀，成了通过狭窄通道的严重阻碍；一身风吹就会落的精细的纤毛，自然会在经过通道时磨擦损毁。它根本穿不过石蜂的铜墙铁壁而在里面产卵。卵蜂虻幼虫在里面也没有能力出来打开一条逃逸的通道，它小小的奶油状圆柱身体、一个长的小角和细小的吸盘，比成虫还要软弱无力，成虫至少还可以飞走。那么，石蜂虻是怎么逃出石蜂固若金汤的城池的呢？除非中间有其他东西介入，否则这两种手无寸铁的形态将会使问题变得无解。

介于幼虫和成虫之间是卵蜂虻的蛹，一般是生长机制里最弱的形态，裹着像一具木乃伊，一动不动地等待着再生。它软绵绵的皮肉，透明水晶般的足在身体位置上摊开，因而，只要稍许一动，就会破坏它精细的变态过程。它们在变态过程中，需要安静的环境，否则它们就会因变态过程遭遇残废或死去。

然而，一种超出我们生命概念的强大生命活力，使卵蜂虻的蛹正在完成任重道远的使命，它要费尽心机、历经艰辛地打开一道出口，这种繁重的劳动就交给了这个娇嫩的胚胎，没有丝毫的同情和怜悯，而成虫却什么都不要做，舒舒服服进行日光浴。这种职业的转换使得蛹必须具备挖掘的工具，可是令人感到好奇的是，这套工具在幼虫和成虫都看不出任何的标记。这套复杂实用的工具包括了犁铧、钻头、钩、叉以及一些未知名的工具。我已经用尽全部的词语来描绘这套特有的挖掘器材。

不超过半个月，卵蜂虻幼虫就把整只石蜂幼虫消灭得一干二净，可怜的石蜂幼虫就只留存了一张皮，蜷缩成一个白色的粒状。还没到7月末的时候，这个进食的过程就结束了，一直到次年的5月，卵蜂虻一直保持着幼虫的形态，一动不动地在石蜂虫茧里，待在白色的粒状旁边睡大觉。当5月到来的时候，幼虫首先开始起皱，然后进行蜕皮，最后形成了覆盖着一层红色角质皮的蛹。

圆大的脑袋与胸之间通过节间膜隔开，呈冠状向前凸起，在凸起的顶部长了6个非常坚硬尖锐的黑点，构成了一个凹面向下的半圆周形。这6个尖锐点从半圆周形顶端到底部越来越短，呈辐射状。在6个点下端的中央分界线上，还有两个近在咫尺的小黑点，这些便构成了卵蜂虻一套完整的挖掘工具。

卵蜂虻的胸部非常光滑，一对又宽又大的翅膀折成了带状，一直延伸到腹部的中间部位。腹部一共分成了9段，在第二节到第五节背面的中间部位，缠了一条带子状的深黄褐色的角质钩子，一个个平行地镶嵌在皮肤里。在钩子的末端长出坚硬的黑刺。并且被中间的一道沟隔开，形成了两排。一个体节25个刺钩，4节共计100个。

这种锉子有一个非常显著的优点，就是蛹在工作时能够在通道的壁上找到支撑点。有了借力的地方，蛹就可以用脑袋上的尖锐的凸起使劲地凿墙壁。此外，为了能使钻头不易折回，倒长的毛在凸起上很稀少，而在腹部或背部体节里都长了很多的毛。尤其在侧面，更为浓密，就像花束一样分布着。

第六节上的带子小一些，只有一排非常稀疏的尖钩；第七节上更少了，到了第八节，就只剩下几个褐色的小凸起。从第六节起，节长逐渐缩小，到后面就形成了一个锥体，锥顶点在第九节，长 8 个褐色尖突的束棒，最后两个最长，形成一对尾部的犁铧，整体构成了另一种工具。

胸部每侧都有一个伸向前方的圆形气门，腹部的前七节也同样如此。不动时，蛹呈新月状；活动时，它呈长 15 ~ 20 毫米，宽 4 ~ 5 毫米的直线条。

这些全部在一起，就组成了卵蜂虻穿过石蜂坚固城池的钻探机，这部机器的精密度和准确度简直无法言表，只能粗略地形容为：前部有一个具有叩击和挖掘作用的冠状凸起物，后部有一个复杂的犁铧固定在一点上，能够在抵消障碍物受撞击的力量；在背上的 4 个锉子上，有上百个钩子牢牢地勾住通道，以此保持住挖掘的身形；整个身体上都倒长着黑长毛，可以防止跌倒和后退。

其他卵蜂虻也有同样的结构，只是在细节上有些不一样。这里我只举以三叉壁蜂为食的变形卵蜂虻为例。变形卵蜂虻与卵蜂虻相比，它们的蛹各有不同，变形卵蜂虻的蛹没有卵蜂虻的坚硬，四条带子的钩子是 15 ~ 17 对。此外，从腹部第六节开始，只有硬毛，没有厚硬的角质层。我可以从钩子的不同数目得到启示：同种的数目是不变的，不同种的数目相差很大。但是这属于分类学家的研究领域，与我无关，我只是说出话题，仅此而已。

到了 5 月末的时候，原本淡褐色的蛹开始逐渐变成深褐色，标志着新的变态开始了。头、胸和翅膀上的斜带出现了光亮的黑色，背上从第二体节到第五体节出现了一条深色带状物，第六体节和第七体节长出3个斑点，背部的甲胄开始呈现出了褐色。在卵蜂虻蛹要羽化成虫的时候，全身就是这样变成黑色，这也是打通出口的时间到了。

曾经想看看它打通通道出口的过程，可是在石蜂蜂房里自然是不能观察的，但在我的玻璃瓶里却能够看得很清楚。于是，我把卵蜂虻放在两块用高粱粒构成的厚壁中，狭小的空间与石蜂的蜂房一样，只不过前后壁没有石蜂的壁垒坚硬，但也是固定不动的。另外有一个缺点就是墙壁非常光滑，不利于锉子带支撑，但这难不倒蛹，它在12个小时内挖开了2厘米厚的前壁。它用双排犁铧牢牢地抓住后壁，身体弯曲后突然松开，用前额撞击前面的墙壁。在它坚持不懈的撞击下，高粱的墙壁慢慢地裂开了，但这实际操作起来并不那么容易，需要慢慢地一下一下地进行。这个时候，它把冠状的凸起插进了墙壁里，然后以尾部带动全身不停地扭动。用穿孔的方法代替了镐挖，重新开始。此外，整个劳动的过程还需要适当的休息。最后终于打通了，但蛹只能把头和胸钻了出来，腹部还在里面。

玻璃蜂房因为没有很好的借力的地方，给蛹带来了很大的麻烦，它有劲使不出来。穿透高粱墙壁的洞只是一个很粗大而且没有形状的缺口，可是卵蜂虻穿过石蜂蜂巢的高墙的通道呈圆柱体，正好符合身体的粗细，因此可以看出，在自然条件下，蛹基本上不用镐挖的方式，而是用钻孔的办法。

由此可见，打开通道的尺寸和规则是十分必要的，它就那样待在

卵蜂虻蛹的背部

卵蜂虻的蛹的背部布满棘刺，坚挺而硬朗。

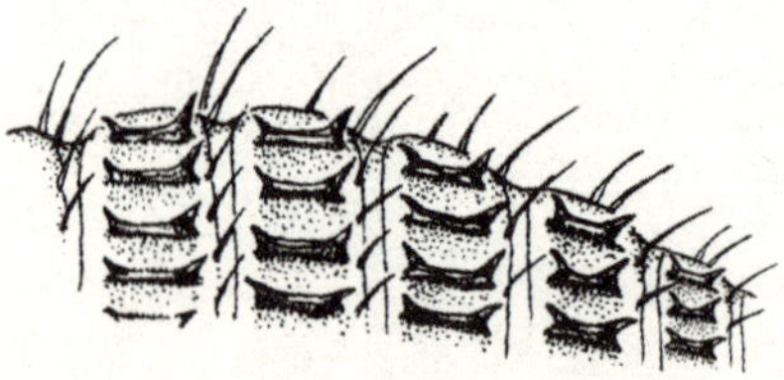

那儿，靠着背上的锉牢牢地固定自己的身形，只把头和胸露在了外面。找一个支撑点固定起来是明智之举，这样才能使身体从角质外壳里出来，张开折叠在里面的翅膀，拿出鞘里纤弱的脚。整个动作必须完美精细，如果稍微有晃动就会出现差池。

因此，蛹只有背上的锉刀固定在狭窄的出口通道上，这样才能保持羽化时稳定和平衡。万事俱备，一场伟大的行动即将开始。一道横切的缝出现在脑袋前端的冠状钻头上，紧接着出现了第二条纵向裂缝，将头裂成了两个部分，一直裂到胸部。突然，一只全身透湿的卵蜂虻从十字形的裂缝里冒出来，颤抖地站着，不停地抖动翅膀，费力地挣脱出蛹壳，把蛹壳留在了住处的缺口上，自己飞走了。蛹壳可以完好地保存很长一段时间。在这后面的一个多月里，可怕的卵蜂虻不停地在百里香丛中搜寻石蜂的巢穴，在花团锦簇下忙得不亦乐乎。7月的时候，我又看到它在蜂房门口窥探了。

卵蜂虻脱壳而出

卵蜂虻从通道里飞出，挣脱出蛹壳，把蛹壳留在了住处的缺口上，自己飞走了。

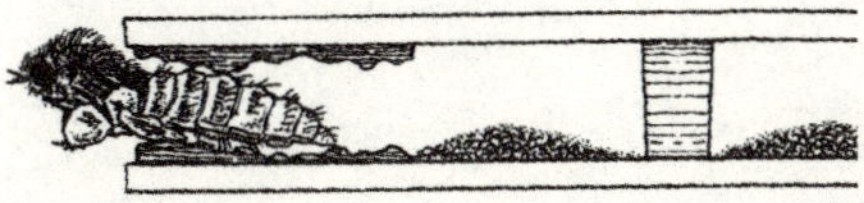

第九章

褶翅小蜂

7月份，我从卵石中把高墙石蜂的巢给掰了下来，进行观察研究，就跟上面对卵蜂虻所做的一样。石蜂的茧里住着食客和食物两类居民。由于有很多茧，我从早上到正午已经拾到了好几十个。我用力敲打石头，打开蜂巢，取出茧子用旧报纸包起来，放进箱子里，然后立即回家。再过一会儿，天就会很热了。

在凉爽的屋子里进行研究是一件最快乐的事。我刚知道，如果食物是悲惨可怜的石蜂，那么食客就有两种，其中一种是卵蜂虻的幼虫，它有圆柱体的身材、奶油般的皮肤和一种凸起的脑袋；另一种消费者依据其结构和形态判断，应该是一种膜翅目昆虫的幼虫——褶翅小蜂。褶翅小蜂是一个长得很俊俏的小家伙，有许多好看的黑黄相间的条纹，凹陷的肚子末端圆滚滚的。肚子末端藏了一把马鬃般的纤细的长剑，它可以穿透砂浆，刺进它要放置虫卵的蜂房。在说它的产卵方式之前，我们来看看幼虫在石蜂家里是如何度日的。

这是一个光秃秃的虫子，既没有长腿也没有长眼睛，不知道的人会把它与另几种采蜜的膜翅目昆虫的幼虫混为一谈。它最明显的标志是穿了一身黄衣裳，皮肤油光光的，分节处关节凸起，从侧面的角度上看，背如同一道波浪。休息时，幼虫会蜷缩起来。它总共分成了13个体节，当然头部也算在其中。头在全身部位中是最小的，即使在放大镜下也看不到口腔里的任何结构，只有在显微镜下才能看到一道红棕色的条纹。一个小小的圆形开口，两只极其短尖纤细的大颚。与此相反，壁蜂、石蜂、切叶蜂、土蜂、砂泥蜂和泥蜂，用肉眼就可以直接看清它们的口腔结构，尤其是大颚，一目了然，强健的大颚用来抓牢、碾碎和

巨型褶翅小蜂

是小蜂总科中体型最大的物种之一。目前已知在20多个国家和地区分布。该蜂通常寄生在蜜蜂总科昆虫身上，是危害野生传粉蜜蜂的寄生蜂。

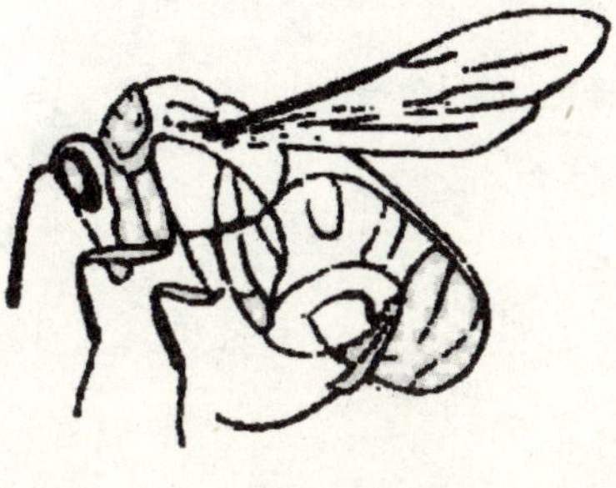

切开食物。那么，褶翅小蜂幼虫那些看不见的工具是做什么用的呢？我们可以在它用餐的时候窥探其中的秘密。

与卵蜂虻一样，褶翅小蜂不吞食石蜂的幼虫，也不把它切碎成一块一块；它既不开肠破肚，也不用尾部的麻醉针插进去。为了保持食物的新鲜，它也是采用跟卵蜂虻一样直到最后一口才采取了结束对方性命的进食方式。嘴贴在石蜂幼虫的皮肤上，随着褶翅小蜂慢慢地长大，石蜂幼虫逐渐扁了下去，但是仍然保持一丝的生命来维持食物的新鲜。最后，幼虫只剩下一张皮，泡在水中会变软，吹气后又成了不漏气的皮球，只不过这个皮球里面已经空空如也了。这和卵蜂虻留下的皮囊差不多，不过褶翅小蜂的技术没有卵蜂虻精湛。卵蜂虻留下的只剩一颗白净的小粒，而褶翅小蜂常常留下的是一张脏兮兮的褐色的皮囊。由此可以看出，褶翅小蜂最后的用餐变得狼吞虎咽了，不再顾及皮肉会变质了。因此，我可以肯定，褶翅小蜂不会像卵蜂虻那样迅速地从食物中起身再重新进食。于是，我骚扰了它，它停了下来后，要等好长一段时间才重新进餐，显得犹豫不决。因为用的是那双细小的钩子钩上去的，不是用来亲吻的吸盘。

我想，它的那双细小的钩子就是大颚。虽然这两个大颚不能咀嚼食物，但完全可以像最细的针一样刺穿皮肤，然后褶翅小蜂就在两个几乎可以忽视的小孔里吮吸猎物的汁液。因此，大颚可以穿透皮肤，却并没有损伤内部，褶翅小蜂就是这样一点一点地吸干石蜂幼虫的，只不过是把卵蜂虻的吸盘换成了尖尖的针孔而已。虽然进食的工具变换了，但是同样能够使得食物保持到最后一刻的新鲜。

当石蜂幼虫一半成为流体，处在完全无意识状态时，褶翅小蜂的

麦瘿蚊小蜂产卵

麦瘿蚊小蜂是小蜂科的一种。

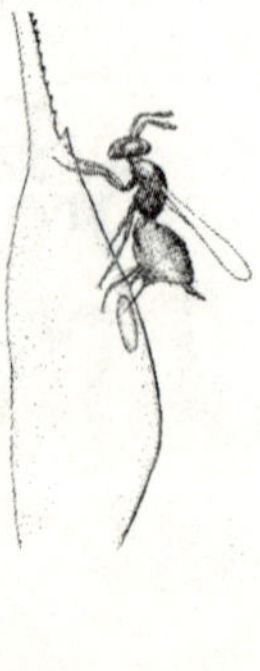

幼虫就在这个时候吸干了它。7月的下半月和8月的上半月是它进食的黄金季节，我一直观察了近两个星期。在这之后，在石蜂茧里，只住着养得肚肥肠圆的褶翅小蜂幼虫，陪伴它的是石蜂幼虫留下的那张枯萎的肉皮。至多到了次年7月初，还保持着这种状态。

褶翅小蜂幼虫的蛹没有什么值得描述的地方，成虫孵化要到8月份，但是，褶翅小蜂从石蜂坚固城池中出来的方式，与卵蜂虻截然不同。它有强健的大颚，可以毫不费力就打通蜂房坚厚的城墙。在获取自由的时候，在5月，忙碌石蜂已经消失得无影无踪了。此时，卵石上所有的蜂巢的大门都紧锁着，粮食也被吃得一干二净，石蜂的幼虫都躺在琥珀色的蛹里酣然大睡。原来它们都躲进了这些旧巢里，褶翅小蜂搁置一年多的屋宇只要不是很破，石蜂的子孙就不会嫌弃。对它们来说，不必去长途跋涉，不必四处开采泥浆，就可以得到一份丰厚遗产。只要把这些蜂房重新修葺装饰一番，立刻就有一所自己的新家。此外，如果它喜欢远处开发，那么周围到处都是砂浆。言归正传，产卵临近了，在介绍它产卵前，让我们来仔细观察一下它的产卵器。

在身体背部，昆虫在腹节处陷进去一道直通胸节的沟，沟在又大又圆的末端裂开了一道很窄的细缝，看上去就像一个分成两段很细的凹槽。不产卵时，精细的产卵管就藏在这个细细的沟槽里，绕了腹节一周。在身体背面的中间位置有一道呈线形的栗色长鳞片，鳞片的末端连接在腹部第一节，鳞片的两侧延伸并紧贴在体侧上的膜翅。长鳞片的作用是保护下层的柔软的部位，产卵管就长在里面。这是一层保护甲，在不产卵的时候负责保护身体细嫩的部位，但是产卵时，它就从后往前

褶翅小蜂后鞘中的产卵管

产卵管由丝状体和两边坚实的鞘组成。

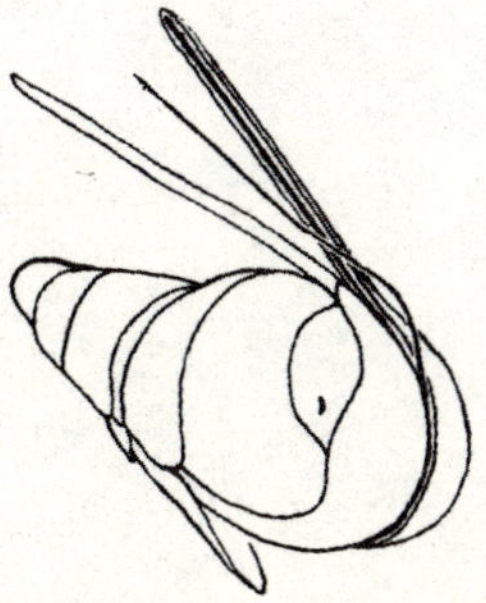

摇摆，再恢复流线型的模样。

我用剪刀挑开这层鳞甲，让整个器官一目了然，然后用细细的针尖取走产卵管。贴着背的部分很容易取出来，但是夹在腹部末端凹槽里的部分很复杂，让我费了很大的力气。产卵管由三部分构成：一个主要的产卵的丝状体和两个两边相对坚实的鞘。两边的鞘凹陷成半管道，产卵的丝状体就藏在这两个半管状勾在一起的通道里。这个双瓣鞘在背部是互相分开的，但是腹部连在了一起，连接在腹壁上。于是，形成了一条在两个保护层保护着丝状体的沟渠。这样也方便了丝状体从保护层里拔出来，一直到根部都很灵活自由。

在放大镜下看，这是一根比头发略粗但比马鬃略细的角质的圆硬丝，两端尖尖的有点粗糙，形成了长长的斜棱状。在显微镜下，可以清楚地看清这部分的结构，它完全不像起初看上去那么简单，而是后半部分呈斜棱状，由一系列套在一起的截椎构成，底部突出，整个结构如同一把磨钝的锉刀。这段硬丝分成 4 个长度不同的块，两个长块以带齿的斜棱结束，合成很窄的一道沟；两个短块以齿尖突的结束，与最末端的锉相比要往回去一点儿，也合成一个半管道的沟。两个长块和两个短块相连，因此两个半管道在一起组成了一个整管道。此外，两段短块可以在沟里始终竖直方向移动，而且块与块之间也会移动，它们的末端尖突基本不在同一个水平面上。

如果用剪刀截去活虫的输卵管，把它放在放大镜下观察，可以看到里面的半条沟凸出到外面那半条沟上，然后反复伸缩，同时从里面渗出可能是卵特殊附属器官的含蛋白质的液体。通过这种内沟与外沟的竖直运动以及内沟之间得到摩擦，即使在角质管道里没有肌肉收缩，也可以把卵运输到输卵管的末端。

只要在背部稍微用力压腹节，就可以看到第一腹节掉了下来，好像事先已被切开了一样。其实，在第一腹节和第二腹节之间有一个大裂孔，在一道薄膜下藏着高高鼓起的产卵管末端，这是丝状体穿过腹部在身体下方露了出来。因此可以看出，输卵管的出口是在腹部前端而不是在尾部，这样做的目的是为了靠近借力的位置，更省力也更有利于产卵。总之，没产卵时，产卵管绕了腹部一圈。从身体下面的腹部前段开始，从前到后地绕着腹节转，然后从后到前再绕回来，绕到几乎与起点同一个水平的地方，共有 14 毫米长，因此，它能在到石蜂巢里的探测的深度也就在这个范围之内。

在上面的描述之后，我对褶翅小蜂产卵器还要做最后一点补充。我肢解掉了它的头、腿和翅膀后，在它的身体上穿入一根大头针，可以看到产卵管的缝壁上出现了强烈的震动现象，从中间分成两半，然后又重新合在一起。另外，里面的丝状体也同样颤动着，不时从鞘中拔出、收回、再拔出，做着最后的产卵动作。产卵是昆虫生命中最重要的任务，哪怕它们已经是气若游丝，也要努力完成使命。

褶翅小蜂同样对卵石石蜂和棚檐石蜂的巢情有独钟，我选择的对象是后一种，仅仅是为了方便观察褶翅小蜂重复产卵的动作。过去很多年了，我一直把从附近瓦上取下的棚檐石蜂的巢完整无损地保存在门廊下，并且每个季节都给我带来不小的收获。这篇关于褶翅小蜂的文章就是它的功劳。

为了和家里发生的情况相比较，我观察了自然条件下卵石上的情况。在似火的骄阳下，我满怀信心和热情，并换来了甜美的劳动果实，为了近距离看清昆虫的一举一动，我在地上整整躺了好几个小时，而我的狗布尔已经不堪忍受毒辣的太阳，垂着尾巴露出舌头，独自回到家里的石板上纳凉去了，它对近距离的观察一点也不感兴趣！而我结束我的观察时几乎也被烤焦了，全身晒成了褐色。我的狗背靠在墙角，四条腿平伸着，呼吸起伏，大口大口地吐着粗气。是啊，我的布尔没有必要烤着炙热的阳光，为什么我要知道那么多？为什么布尔没用我的思想去探根追底？我为什么要关心食物以外的东西？学习有用处吗？现实的东西已经满足了，为什么还要去求真？为什么需要求知，而我的布尔却越过了这一阶段呢？为什么啊？我都被弄得晕头转向了，还是回到正题上来吧。

7月的前7天，我观察到了棚檐石蜂的巢有产卵的迹象。因为炎热，每天下午的3个小时都是异常地煎熬，自然也没带来大的收获，这样一直整整持续了30天。我看到两片蜂群最密集的瓦上有一打褶翅小蜂，它们缓慢、笨拙地钻探着蜂巢，用鞭节弯成90°的触角尖轻轻地敲着蜂巢的表面。然后，脑袋一动不动地倾着，仿佛在探寻这里是不是它要找寻的地方，里面有没有住着肥胖酣睡的幼虫？因为从外面看这只是一层凹凸不平的石层，一点也看不出来。蜂房就处在这层泥层的下面，这是蜂群在筑巢最后的阶段必做的伪装。如果依照自己的经验来判断合适的地点，我会用放大镜一点一点地探测砂浆，轻轻地敲击它的表面，听里面的动静。不过最终我还是打消了这个念头，因为我相信肯定成少败多。

在我的判断和光学仪器都不能准确定位的情况下，褶翅小蜂却可以做到丝毫不差，它通过触角的指引进行精准的判断。找到合适的地点后，它现在抽出了长长的丝状体，通常从两条中足间开始。在第一腹节和第二腹节的背上裂开了宽度很大的缝，在缝的深处，丝状体的根部出现肿泡，但是前端还在不停地使劲插进石蜂坚硬的石灰壁里。肿泡内一刻不停地抖动，说明褶翅小蜂正在不停地用力，有点儿让人担心那个囊会因用力过猛而断裂，然而它却安然无恙，丝状体继续向里面插入。

为了使丝状体能不断地深入，褶翅小蜂将腿高高地吊起，尽量保持身体不动，辛劳的工作中它只会轻微晃动几下。我曾经看到过有的褶翅小蜂在 15 分钟就打通了石蜂蜂巢，因为它选择的是最薄最没有抵抗力的那一点，因此干得最迅捷。褶翅小蜂打通一次要耗费 3 个小时，对于观察者来说，这是一个漫长而耐心等待的过程；对于它自己来说，则要在这段时间保持纹丝不动，而且它更为渴望能给它的卵找到食物和遮掩物。这难道不比把一根头发插进石头里还要费力？虽然我们的手灵巧，但也做不到，然而，褶翅小蜂只要腹部动一动，辛苦一下就可以见缝插针。

虽然要穿透的蜂巢壁十分坚硬，但是虫儿一点也不退缩，始终兢兢业业，因为它相信自己一定能做到，并且事实上它也堪称完美地完成了这项工作。然而，我却说不清楚它是如何做到的，因为探测深入的是水泥一样坚硬的物质，而且既没有孔也没有裂缝，我对它的探针钻探也没有丝毫的头绪。采矿工人一般是用钻头分化岩石再进入的，可是这种钻孔的方式到了这里就完全不适用了，因为蜂儿的产卵管的顶端是极端精细的。依我之见，这根极易折断的丝状体一定有一条现成的能够进入的裂缝，只不过这条通道我怎么也找不到。那么，会不会在产卵管的针尖下渗透出一种能快速溶化砂浆的溶解液呢？也不可能，

小蜂科昆虫

小蜂科种类很多，瘿蚊啮小蜂（左图）和松毛虫赤眼蜂（右图）就是两个重要的种类。

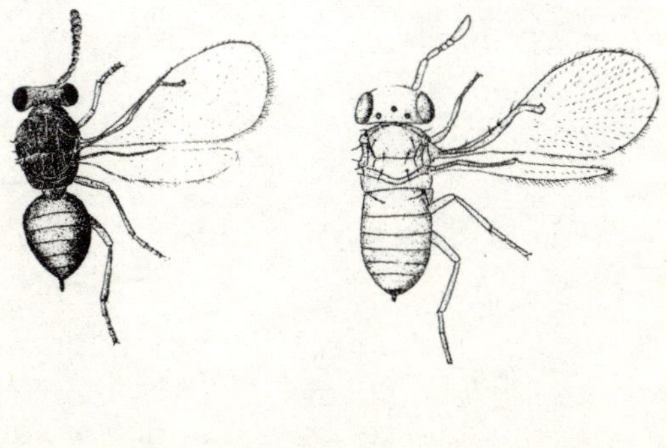

因为我在针管进入点的周围没有发现一点儿湿润的迹象。于是，我重新想到了裂缝，尽管我不能在石蜂的巢上发现它，但是换了一种情形，我却能够如愿以偿。斑腹蝇喜欢把卵产在芦竹茎里的冠冕黄斑蜂幼虫旁，我不止一次看见它将产卵管透过一条管的断层深入了进去。然而，砂浆的围墙不同于木质的芦竹，也许这一部分要留下一段空白。

7月的大部分时间，我都花在了我家门廊墙壁上的瓦前，我在恪尽职守地做着产卵统计的工作。随着褶翅小蜂产卵期的结束，产卵管从蜂巢壁抽了出来，于是我用铅笔在拔出的地点标上了记号，并在旁边注上日期。这些数据留作褶翅小蜂全部工作结束时使用。

褶翅小蜂产卵告一段落了，我便开始观察被我用铅笔画得黑糊糊的蜂巢。我预想的第一个结果，使我的苦苦等待得到了一丝慰藉。在每一个产卵管拔出时被标黑的点里面，都一定有一个蜂房。然而，每个蜂房都是用墙壁堆砌起来的，蜂房与蜂房之间用一堵实心的墙隔开。此外，由于蜂儿在建造房屋的时候是毫无规律地随意建造，所以每个蜂房留下的缝隙情况都是不同的，到了最后还用了砂浆覆盖了整个蜂巢。这样构造成的蜂巢留下了空隙和实心的地方几乎差不多，从外观上根本看不出哪一部分是实心的，哪一部分是空心的。因此，我判断不出下面究竟是空空的蜂房还是厚厚的墙壁。然而，褶翅小蜂却能够判断得十分精准，我用铅笔的标记就可以证明，它始终准确无误地将产卵管插进蜂房里。可是，它是靠什么做出精准判断的呢？毫无疑问，它的信息来源是凭借两个极端精细的触角来感知蜂巢，探知里面的情况的。这两根神奇的触角感觉到了什么呢？是气味吗？肯定不是。我曾经就一直心存怀疑，现在更加否定这一点，至于其中的原因我会在后面给出满意的解释。那么，是通过接收空的或者满的蜂房的不同回声吗？这是一个很可能的答案，如果不同的顶层声响不同，敏锐的触角是可以感知的。但是我们永远都不会知道这个触角到底有什么功能，因为人类没有这种灵敏的触角器官。虽然我弄不清它的具体功能，但是我们至少可以确定它不是依靠嗅觉来感知判断的。

事实正是如此，我吃惊地看到褶翅小蜂用输卵管插进的蜂房里，大多数都没有它想要的石蜂幼虫。常常在石蜂的旧巢的蜂房里面堆满了残留的蜂蜜、枯死的卵。发霉变质的食物残渣、僵死的褐色幼虫、未羽化出来就干死的成虫，以及从粗涂灰泥层掉下粉状的残渣等这些垃圾，弥漫着酸、霉、变质和残渣等不同的气味，只要稍微有点嗅觉，就都能够分辨出来。每个房间由于残留物的不同，具有一种特殊的味道。虽然我们不一定能分辨，但有一点可以肯定的是这种味道与褶翅小蜂要找的新鲜幼虫的气味大相径庭。如果褶翅小蜂不能分辨，它就会选择用输卵管在每间蜂房一一尝试。这不就证明了气味在褶翅小蜂的探查中起不到作用吗？我曾经通过对毛刺砂泥蜂的研究知道了触角不具有嗅觉的功能。现在的褶翅小蜂用触角探查的结果，错误层出不穷，就更加证明了我的怀疑是对的。

我想，对褶翅小蜂我们刚刚从固有的生理学观念中有了重新认识。它给我们开阔了视野，而且这种勘探并没有到此结束。我还是从另一方面去解释这种勘探的重要意义吧。下面就是我在观察石蜂蜂巢时得到的出乎意料的鲜明事实。

在几天之内，褶翅小蜂钻在同一个蜂巢钻探好几次，在插入已经标记的那一点，我在旁边又注上了新的日期。在它钻探的各点中，我得

褶翅小蜂的输卵管

褶翅小蜂用输卵管插进的蜂房里，大多数时候都没有它想要的石蜂幼虫。因此，它需要不停地勘探才能最终确定。

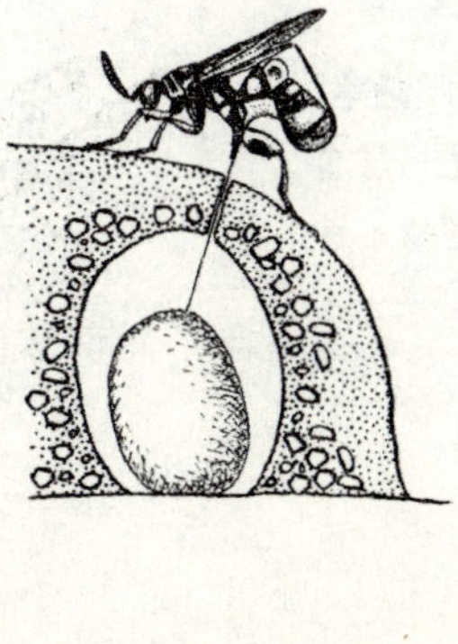

到了重复的信息。因为在 12 小时或者一段时间之内，褶翅小蜂要重复将它的产卵管植入原来的地方好几次，就跟原来这地方没有被钻探过一样。这是同一只小蜂忘了已经钻探过这个蜂房，还是另一只蜂儿以为这间蜂房内还没产卵而连续造访呢？因为怕打扰了它们，我忘记给蜂儿也做上记号了，所以我也不得而知。

我用铅笔做的标记与蜂儿没有任何联系，也没有其他的指示表明产卵管曾经在这点钻探过。如果是同一个蜂对以前钻探过的点忘记了，又回到这个点，认为自己还是第一次在这个地方勘探，这种情况是极有可能的。有人认为，蜂儿在几平方米的蜂巢上经过几个星期一点儿一点儿的钻探，依然能清晰记住巢的样子。然而，即便是它对地点的记忆很出色，我也无法苟同。如果它的确存在记忆，那也同样说不通，因为它不能从蜂巢的表面获得任何的信息，它的产卵管随意进入了可能已经被钻探过好几次的那个点了。

在我看来，存在这种情况也很正常。每一个蜂房会吸引着第一个想占有这里的蜂儿来此产卵，它们前赴后继，因为第一个产卵者没有在蜂巢上留下任何作案的痕迹。虽然蜂房里只存在一只石蜂幼虫准备的一只褶翅小蜂的幼虫，但是同一个房间仍然堆满了卵。

我在瓦片上看到了 20 个蜂房被这样重复地钻探，有些在我眼下被连续钻探了四次。还有我没观察到的，必然有四次以上的情况，甚至更多。现在有一个很严峻的现实摆在了我们面前，那就是每钻探一次就往里面产了一次卵吗？我眼前的事实就是这样。

因为产卵管是一层角质层，所以感知的能力不会很强，应该很迟

褶翅小蜂探查蜂房

褶翅小蜂探查蜂房的“效率”是很低的。由于产卵管是一层角质层，无法准确的告诉褶翅小蜂蜂房里倒底有什么。

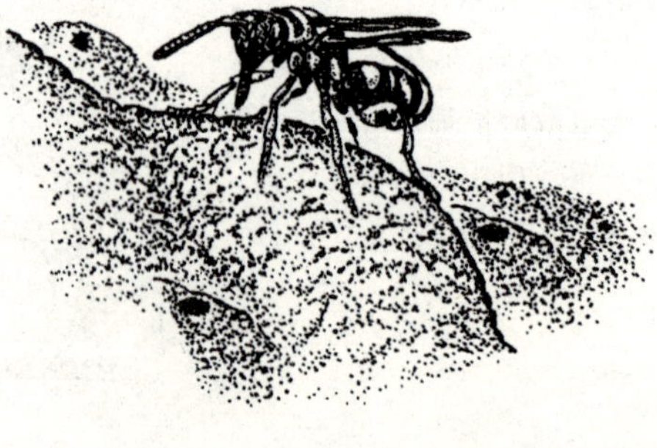

钝。在我看来，褶翅小蜂只通过长长的产卵管来探查蜂房里有什么是不太可能的。里面空荡荡的，缺乏弹力的感知可能就是产卵管探查到的唯一信息。也就是说，产卵管不能告诉褶翅小蜂蜂房里装有什么东西，这就是它所面临的严峻现实。

在被钻探的蜂房里有发霉的蜜、残渣和干枯的幼虫，还是石蜂的幼虫？尤其是它里面是否已经有了卵？后一问题它是肯定不会知道的。因为仅仅通过一根长长的产卵管，褶翅小蜂是不能确定里面到底有没有卵的细微区别，产卵管在里面广袤的空间是无法探知这一点的，就算有点感知，要在如此大的蜂房里面找到一个小小的卵，也是难如登天。因此，我可以十分肯定地认为，产卵管不能告诉褶翅小蜂蜂房里有什么，或者退一步说，只能提供一个是否能让卵生存的大致情形。并且它每一次钻探的时候如果遇到空蜂房，都可能产下卵，而不在乎卵是落在干净的美味上还是掉进了腐烂的垃圾中。

产卵时的错误，需要更加有力的论证来加以说明。重要的是要弄清楚在产卵管伸进几次的蜂房里，除了石蜂幼虫外，是否还存在其他的卵。褶翅小蜂完成产卵工作后，为了让幼虫长大些以便于观察，我又耐心等了几天。最后我把这些蜂巢搬到了我的书桌上来好好地研究一番，可是，结果却令我大失所望。我亲眼看见已经好几次被钻探的蜂房里，只有一只正在用餐的褶翅小蜂幼虫。而其余那些同样的蜂房里，只有一些变质的残渣，连褶翅小蜂的皮毛都没有看到。哎！我还是积聚耐心和勇气，重新去了解事实的真相吧！

我开始了第二次的观察。我对褶翅小蜂的幼虫已经了如指掌，不论是卵石石蜂还是棚檐石蜂的幼虫，我都能准确无误地一眼认出。整个淡季，我都在加劲地辛苦工作。我从瓦上和石头上取下卵石石蜂和棚檐石蜂的蜂巢，装满了我所有的行囊，足以堆满我的书桌。当冬天到来时，我撕开茧精细的外壳来查看里面的虫子。大部分蜂都是石蜂的成虫；其余的是卵蜂虻的幼虫；还有一些数目众多、总是成群出现的褶翅小蜂的幼虫。当其他人也了解一个蜂房常常会被钻探数次，就会陷入困境之中。

旺季到来时，令我感到不解的是，我再次发现褶翅小蜂重复地在同样的蜂房里钻探，并且里面也只有一只幼虫。我是否应该违心地接受产卵管能够判断是否有卵的事实？如果蜂房内有卵它就不会再产了？我是否要承认，产卵管上有一种特殊的感官，或者说，有一种天生的预测力可以隔墙探物？然而，这些都是荒谬的言论。原因在于我确实忽略了一些情况，迷惑的根源是我掌握的资料不充足。我必须再一次拥有观察者必备的高贵品质——耐心，再次卷土重来。

到目前为止，我的研究都是幼虫已经生长了一段时间。可是，一开始的时候会是什么样的情况呢？我只有在卵的身上找寻幼虫没有回答我的答案。于是在7月初，我第三次进行研究观察，而这个时候，褶翅小蜂也正忙着在勘探棚檐石蜂和卵石石蜂的家。另外，在乡村里散布的羊圈顶棚下的卵石上，存在着大量高墙石蜂的蜂巢。我小心翼翼地剪开棚檐石蜂的蜂巢，不会把它整个儿破坏，更何况它已经在我的实验中遭受磨难，我从它的身上获得了很多宝贵的资料，只不过想再贪婪一点。遍布各处的各种蜂群，成了我的研究对象。当天，我带着做实验的严谨和细心，一手拿着放大镜，一手拿着镊子，观察这些蜂巢。一

高墙石蜂的巢

高墙石蜂的巢相对来说比较规则，从上面几乎就能看清里面的布局。

开始并没有好的收获，只看到了重复的东西。在我扩大了范围之后，看到砂浆土块产生了变化。渐渐地，我找到了想要的答案。

在外面探测一下是十分合理的，只不过看不出蜂房里到底有没有卵。在一个棚檐石蜂的茧里面，有一只非常奇怪的我从来没有见过的卵与石蜂幼虫在一起。这难道会是褶翅小蜂的卵吗？我惊愕不已。半个月后，卵孵化成了我熟悉的褶翅小蜂幼虫。这些茧里只有一个卵符合我的预想，不过还存在超出我预料的情况，使我的那些小容器都不够用了。

除了一只卵的茧，我还发现了双卵、三卵、四卵，甚至达到了五卵的茧，这些珍贵的茧让我在快要绝望的时候看到了胜利的曙光，令我不胜自喜，然而还有更让我喜出望外的呢，在一个瘪瘪的茧里，或者更确切地说是一个只有腐烂干枯幼虫的茧里，居然有一个卵。这就表明了腐烂的垃圾上也有卵的存在，我的预测都实现了。

这是比较规则的高墙石蜂的巢，只要把它们从固定的卵石上弄下来，就可以对里面看得一清二楚，观察起来最为方便，这给我提供了许多信息。而棚檐石蜂的巢需要敲碎才能看到那些无规则的蜂房，这些蜂房在锤子的撞击下已经受到了不同程度的损坏，因而不适合做精细的研究。现在一切都明白了，褶翅小蜂的卵会处在几种危险的境地：它很可能把卵产在干瘪没粮的蜂房里，可能将好几个卵放进只有一只石蜂幼虫的蜂房里。不管它们是否知道前面已经有虫子产下了卵而把卵产在一起，还是一个单枪匹马者连续在同一个地方连产了好几次，总之，出现好几个卵的频率几乎和一个卵的情况一样多。我遇见的最多的是 5 只卵，但仍旧不能确定这就是最多的数目。当有无数蜂儿时，谁能确定到底会产多少只卵呢？我会在另一章里讲述，尽管产的卵很多，但却只有一只肥胖的石蜂幼虫。下面来说说卵的情况。

整个白色不透明的卵呈长长的椭圆形，像凸起很长的蛇颈南瓜，卵连柄在内大约有3毫米长。其中的一端呈颈形或者丝状，弯曲度很大，并且表面有点凹凸不平。前面已经讲述了褶翅小蜂的进食方式，那么卵自然就不在石蜂幼虫的身上了。但是，在还不知道褶翅小蜂的进食特性的时候，我会认为长探针膜翅目昆虫都将它的卵产在食物上，比如姬蜂。这里我指出自己的错误，是为了避免其他人重蹈我的覆辙。

褶翅小蜂并没有把卵产在石蜂幼虫身上，而是用弯曲的长颈挂在了茧的内壁上。假如我小心翼翼地打开蜂巢，再轻轻地剪开茧子，就会看到褶翅小蜂的卵在上面轻微地摇摆，然而，这一点非常不容易做到，因此常常在卵石上把蜂巢撞击下来的时候，就已经把卵从悬挂点上震落在了幼虫身旁，但没有碰到幼虫。可见，褶翅小蜂的钻探没有伸到茧的外面，只把卵通过钩形的柄悬挂在了茧内的顶端。

第十章

另一种钻探者

这个小家伙叫什么？它的名字我不敢标在文章的标题中？它叫铜赤色短尾小蜂，看看再读出来：铜—赤—色—短—尾—小—蜂。您会张大嘴巴，还以为是史前动物呢！当人们读到这个词时，就会联想起像柱牙象、猛犸和大懒兽等古生代巨兽。实际上，专业术语误导了我们，它只不过是一种不起眼的、比库蚊还小的昆虫。

在科学领域用响亮的字词是一些人的爱好，即使命名一种小飞虫，也想把你吓倒。给动物取名的人是那些受人崇敬的学者们，命名时音节繁褥，坚涩生僻是常事，但我还是心甘情愿地引用，不敢加以改动。但知识应该面向公众，我希望就像平常人说话那样，让所有人都听得懂，我相信，科学并不是必须由独眼巨人[①]的行话来描述的。于是，我会尽量避开生僻的专业词语，尤其是那些在书写时，一写就要写上一大串的。因而，铜赤色短尾小蜂这个名字我只好放弃。

这是一种很柔弱的虫子，就像我们在阳光下看到的小飞虫那样。它身着铜赤色的外衣，鼓着一对红红的眼睛；它身后佩带一把宝剑，那是它产卵管上的鞘翅。宝剑在小腹末梢稍微斜立起来，而不像褶翅小蜂的那样横卧在背部的槽沟里。剑鞘的里面是产卵管的后半部分，前半部分在它的体内，一直延伸到腹腔。简而言之，它的产卵工具和褶翅小蜂一样，不同的是，后半部分像剑一样立了起来。

这种小剑客也喜欢骚扰石蜂，石蜂很害怕它。它会和褶翅小蜂同时征讨石蜂的城池。它们在一起，用触角尖一点儿一点儿地开拓着地盘，勇敢地将短剑插入凝灰岩中。它比后者的工作更加投入，或者更加不畏艰险。即使有人过来看，它也毫不在意；褶翅小蜂溜了，它却一

①独眼巨人：古希腊神话中只有一只眼睛的巨人库克罗普斯。——译注

动不动。它毫不畏惧地直接闯入我的书房，占领我准备用来观察蜂群繁殖情况的蜂巢。它在我的放大镜和镊子尖旁活动着。它有什么好怕的？这样的小不点儿，人们能把它怎么样？它自认为很安全，即使我把蜂巢拿起来、放下、再拿起来，小虫也总不为所动，继续着它的安家工作。

一个胆大者闯入了高墙石蜂的蜂巢。里面的蜂房被一种叫挤蜂的寄生虫茧占据了大部分。我好奇地把蜂房剖开了一半，于是，蜂房里的一切暴露无遗了。小家伙很高兴，连续四天，从一个蜂房钻到另一个蜂房，选择一个合适的虫茧，再用一种优美的姿势把它的产卵管深插进去。我知道，观察对于科学探究是不可缺少的，但不能决定探究的运气。小虫子勘探的不是石蜂蜂巢的石质外壳，而是虫茧的丝状表层。勘探者以及它的同类，从来没有遇到过类似的情况，但这丝毫不影响它的工作。它没有味觉，视觉也起不了作用，我猜想，它可能有一种特殊的感官，虽然各种虫茧的外表不相同，但能感受到虫茧的保护层内有自己喜欢的猎物。

在钻探蟒蜂的虫茧时，我知道它整个家族对食物的特性没有特别的要求，所以，这般放肆没有让我感到惊讶。我在条蜂、壁蜂、石蜂和黄斑蜂等各种不同的蜂房里都见到过它，我桌上的暗蜂只是它的又一个猎物，仅此而已。我的兴趣不在此，而在于我能在最好的条件下观察虫子的活动。

在它的触角里，还长着一种器官，这种器官能够探测到眼睛所不能看见的、嗅觉所不能闻到的、耳朵所不能听到的。在探测虫茧时，

褶翅小蜂产卵

褶翅小蜂是有名的寄生性蜂类，它身材比较高大，有一个长长的产卵器，能够刺穿巢穴，将卵产在寄主的巢里。

触角就像一根木棒断成两截儿，夹角约为直角，它是用触角的顶端探测着虫茧。到了合适的地点，虫子把腿部伸直，在身子的下部留下充足的活动空间。然后，将小腹末端向前伸，把整个的产卵管伸到四条后腿形成的四边形中部，垂直地插进虫茧，采取这样的方式是为了获得最佳的产卵效果。

有时，为了获得合适的地点，它把整个的产卵管贴在虫茧上，用宝剑的尖端搜寻着、摸索着。等找到合适的地点，它就像一位剑客，迅速把宝剑从剑鞘中拔出，剑鞘随之后收，而宝剑则努力地向内刺入。这个过程是艰难的。即使有的虫子前后坚持不懈地试了 20 来次，仍然无法穿透蟒蜂那厚厚的外壳。如果钻探无法进行，宝剑收回剑鞘里，虫子则要重新用触角一点儿一点儿地进行探测。如此反复，直至成功。

它的卵是一个像象牙那样白亮的纺锤体，很小，长度约 3.2 毫米。它的卵不像褶翅小蜂的那样，长着长长弯弯的肉柄，在虫茧顶部悬挂起来，而是无序地绕着食物堆积着。总之，在一个蜂房里，一位母亲都会产出数量众多的卵。而褶翅小蜂由于身材的高大，在一个蜂房里只产下一个卵，这是因为里面的食物只够一个子女享用。如果它在一个蜂房里产了几个卵，那肯定是弄错了，因为事先就不是这样打算的。石蜂的一只幼虫，就可以为它的二十几个后代提供食物。它们生活在一起，美美地享用着只够一个石蜂幼虫吃的食物。这种以钻探为乐的小家伙，过着有福同享的大家庭式的生活，当然，这些美食也仅够一家人吃而已。

一个家庭到底能有多少成员？母亲是否能估计食物的多少，并据此按比例进行产卵？我做个这样的清点，在我的记录本上，清楚地记住。

在一个面具条蜂的蜂房里，有过45只幼虫的例子。这个数字太大了，可能是两位母亲同时在这里繁育了后代。

在高墙石蜂的巢里，我挨个地数，幼虫的数目在4～26之间不等；在檐石蜂的蜂房里，数目是5～36个；在三叉壁蜂蜂房里，数目是7～25个，这是提供给我的最翔实的资料；而蓝壁蜂的蜂房里，数目有5～6个；在蟒蜂的蜂房里，数目为4～12个。

从上面的数据可以看出，产卵的数量和食物的多少是成正比的。面对条蜂的胖幼虫，食物充足，它会产下50个卵，而遇上挤蜂和蓝壁蜂的瘦身材，在食物有限的情况下，它就只产下5～6个。

根据食物供给状况来确定产卵的数目，对它来说，真是一件伟大的事。为什么这样说呢？在遇到房子的时候，房子里到底有什么，有多少，这是不容易判断的。因为房子的屋顶挡住了，里面什么也看不见，这只能通过观察外部获得需要的信息，更何况每一种蜂的蜂房是不一样的。因此，它可能有它特殊的区分方式，这种区分方式是根据居所的大小来确定的。

从三叉壁蜂和两种石蜂那儿得到的信息来看，我是不愿做出这种假设的，这倒不是直觉上的原因，关键是在这三种蜂的居所里，需要食物充饥的幼虫的数目变化很大，以致让人必须放弃任何关于比例的想法。

母亲只管随心所欲地在蜂房里产卵，产卵的数目或许根据产卵期卵巢内成熟卵子的多少来决定，它不担心食物充不充足，如果食物充足，一大家子好好享用，每个成员都长得壮壮实实的；如果食物不足，

高墙石蜂成虫

高墙石蜂诞生后会钻破巢穴来到大自然的怀抱。

幼虫就会挨饿，但也不会死去，只会长得瘦小一些。事实就是如此，我经常发现，群居的成虫或幼虫因为密度不同，造成身材方面出现了两倍的差距。

幼虫的体色是白的，身体像梭子，分成几节，在整个身子的表面竖着长了一层纤细的绒毛。绒毛很细小，需借助放大镜才能分辨出。头显得很小，像一个小小的圆扣，扣在身体的前端。借助显微镜，可以看到上颏上，在一个无色的大块上面长着两个红褐色的尖突。没有牙齿，这两个凸起的作用是将食物固定一下。嘴只是一个简单的吸盘，不能切碎食物，所以它是通过皮肤间的渗透来消化食物的。这让我回忆起在卵蜂和褶翅小蜂那里看到的情形：它们在对待一个牺牲品时，根本不杀死它，而是使它一步步衰亡。

我们已经见识过卵蜂的那一幕古怪的场景：二三十个饿鬼，每一个的嘴巴都像吸盘一样吸在胖虫的身体两侧，就这样，胖虫一天一天地瘦弱下去，直至成为干枯的僵尸，但是，胖虫的身体上并没有明显的损伤，直到死亡，它的虫茧还保持着新鲜。如果我不经意打扰了正在进食的小家伙们，它们会突然全部停下来，绕着食物没头没脑地乱跑。过一会儿，它们又同样敏捷地重新开始了。

在这里，我做一点儿没意思的补充。无论你怎么仔细观察，幼虫在丢弃食物或是重新进食时，没有任何液体渗出。这种情况我已经在讲述卵蜂时描写了，在这里不再赘述。

夏初时分，它在侵占的住宅里住了一年左右后，成虫终于出现了。在一个房间里有这么多的同伴，出来时应当是很有趣的。一个个虫子都渴望得到自由，在阳光下欢舞着。它们会齐心协力地挖破屋顶，还是靠个人的力量呢？只有通过观察才能得出答案。

我事先用玻璃管代替了原先的蜂房，把每一窝蜂都转移到短玻璃管里。这些玻璃管用一个1厘米长的木塞当大门，用来阻碍虫子们出来。玻璃管里的一窝瘦鬼，并没有匆忙或者慌乱地一窝蜂地耗费力气来挖大门。它们是有秩序地进行挖掘工作，开始时，只有一个虫子进行挖掘，用它的上颚尖细心地挖着，想要挖开一个可以容身的通道。可是，巷子太窄，无法转身，挖掘工只能倒退着回头运送垃圾。对于这些身体瘦小的家伙们来说，这活儿简直太辛苦了，进展也很缓慢，光挖一个小通道就要花费几个小时。

如果干活干累了，就休息一会儿，挖掘者便离开工地，回到大伙儿中间。最靠近它的那个同伴会立即顶上去，继续挖掘，直到第三个工人顶上去，第二个工人才休息。就这样，它们进行车轮大战，一个接着一个，既保证挖掘工作不停止，又能够保证工地有足够的空间，让工人在那里发挥自己的能力。其他的成员则在一旁安静、耐心地等待。它们对冲出牢笼一点儿也不担心，因为它们信心十足，只要继续努力，成功终究属于它们。

在闲着无聊的时候，它们如何打发时间呢？有的把足放在嘴里吮吮，有的用后腿蹭蹭翅膀，有的则跳跳舞来消除烦恼；还有几个在做爱，不论是老是少，这是打发时间最惬意的方式。

想用做爱来打发时间，拥有这样机会的幸运儿是屈指可数的。别的虫子会无动于衷吗？不是的，没有办法，只是因为缺少伴侣。在这样的居所，雌雄比例严重失调，雄性是宝贵的少数民族，有时甚至一个都没有。

这种雄性的缺乏，以前的研究者也注意到了。“雄性似乎不为人所知。”这是布鲁莱在文章中写到的，他是在我隐居时唯一能给我启示的人。对我来说，雄性的作用我是知道的，但它们的数量是如此少，以致我怀疑在这个比例失调的宫殿里，它们扮演的是什么角色？下面的数据也同样印证了我的担心。

在我收集的 22 个三叉壁蜂的虫茧里，共住着 345 只入侵者，其中，47 只雄性，307 只雌性。因此，每只虫茧里平均有 16 只雌性，雌雄的比例是 6 ∶ 1。不论它们侵占的是何种膜翅目昆虫的茧子，大致都保持这样一种比例不平衡的状态。在棚檐石蜂的虫茧里，我发现还维持雌雄比 6 ∶ 1；在高墙石蜂的虫茧里，雌雄比为 15 ∶ 1。

这样的数据很多，我没有罗列完全，但这已经够了，已经足以令人怀疑了。如此弱小的雄性，是否像其他虫子一样，一次性交就大伤元气？所以，在很多的时候，它们必须对雌性保持冷漠的状态，或者干脆拒绝做爱。可是，这样不会断子绝孙吗？对此，我很难做出回答，这是难以回答的问题！

既然菊芭的块茎是无性的，那为什么又要有性别之分呢？为什么要有两种性别，而不是只有一种？只有一种性别，事情岂不更简单了，尤其是发生蠢事的概率会小得多？在“铜赤色短尾小蜂”收尾之际，发现了这个重大的问题。铜赤色短尾小蜂，唉，这个冗长繁褥的词语，我发誓，从此永远再也不说它的正式名称了。

花蜂宿尾长小蜂

膜翅科小蜂科昆虫。除产卵管外的体长 3 ～ 4 毫米，寄生于蜜蜂巢穴。身体覆盖有美丽的金属光泽。这种小蜂在世界范围分布很广，也有的寄生于蛾或植物等。

第十一章

幼虫的二态现象

如果你留意过卵蜂的故事，就会发觉我的描述是不够完整的。有这样一个寓言，说狐狸知道怎样进入狮子的洞穴，却不知道出来的方法。对于卵蜂来说，正好相反，我们知道卵蜂如何从石蜂的坚硬堡垒中出来，却不知道它是如何进入并把石蜂吃掉的。卵蜂为了能够从堡垒中出来获得自由，就把自己变成一个钻探工。这种钻探的方法可以给我们的工业提供借鉴。在坚硬的堡垒中，一个通道被打开，这个钻探工就像打开了坚硬的核桃，见到了外面的阳光。这个小家伙像棉絮一样软软的，身上长了一层绒毛，与以前那个粗壮的钻探工有着巨大差别。它是怎样出来的，我们已了解很多了，但是它是如何进入蜂房的问题一直困扰了我 25 年左右。

母亲是不能在石蜂的蜂房里产卵的，这是为什么呢？因为当卵蜂出现的时候，蜂房的大门已经被关闭，大门对于卵蜂来说就像一堵厚厚的水泥墙。要想钻进去，就必须再次扮演钻探工的角色。可是，自己的防护服早已留在出口的窗户上，也没有了钻探的工具。除非时光倒流，要想变为钻探工是不可能的了。当然，如果是膜翅目的昆虫还是有可能的，它们可以用爪子、上颚，再加上坚韧不拔的毅力，在必要时是可能钻开砂浆外壳的，但是双翅目昆虫就不行了，它们没有这些强有力的工具，它那小爪子稍稍用力重一点都会被损伤，嘴巴只是一个吸盘，只能用来吸花蜜，因此，它们没有可以敲碎水泥墙的工具。

没有膜翅目昆虫的穿孔设备，没有褶翅小蜂的硬钻头，没有任何可以敲碎水泥墙的工具。总之，要想在这时把卵产在石蜂的房间里根本不可能。

高墙石蜂的大颚

高墙石蜂的大颚像膜翅目昆虫的其他许多昆虫一样，不仅可以挖开坚硬的地面，还可以涂抹清漆，长舌头是用来舔舐花蜜的。

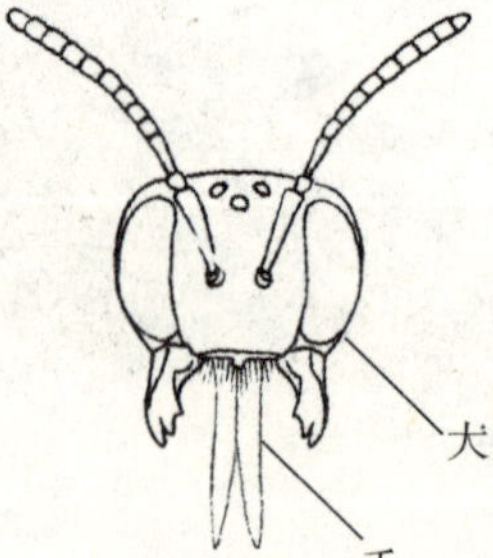

难道是幼虫自己进入石蜂的房间的吗？让我们看看这种小虫子吧！它就像一根油乎乎的圆香肠，在原地一动不动地靠嘴巴来吸食石蜂的幼虫。它是那么的圆润，别说爬行了，它生来就是为了消化食物而静止不动的，它的生理特征决定了它不会运动，更不可能去进行挖掘一类的工作，这一点已经被我们证明了，因此，它是不可能进入石蜂的房间的。但是，要想生存就必须有食物，食物就在眼前，怎样去拿？双翅目昆虫究竟是怎么干的呢？寻找其他原因都是白费力气。要得到答案，只有一条路可走，那就是在卵蜂产卵那一刻起就严密监视它的一切行动。

虽然卵蜂的种类很多，但要得到试验所需的数目却很不容易。在阳光的照耀下，这儿几个，那儿几只，在墙上、在沙堆里、在土坡上，或追逐嬉闹，或做着排排队的游戏，更多的时候是在独自徘徊。对于这些流浪的虫儿，今天能在这里看到，明天却在这里消失，我们什么都不能指望得到，因为我们不知道它们住在哪里。在风吹、日晒、雨淋的环境下进行监视，难度可想而知，这样的做法不是我所提倡的，因为这样做是不会取得什么结果的。

也许，只有找到它的住宅，找到群居的卵蜂，才可能找到答案。我们可以从第一个开始，然后到第二个，再到第三个，一个个地研究下去，直到获得答案为止。符合这种条件的卵蜂，在我研究生涯中只遇到两次，一次在卡班特拉，另一次在塞里昂。第一种是生活在三叉壁蜂的茧里的变形卵蜂，它还在毛腿条蜂的旧通道里自己筑巢；第二种是三面卵蜂，它挖掘卵石石蜂的巢。我将分别探寻这两种卵蜂。

再次来到卡班特拉时，我已是风烛残年。高卢人给这个地方起了个

三面卵蜂的二态蛹

三面卵蜂是全变态昆虫，二态蛹是它变态中的一个生理阶段。它就像一根油乎乎的圆香肠，在原地一动不动地靠嘴巴来吸食石蜂的幼虫。

晦涩的、令人发笑的地名，这让我想起了专门起古怪名字的那些博学者。

第一次来这个小城是在我20岁那年，我在这里初涉社会，现在来到这里，就好像教徒们的朝觐那样，让我回忆年轻时代感受最深的地方。在路上，我向一座古老的学校致敬。它是一所感化院，外观和过去一样。过去哥特人的教育观念陈旧落后，他们见不得年轻人快乐的样子，用狭隘、阴暗、忧愁的方式教育年轻人。教学用的地方就是少年犯教养所。在这里，年轻人的活力被压抑。一个院子的周围，耸立着高高的围墙，好像把年轻人当做熊关在里面，院子四周是各种像笼子一样的教室，里面密不透风，不见阳光，学生们就在这里接受教育。当然，这是在说过去，现在的学校里已经没有这种苦难了。

路旁有个香烟店，一个星期三的晚上，我从学校里出来，到香烟店赊账买了一些烟丝。就这样，为了提前庆祝这个星期四，这个神圣的日子。提前祝贺的原因是在第二天里，我会努力解决那些很难的方程式，配制实验室里的试剂，还有采集早已确定的植物标本。赊账是因为忘了带钱，面对店员，我感到很羞涩，提出了要求后，店员居然答应了。我想，可能是我羞涩的神态获取了他的信任。这种情况是前所未有的，因为烟草专卖局的代理处一般是不允许赊账的。啊！我站在店门口时，囊中羞涩，里面的财物只够买几盒蜡烛、一打鲫鱼、一桶沙丁鱼和几块肥皂！其实，我并不比别人笨，也不比别人懒，但我的口袋就要见底了。在这样的情况下，我的温饱问题都没有解决，还能要求我做什么呢？

过去的住宅就在这里，后来成为一群僧侣念经的地方了。在这扇窗户的窗洞里，在外板窗和玻璃之间有一个空间，这里是我放化学品的地方。年轻时，我积攒下零用钱，通过一些人来买一些化学品。没有实验器材，我就用烟锅做坩埚，装糖的小瓶当曲颈瓶，装芥末的罐子做装化学品的容器。在我住宅的厨房里，不管它是否有毒，是否存在危险，我配制着需要的化学试剂。

啊！我多想再看看房间，在这里，我为微积分烦忧。透过窗子，能够看到万杜山。远望着万杜山，我的心情马上就平静下来了。下一次来的时候，我会爬上万杜山顶，看看那些虎耳草和罂粟，这些植物只在北方常见。

我多想看看那位不说话的朋友——黑板。那是在一个大胡子木匠那里租来的，花费了 5 个法郎。那时，我经济困难，租金都是分期付清的。在这块黑板上，我不知画了多少条圆锥曲线，写过多少深奥的语句啊！

我非常努力，应该说在安静的地方刻苦学习效果会更好，但是，我在我如此感兴趣的道路上没有获得什么。如果时光能够倒流的话，我会重新选择开始。如果我能够解决温饱的话，我会把所有的时间用来和莱布尼茨[①]、牛顿、拉普拉斯[②]、拉格朗日[③]、泰纳尔[④]、杜马[⑤]、居维叶[⑥]和朱西厄[⑦]等人交谈，啊！年轻人，我的后继者们，你们要珍惜眼前好的机遇。如果你们不明白这些道理的话，就让先行者的故事来告知你们吧！

在回忆那些化学品和黑板时，在回忆过去的时光、贫穷的生活时，我们不要忘记那些昆虫们给我们带来的美好时光。让我们走进拉莱格那条低凹的道路，在那里，我观察过芫菁，这条路已被别人视为一条经典的路。在这个阳光照耀的细谷斜坡，是你们给我带来快乐的时光，

①莱布尼茨：德国自然科学家、数学家、哲学家。——译注
②拉普拉斯：法国数学家、天文学家。——译注
③拉格朗日：法国数学家。——译注
④泰纳尔：法国化学家。——译注
⑤杜马：法国化学家。——译注
⑥居维叶：法国动物学家。——译注
⑦朱西厄：法国植物学家。——译注

让我忘记烦恼，忘记忧愁，沉浸在学习的乐趣中。同样，你们也因为我的研究让你们出名了。你们是我的希望之土，你们为我带来我所希望得到的一切，甚至超出了我的想象。在这里，作为观察者，我的愿望没有全部实现，因而我又回到这里，重新支起帐篷。现在，就向那些可爱的昆虫们打个招呼吧！

向节腹泥蜂致敬！我看见它在这条坡上忙碌着。正在储存它的食物——方喙象。这跟我以前看到的一样。小家伙还以沉重的步伐将猎物拉到洞口，在树丛中监视胭脂虫的雄蜂还是同样相互争斗。看着这忙碌的小家伙，我的身体里好像涌进一股年轻人的血，迸发出一股从未有过的、年轻人才具有的青春。时间紧张，我得走开了。

我看到了飞蝗泥蜂，还想与它们再打个招呼。在这个峭壁上，一群飞蝗泥蜂在嗡嗡地叫着，它们是以刺杀蟋蟀为食。大唇泥蜂，向你们行个注目礼吧！代表我没有忘记你们，这就足够了。在这里，我的老朋友实在太多了，我没有时间和它们一一叙旧。我不能停下来，边走边向大头泥蜂打招呼；再向大唇泥蜂打招呼，它正在砂岩间堆放着螳螂呢；还有红色腿爪的砂泥蜂，正将一些尺蠖蛾的毛虫存入地窖；还有吃蝗虫的步甲，以及在枝头修建砧土穹屋的黑胡蜂。

终于，我们到达了目的地。在这个高高的峭壁上，向南走上几百步，就可以看到整个坡上布满了大大小小的洞。这里就是毛脚条蜂和三叉壁蜂长久以来的居所。当然，那里也有许多它们的天敌：条蜂的寄生虫西塔利芫菁和壁蜂的杀手卵蜂。

9月10日我才来到了那里，我发现来迟了，我错过了收获的好时节。

大唇泥蜂

泥蜂科昆虫，主要捕猎螳螂为食。

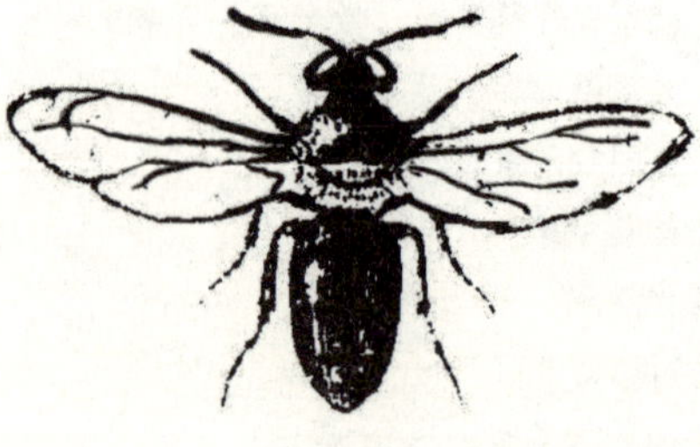

在一个月前，甚至更早的时节，我就该来这里了，来参观和研究双翅目昆虫的活动。此次，我收获自然不多，只能看到很少的一些卵蜂，它们正在土坡的表面悠闲地飞舞着。但是，我一点儿也不失望，至少可以先熟悉熟悉地形。

条蜂的幼虫在它们自己的蜂房里，在里面我还看到了短翅芫菁和西塔利芫菁。这个发现在过去是珍贵的，可现在我已经不需要了。花色斑斓的蛹分布在一些蜂房里，有的里面还有成虫——尽管它们是在同一时间产卵的。壁蜂成熟得更早一些，在茧里都已是成虫了。这对于我的研究来说不是件好事情，它们需要的食物是幼虫而不是成虫。更令人忧虑的是，我看到了双翅目昆虫，也许就在几个星期以前，它们的发育已经完成，它已经将乳娘的乳吸光。毫无疑问，是来得太晚，已看不到壁蜂茧里发生的故事了。

怎么办？认输了吗？还为时尚早。我的记录本告诉我，有的卵蜂是在9月的下旬甚至更晚一些孵化。此外，我真的看见了一些卵蜂正在忙碌着，忙着安置家人呢，它们是不能袭击壁蜂的。壁蜂的成虫肌肉坚硬，过于粗糙，已不适合作为乳儿的食物；皇冠黄斑蜂的成虫是那么的强健，也不会任人宰割。在秋天，也存在另一类的蜂，它们在秋天采蜜，但是与春天相比数目不多。蜂群们来到了斜坡，这些春天的替代者正在工作着。其中，我看到了皇冠黄斑蜂，它正在它的通道里进进出出，有时带着收获的花粉，有时带着小棉球。这些秋天的耕耘者会是卵蜂的猎物吗？

带着这个疑问，我头顶烈日，冒着高温，静下心来在峭壁前驻足观

皇冠黄斑蜂

皇冠黄斑蜂是一种十分强壮的膜翅目昆虫，卵蜂在它面前虽然显得娇小却毫不示弱，常常趁皇冠黄斑蜂不在时把卵产在它的巢穴里。

察。一站就站了半天，在那儿，我目不转睛，观察着双翅目昆虫的演变。

卵蜂在斜坡上轻轻地飞舞，离地面很近，只有几法寸高。它们从一个洞口转悠到另一个洞口，但从不进去。为什么不进去呢？它们在休息时翅膀是张得大大的，横着铺开，可能阻碍了它们进入窄窄的通道。它们就在峭壁上飞来飞去，一会儿飞得迅猛，一会儿飞得和缓，上上下下，来来去去。我突然看见卵蜂猛地接近地面，垂下腹部，似乎在用输卵管的末端来接触地面。当然，这个动作很迅速，瞬间就完成了。接着，虫子就到另一处歇脚，休息去了。然后，它又重新开始了，还是进行那轻柔的飞舞、漫长的勘测以及以腹击土的迅猛动作。

我赶快来到被碰过的土层，用放大镜观察，希望能够发现虫卵，这样便可说明腹部撞击地面的动作是在产卵。我小心翼翼，非常细心，但什么也没看出来。的确，当时的情境是不利于我观察的，劳累过度，光线耀眼，热浪滚滚。后来，我认识了从卵里出来的小家伙，我就不惊讶今天判断的失误了。在书房里，我的眼睛得到充分的休息，手也不会因为激动和劳累而颤抖了，我用最好的放大镜，费了很大的力气才发现了那个微小的卵。

在那种艰难的条件下，我的观察必然是失败的。在燥热的峭壁下，在远远的距离之外，一只虫子如此突然地产下卵，我怎能发现它的准确方位呢！

我在野外的观察以失败告终，但我确信卵蜂就是这样产卵的，在那些适合它们幼虫生活的食蜜蜂住宅的表面，用腹部末端突然撞击的方式产卵。它们没有将卵隐蔽起来，而是直接将这么精致的卵暴露在

中国蜜蜂

膜翅目昆虫的一种，主要以采食花粉和花蜜为主。蜜蜂群体中有蜂王、工蜂和雄蜂3种类型。

烈日下的沙粒间。这样的条件太简陋，连石灰土层都会变得干皱，但只要附近有它需要的幼虫，这种简易的居所对它来说也就足够了。以后，不管是困难还是艰险，一切只能依靠自己了。

在拉莱格低凹的道路上，我知道了卵蜂新生的幼虫可能需要自己来到储粮的蜂房，但我们认识的是那种将石蜂或壁蜂的胖幼虫吸干的小虫子，它们是不能移动的，更不要说进行长途跋涉，去穿透厚厚的围墙和茧的丝层了。于是，我想它还会有另一种形态，它的初始状态是可以移动搜寻、可以找到目的地的。因此，卵蜂有两种形态的幼虫：一种能进入食物所在的房间，另一种专门用来进食。这个逻辑推理我是相信的，我的脑海里已经闪现这样的场景：从卵里出来的小虫子，行动自如，可以长途远行，身体灵活，可以穿越房间的坚硬墙壁。进入房间之后，面对美餐，它就脱去旅行的衣裳，变成臃肿的虫子。然后，它唯一的职责就是静静地去长胖长大。这一切看起来顺理成章，就像推理几何定律那样。但是，想象的翅膀必须套上事实的鞋。我给它套上鞋，以便继续走下去。

我在第二年继续我的研究工作，对象是石蜂巢里的卵蜂。石蜂是我的近邻，我可以随时访问它。鉴于前面的教训，我知道了孵化和产卵的具体时节，7～8月的时候，三面卵蜂就会安家。我决心揭开谜底，每天早上，大约9点钟，天气开始变热时我来到乡间，即使被太阳晒晕也照常进行。确实，这个时间离开家去外面简直就是受罪，有人会问，那你要去干吗？我会回答：为了写一个虫子的故事！天气越热，我获得成功的机会就越大。虫子们现在正高兴，这就是我的动力。道路就像

中华鼻蜡蝉

同翅目蜡蝉科昆虫，体长27～34毫米，翅展60～65毫米，主要分布在我国的四川、贵州等地。

一块热钢板让人酷热难耐。蝉在沾满灰尘的橄榄树上开着音乐会，整个树林里都如此，而且随着气温的升高，蝉越来越疯狂，特别是花白蜡树上的蝉就像是劣马一样，扯着嘶哑的嗓子，和着不协调的交响曲。到时候了，于是，我不再犹豫，在一个多月的时间里，我一步步地踏遍了布满石子的平原。

在这里，石蜂的巢很多，但一个产卵的卵蜂我都见不着。最多，在我的视线范围以内，我会隐约看到一只远远地、不作停留地迅速飞过，消失在远方。这便是所见的全部，根本不可能看到它产卵。这地方的羊喜欢吃这里茂盛的宽叶熏衣草，所以在这些石牧场里有人放羊。我向牧羊人说明我的来意，他们表示对我研究的对象很熟悉。我要他们监视这种虫子并注意蜂巢，看看虫子有没有在巢上嬉戏驻足。当天晚上，他们回村时，告诉我白天的结果。劝我第二天和他们一起去继续观察。我和他们达成协议，每看到一个符合条件的蜂巢，他们就会获得相应的报酬。这样，他们星期天就可以去酒吧喝一顿了。

牧羊人加上我一共 4 个人。我希望这么多人观察会获得成功。结果呢？到了 8 月末，幻想破灭了。我们当中没有一个人看到一只粗黑的蜂停留在石蜂的穹屋上。

对于失败，我认为原因是这样的：在条蜂的城池，卵蜂只是匆匆而过，它访问过各个角落，但它不会离开自己生活的峭壁，因为它的勘探告诉它，这里没有值得留恋的东西。对它的家人来说，峭壁上有无数的粮食和居所。某个地方它认为不错，干脆稍作勘测，然后猛地接近，用腹部末端撞击一下，卵产了下来，一切任务就完成了。它的活动范围在很小的几法寸之内，每一次产卵后，它就会在太阳下休息一会儿。昆虫固执地不肯离开那里，是因为那里有取之不尽的财富。至少我是这样认为的。

从卵蜂的角度看，石蜂深居简出的习惯对它们不利，它挥舞着宽大粗壮的翅膀，想要产卵，就要找到数目众多的蜂房。可是，石蜂的巢在一个个卵石上孤立地分布着，有时在几公顷的地方才有几个，只发现一个巢对卵蜂来说是不够的，由于寄生虫的原因，并非所有的蜂房都有理想的幼虫；还有一些居所防范得过于严密，无法进入房子里去。为了产一只卵，就必须有几个巢，也许还要更多，所以它们必须到很远的地方去寻找。

因此，我们可以想象：卵蜂四处奔波，穿行在布满石子的平原。它那具有特殊才能的眼睛一眼就分辨得出土质巢穴。找到巢穴后，它在高空滑翔着，勘测着，突然猛地下降，用产卵管的末梢撞上去，然后，很快就离开。如果要休息的话，不是在这儿，而是在地面或石头上，在熏衣草或者百里香丛中。在卡班特拉凹陷的道路上，我通过观察验证了它的这种习性。因此，我和牧羊人即使有最好的眼力，也注定要失败。我想到了，这是不可思议的事实：卵蜂不在石蜂巢上停留，并能够有条不紊地产卵，它只是飞过那里而已。

看来，我对幼虫初始形态的预想可能性大大增加了。这种形态不同于以前见过的。卵蜂漫不经心地产过卵之后，不久，新生儿就出世了，它凭着本能来到了蜂巢的表面，它知道那里就是它的家和它的食物。它是怎样知道的呢？这种能力或许与时间无关，只要一出世，它就具备这种本领，跟饱经沧桑获得的经验一样。因此，它必须具备穿越凝灰岩围墙的工具，并能通过某个裂缝，进入石蜂的家。对于我来说，这种小虫并不是虚无缥缈的，我即使没有看到形状，至少看到了行动，仿佛这一切就发生在我的放大镜下一样。我要发现它，后来，我真的发现了它。

观察产卵是白费力气的，我决定寻找在石蜂巢穴里刚刚从卵里出来的小虫子。看到年轻牧人还热情高涨，我就让他们做比以前简单一些的工作——收集蜂巢。他们为我收集了许多蜂巢，加上我自己的收获，蜂巢已经可以装满几箩筐。它们就放在我的工作台上，没事的时候我就去看看。我一直坚信可以有所发现，所以我一直狂热地观察着它们。我或将茧子拿到外面观察，或将蜂房破开直接观察。我用放大镜搜寻着，搜寻石蜂沉睡的幼虫，搜寻隔板，希望可以发现一点线索。可是，始终什么都没有。半个月以来，被我丢弃的蜂房不计其数，蜂房把我的书房都填满了。把石蜂的幼虫从沉睡中惊醒，虽然我尽量做好保护措施，但是，还是有相当多的幼虫因此丧命。这样做太残忍了，我真的不忍心，是我的好奇心害死了它们。也许，要把科学研究坚持到底，心肠软是不行的。我做到了，而且做得比别人更好。

7月25日这一天，我看到了，或者说我认为看到了，有东西在石蜂幼虫身上移动。出现幻觉了吗？还是我不小心把细小的绒毛吹了过去？仔细一看，真的是一只小虫子！多么令人振奋啊！但这一切又令人困惑！这个虫子与卵蜂幼虫一点儿也不像，它看上去就像一个微型蠕虫突然从宿主的身体钻出来一样，在外面摆动着身子。看到它这般模样，我对它是卵蜂幼虫的期望并不高。当然，这没有什么关系，让我把它们一起放到一根小的玻璃管里去。万一是呢？谁也不能够保证！

我倍加小心地寻找这个小东西，因为找到它们实在是太困难了。功夫不负有心人，在两天的时间里，我找到了大约10个这样的小家伙，我把它们全放进了玻璃管里。小虫子很小，半透明的，不仔细观察几乎不能把它与宿主区别开来。前一天，我还在放大镜下看到它，第二天居然不见了。原来，它太小了，藏到了石蜂幼虫的皱褶里！我以为它丢了，或者被翻身的石蜂幼虫压死了。但随后我又看到了它。观察了15天后，我的猜想终于被验证了：这就是卵蜂的初次卵。因为我后来看到，这些小家伙变成了以前说过的那种幼虫，并开始使用以前的进餐方式。从那一刻起，我满足了，烦恼也随之烟消云散了。

让我们再从头看看小虫子的故事吧。它已经被证实了就是卵蜂的虫子。这是一种长约1毫米的小虫子，粗细和头发差不多，半透明，很难被发现。有时，它在石蜂幼虫的皱褶里睡觉，你不在放大镜下根本发现不了它。弱小的它还非常好动，在石蜂幼虫身体上闲逛着，走起路来很敏捷，就像尺蠖蛾的毛虫那样，主要靠蜷曲身体来行走。停下来以后，就用身体的前半部分四周转动，似乎在探测什么。它打开身体时，是一副多结丝状体的模样，分节很明显。

在显微镜下观察，卵蜂的初次卵包括头在内有13个节，它的头很小，呈琥珀色，长着疏松的角质，头上向前斜竖立着短而硬的毛。三节胸节的每一节上都长着两根长毛，尾端那一节上长着两根相同的毛，但更长。这样全身有四对鬃毛，三对在前，一对在后，这是它们用于行

桑尺蠖

属鳞翅目尺蠖蛾科。主要分布在我国的江苏、浙江、四川、贵州等地。主要以桑叶为食。

走的脚。另外，尾部有小的圆形突起，它们具有黏性，可以用作支撑点。这种结构与西塔利芫菁的初态幼虫类似。由于体表透明，在皮肤下可以看到两根相互平行长的气管带，从第一个胸节延伸到倒数第二个腹节。气管带的末端有一对气门开口，但我无法看清，这两根大的呼吸管是双翅目昆虫幼虫的特征。

在两个多星期的时间里，弱小的虫子还是刚才我说过的样子。我天天在观察，没有看到它们吃过什么，它们又能够吃什么呢？在里面，除了石蜂幼虫的身体外，没有别的。可是，它们又没有在第二态中那种吸盘式的嘴巴。在这段节食的时间里，它们不是什么都不做，而是一会儿在这里，一会儿在那里，在不停地勘察自己未来的美食。它们在那里走来走去，时刻关注四周的情况，可能是看看有没有敌情发生。

在我看来，这种虫子在初态并不需要进食，它们的主要任务是进入石蜂的蜂房。我们可以想象，卵是被母亲产在蜂巢的表面，里面有适合的蜂房，但它们在此时离石蜂幼虫还很远，中间隔着一层厚厚的水泥墙。新生儿来到房子前，它不是采用强盗或小偷的方式强行或撬锁进入，它们没有这样的能力。于是，它们先绕着房子打转，寻找入口。可这样的入口存在吗？可能存在，但很难发现。石蜂的巢穴建得十分严密，工人们在干活的时候没有偷工减料，因而不会出现裂缝，也不会因为日晒雨淋而出现裂口。进入其中虽然有困难，但绝对有机会！试想想，总有几个蜂房存在着疏漏，石头与水泥之间总有焊接不严密的地方，只要留下一个像头发丝那样的缝隙，这就足够了！入侵者就这样寻找到了入口，从这里溜了进去。当然，在卵蜂的巢上，这样的缝隙很

产卵叶

桑尺蠖的卵呈椭圆形，略扁，图中所绘即是桑尺蠖产在桑叶上的卵。

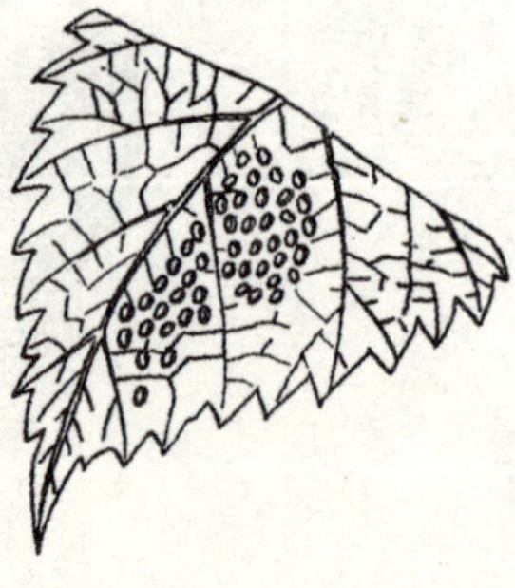

小，用放大镜也看不出来有这样的路存在。

这样的事实我是接受的，我们可以想一想，小虫子在寻找适合它们居住的居所，它们是那样的细小，在这样的房子表面，连褶翅小蜂的产卵管都能插进去，难道还没有它们能够进去的入口吗？虽然它们没有膜翅目昆虫钻探者的肌肉有力量，但是，只要它们有耐性，多花些时间也可以办到。因此，我们可以这样解释，卵蜂在初态下的半个月里，主要的任务就是寻找入口，穿透围墙，来到食物面前。

它们是如此弱小，工作又是如此的辛苦，我真的不知道它们又要用多长时间才能到达目的地。也许，有更容易的方式，在第一态结束之前就能够到达食物面前。在第一态结束的最后时间里，它们在干什么？也许在食物上漫无目的地散步，也许躲在石蜂的毛孔里休息，总之，它们无事可做。所以，我在一开始的日子里无法找到它们。

有些事实表明，如果路程艰辛，卵蜂幼虫到达食物面前的时间会耗上几个月，等到它们到达那儿的时候，石蜂幼虫的变形即将完成，卵蜂幼虫面对的就是石蜂成虫，虽然这种情况很少见，但毕竟存在。如果是这样的话，卵蜂幼虫可就要遭殃了，食物太硬，无法满足幼虫对食物的要求。为什么会出现这种结果呢？可能它们在好的时节无法进入，在穿越围墙的时候耗费太多的时间。进去了以后，就会发现没有可口的食物。就像西塔利芫菁的初态那样，也是因为同样的原因，但它们一直坚持着，并非无所事事。

就像我以前说过的那样，我把小虫子连同食物一起装进管子里。一般情况下，15 天都保持不变。后来，我发现它们慢慢收缩，蜕下表

三面卵蜂的初态幼虫

从卵里出来的初态即为初态幼虫。三面卵蜂的初态幼虫，身体十分细长，可以慢慢蠕动，寻找食物。

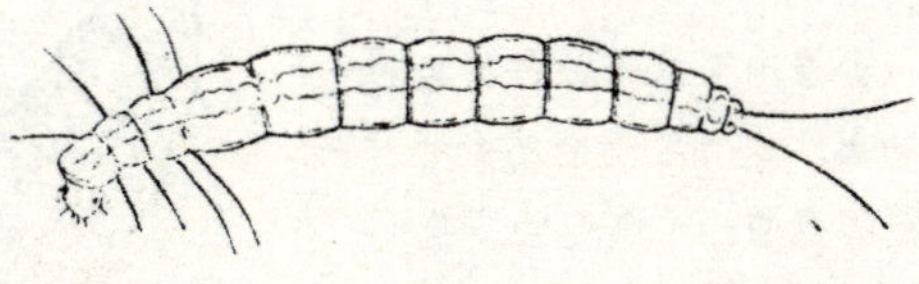

皮成为幼虫。这个幼虫就是如我猜想的那样，圆柱体的形状，白奶油色，头像个小圆扣，后面连着一个凸起。它将吸盘贴在石蜂幼虫身上，不停地进食。进食的时间又要持续 15 天。接下去的事我们已经知道了。

在对小虫子说再见的时候，我想说一说它的本能。它是在太阳的暴晒下出生的，它把外衣留在了石头的表面，坚硬的岩石见证了它的诞生。它执著地钻探着石孔，钻进去，就像植物发芽的植物胚根那样，进入松软的土壤和坚硬的岩石。有什么神秘的力量指引它们吗？它们知道这地下的情况和食物吗？它们什么都不知道，就如植物的根，它哪能知道那儿的土壤是贫瘠还是肥沃呢？两者的道理是一样的，于是，有才学的人就提出了一些理论，用什么毛细作用，互相渗透，细胞渗透等来解释这种现象。说实话，我对这些解释屈服了，小虫子钻凝灰岩也要用物理或化学的知识解释吗？我不想解释了，除了本能，还会有什么呢？也许，这个问题对于我们研究方法来说太高深了。

卵蜂的情况基本已经说得差不多了，就剩下卵的细节问题了。大部分变形昆虫从孵化起一直保持到蛹的幼虫形态，但是，卵蜂通过一种特殊的方式，为昆虫学开创了新的局面。它在幼虫的时候，出现了两种状态，而且这两种状态在形态和功能上有着巨大的差别。我把这就用幼虫的二态现象来称谓。从卵里出来的初态称为初态幼虫，第二种形态叫二态幼虫。

因为母亲没有办法在粮仓里产卵，所以卵蜂的初态幼虫的作用是到达食物的面前。它可以动，并有运动触须；它很小，它可以从食蜜蜂蜂巢围墙的最小缝隙里钻进去，穿过茧丝，到达食用的幼虫旁。这个目

三面卵蜂的二态变虫

从卵里出来的第二种形态为二态幼虫，这个阶段的幼虫的进食功能明显增强，是昆虫变态过程中的一个必经阶段。

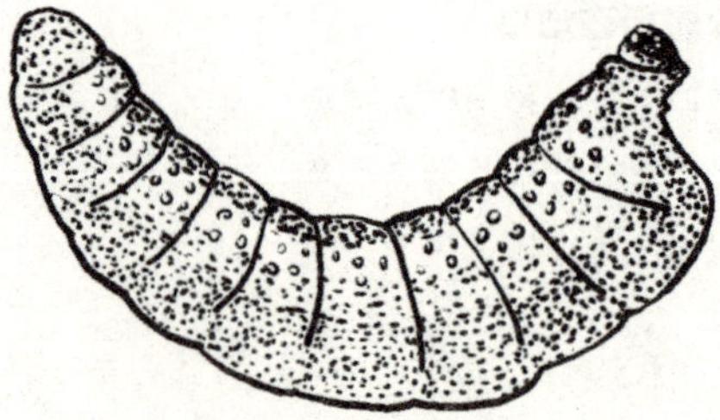

的达到了，它的角色就结束了。于是，接着出现了二态幼虫。这时，它们不会走了，就待在食物的旁边，它的任务就是进食、消化和吸收营养。然后，蛹态出现，随后它具有出去的工具，一旦破茧而出，就变成了成虫，成虫的任务就是产卵。

卵蜂的生命历程可以分成4个时期，每个时期都有对应的形态和特殊的功能。初态幼虫打开通道来到食物处，二态幼虫进食，蛹钻开茧重见天日，成虫产卵，如此反复循环。

二态现象让人想到昆虫的超级变态。像短翅芫菁、西塔利芫菁和其他芫菁，它们从卵里孵出来的幼虫都具有很好的运动功能，有很出色的腿和一些运动工具。它来到菊科的花上，躲藏在食蜜者经过的路上，等采蜜者到来后，就附着在它们的体毛上，就这样被带入令人向往的蜂房里。

芫菁和卵蜂这两种小虫子的功能是惊人的一致。两者都长时间不进食，细细长长，它们的使命是来到食物附近——一个是沉睡的幼虫，一个是蜜饼。只要食物有了保证，两者接下来就变成不善运动的幼虫，唯一的目的就是进食、长身体。芫菁的演变过程到这里和卵蜂都一样，但二态幼虫之后就不同了。蛹出现之前，芫菁要经历两种卵蜂都没有的阶段：假蛾蛹和三态幼虫。至此，我还没有弄清楚它们的角色分配，甚至连猜想都不敢，因为这两态幼虫在昆虫世界里来说是不多见的，可以说是绝无仅有的。

我们现在已经证实，除芫菁之外，也有其他的昆虫具有初态幼虫及二态幼虫。幼虫的二态会指引我们来到超级变态，我很快就有机会将两者间的空白进行填补。刚才的研究结果非常好，如果能再补充一些其他的例子就更完善了。

褶翅小蜂是以石蜂幼虫为食的小家伙，在棚檐石蜂的巢上，我看到同一个蜂房被钻探过几次，一个钻探者来过之后，其他的一个接一个地到来，将产卵管插入，就好像它们是第一个到达的那样。从外表看不出来这些。这些重复的产卵造成了一个蜂房里有几只褶翅小蜂的卵，这种情况不仅出现在棚檐石蜂的巢里，而且还出现在卵石石蜂的巢里。有时，在同一个巢里，我甚至发现过5只，但还没有证据表明这是最多的。但是，有个令人惊讶的事实是，无论什么时候打开蜂巢，在石蜂的房间里，永远只有一只褶翅小蜂的幼虫。它们要么正在进食，要么已经将食物吃光。可我们见到了好几只卵，为什么只有一个进食者呢？这是个不解之谜，值得关注。

7月初，巨型褶翅小蜂开始产卵，它的初态幼虫很快孵化出来了，这时，出来一个我们几乎认不得的小虫子。它的长相很奇怪，不知道它的来历的人会误以为这是某种昆虫的初态。小虫子的分节很明显，身体像透明的玻璃，长度在1～1.5毫米之间，最宽的地方是0.25毫米。不包括头共有13个体节，中间宽，逐渐向两端变窄。头相对身体稍大一些，在第一胸节的后面，有个像颈部一样的东西突兀出来。它的头长长的、弯弯的、薄薄的。在显微镜下观察，它有两个直直的小触角。头上还有一道开口，这是两片单薄的上颏，这是在我仔细观察后得出的结果。它们没有任何的视觉器官，在黑暗里生活的动物都是这样的。

除了尾节，其他各个部分都有一对透明的触须，每根触须的根部都有一个圆锥形的凸起，自由端稍微膨胀成橄榄形。这些触须较长，和昆虫相应部位的宽度几乎一致。这12个节，每个节在背上有3个相同的触须。此外，整个身体上还竖满了短短的、透明的、硬直的毛，形状像骨针。气门在哪儿，我无法看到。在它身体的每一侧，我能看到一条气从头管贯通到尾。

如果是休息，小虫子将身子弯成弓形，只用头尾两端贴在石蜂幼虫身体上休息，身体其他部分通过触须在竖直方向上与石蜂保持着一段距离，就像有一道栅栏将幼虫和食物隔开一样。它的行走方式让人想到尺镬蛾毛虫。它们以尾节末端为支撑，垂下头，把头固定在一点上，然后弓起身子将后端向前拉。它们走过一步之后，用肛门上的黏液固定住尾部，把身子竖起，让身体在空中猛烈摇动几下。

先是西塔利芫菁，然后是卵蜂，现在是褶翅小蜂，它们用一种根本猜测不到的器官进行运动。三种习性各异的小虫，都是用隐藏在吸盘里的肠腔末端来走路。其实，这些双腿残缺者是用臀部行走。

新生的褶翅小蜂幼虫喜欢远行，在肛门的帮助下，它绕着乳娘转圈。它做得很好，就算只走上1法寸远，它也满足了。你看，它放开石蜂幼虫，利用运动触须和肛门，忙忙碌碌地绕着玻璃管做成的房子行走。有时，它不小心误入棉花塞子里，这个塞子是我用来隔离房间的。它会迷路吗？会从塞子里的迷宫走出来，找到回家的路，回到乳娘身上吗？我很担心，我以为它会迷路的。但是，它没有。过了几个小时之后，我又发现它重新趴在石蜂幼虫身上，它似乎感到劳累，需要休息了。等到又有了力气，它又要开始远征，不用担心，它总会成功地返回。就这样，它就一会儿休息，一会儿转转。褶翅小蜂初态幼虫就这样过去了五六天的时间。

褶翅小蜂的初态幼虫与卵蜂的初态幼虫是截然不同的。卵蜂的幼虫进入蜂房以后，就在乳娘身边转悠，始终不离开半步。而褶翅小蜂的幼虫会出门远行，它刚刚从卵里出来，就在蜂房或者玻璃管做成的囚房里闲逛，还冒险远行。它像尺蠖蛾毛虫那样行走，或许是在找什么。也许是在寻找它要吃的食物吧，也可能有别的原因，因为它们找到食物后，就不再理它，而是四处游荡，回来休息之后又继续游荡。在五六天的时间里，褶翅小蜂的初态幼虫就把时间花在游荡或寻找上。在记录下这个初步结果后，我继续研究它们。

我用棉塞在玻璃管里隔出普通的房间，将石蜂蜂房转移进去，然后在这些蜂房里，放进去一个、两个或到五个不等的侵犯者。此外，我还加进去一些石蜂的幼虫，使我的试验有更好的效果。在许多只有一个石蜂幼虫的蜂房里，放进 3 ~ 6 只褶翅小蜂的卵。这样，在天然和人工两种因素作用下，我得到了一个从单一到多个的适宜实验的卵组。

我的这项实验会得到什么样的结果呢？所有的结果都一样。那就是，一只卵的蜂房里有一只初态幼虫；多只卵的蜂房里也则只有一只初态幼虫，无论卵的数目是多少。这样的结果说明，如果让每只卵单独孵化，每个卵都会出现幼虫，但是，许多卵住在一起，只有一只会孵化出幼虫。竞争是残酷的，幸运的只是最先孵化的那个卵。的确，只要第一只褶翅小蜂幼虫出现后，我们就不要再指望其他的卵发育了。不管其他的卵如何光鲜，它的命运只有一条，那就是枯萎而死。有的破裂了，拖出一小块带状蛋白来；有的皱巴巴地缩成一团，只有最早成熟的卵，可能也是最早产下来的卵能孵化，其余的全部死亡。这样的结局在我的实验室里是一成不变的。

事实联系起来看，就会明白其中的缘由了。在石蜂的蜂房里，石蜂的幼虫作为一个幼虫的食物是足够的，也就是说它只够满足一个幼虫的消费，实际的观察也证明了这一点，从未见过两个食客。然而，褶翅小蜂的母亲偶尔也会犯错，会把卵产在别人已经产过卵的蜂房里，这样一来，食物配给就会不足。怎么办呢？多余的卵必须消失。第一只幼虫出生后，其余所有的卵都将死去，这种情况屡见不鲜。

刚才已经提到过，在五六天的时间里，刚出生的幼虫在蜂房里溜来溜去，非常忙碌的样子。它到处溜达，这只能解释它是在消灭它的竞争者。可惜，我总是错过观看屠杀的好时机。但对于新生儿的罪恶行径还不敢肯定，我希望能找到另一种解释的方式。但是，在这个单独的房间里，掌握命运的只有它自己，唯一能够毁灭虫卵的也只有它，因此，我不得不推理出这样的结论：褶翅小蜂初态幼虫的任务是消灭竞争者。

当新生儿在房间里溜达的时候，它是在寻找竞争者，看竞争者的卵在什么地方。找到以后，就用牙齿咬破其他的卵，让那些卵干枯死去。消灭竞争对手，确保自己的食物充足。我们在试验中看到那些枯萎没有孵化的卵，就是它的杰作。作为长兄，它会残忍地杀害它的弟兄们，使自己成为粮食唯一的主人。这些目的达到以后，就脱下屠杀者的外衣——角质头盔和尖尖的甲胄，变成了皮肤光滑的昆虫，即二态幼虫。在那儿平静地享受美餐，这就是它罪恶行径的唯一目的。

重复产卵

褶翅小蜂母亲偶尔也会犯错，把卵产在别人已经产过卵的蜂房里。

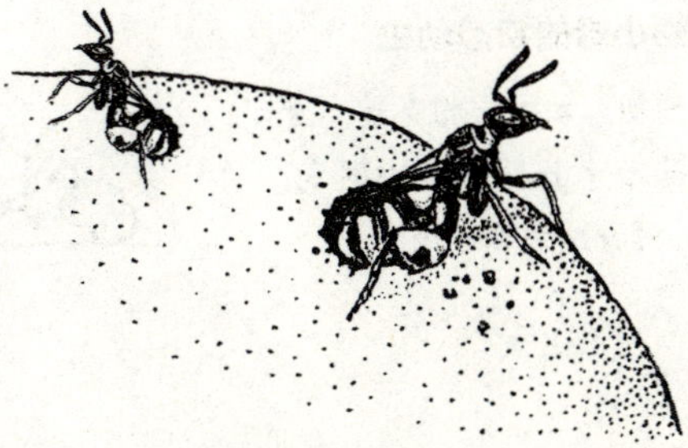

卵蜂和褶翅小蜂向我们展示了它们的初态幼虫与二态幼虫在职能、形态上是不同的。褶翅小蜂的初态幼虫要完成大义灭亲的罪行，不让竞争者来分享只供一个人吃的粮食；而卵蜂的初态幼虫是为了获取食物，穿越只有它能够穿越的障碍。这个生物学话题我只是开了个头，描述得还非常不完整。因此，在这两个例子之外，昆虫的初态幼虫的角色可能因习性和进食方式的不同而多样化。我如愿得到了第三个例子，但不太详细。

还记得三齿壁蜂的寄生虫寡毛土蜂吗？还记得壁蜂的圆柱形卵上附着的纺锤状卵吗？这便是我的观察对象寡毛土蜂。我发现的卵只有一个。虽然我曾经获得过很多寡毛土蜂的茧以及它们的幼虫，但寄生卵只有一个，它产在最高的那个蜂房里面。令人遗憾的是，当时我还不知道幼虫的二态现象，直到我研究了卵蜂和褶翅小蜂后，才对此有所了解。当时我的注意力并没有放在这上面，观察也不仔细，只是一带而过。此外，为了安全，我把打开的树莓段放进玻璃管里，观察这个卵会变成什么样子，这使得无法进行细致的观察。我期待着能够重新做一次这样的实验，以弥补以前过于草率造成的遗憾。我有幸实现了这个愿望，下面就是我的记录结果。

7月21日，寄生卵在壁蜂卵上孵化，模样没有变化。小虫子孵化出来了，它是白色的，半透明，没有足。头和身体之间一道体节能够清晰地看见。头上有很短很细的触角。它的样子不像一只膜翅目昆虫的幼虫，看上去倒像一只鞘翅目昆虫。小虫子很好动，时常扭动着。它将壁蜂的卵咬了几口，于是，壁蜂的卵萎缩变小，然后成为干枯的皮，壁蜂的幼虫就在

巨型褶翅小蜂的初态幼虫

这种初态幼虫长相奇特，身体上的分节十分明显，中间宽，两端窄，浑身透明如玻璃。

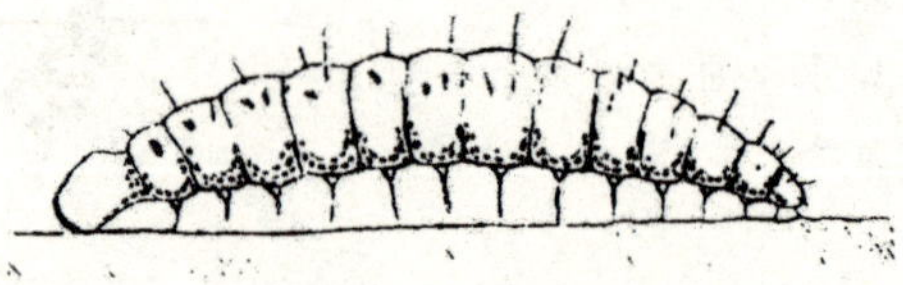

干枯的皮上活动。26日，卵的痕迹没有了，寄生虫也在蜕变。此时的现象打消了我的疑虑，这是一只膜翅目幼虫，此后，它将一动不动，开始享用壁蜂的幼虫。

资料很少，但这足以说明幼虫二态性的基本特征。从卵里刚孵化出的虫子，出来后非常好动，与吃食物的小虫子是不同的。初态的幼虫让人认不出它是膜翅目昆虫的幼虫，还以为它是一种鞘翅目寄生虫。对此，我曾经困惑过，但在蜕变之后，我马上确定了这个生物的特性。膜翅目昆虫特征出现了，那正是我们大家都早已熟悉的生物特征。这种蜕变不仅仅是表皮的更换，而且是一种彻底的更新，一种功能的变化，一种机体的改变。对于这种变化，我因没有仔细观察到而觉得十分遗憾。但这些已足够为寡毛土蜂幼虫的二态现象作个总结了。

初态幼虫的任务是毁坏竞争者的卵。西塔利芫菁、褶翅小蜂的初态幼虫就是这样做的。可恶的家伙毁掉了同胞的卵。为了生存，残酷的竞争、阴险的方法都是必需的！一只小虫子，装备精良，刚从卵里出来就会作战了。它好像就是一个残忍的职业杀手，专门来残杀同胞。当它们完成任务后，摇身一变，就成了平静的食客。

8月24日，我在埃格河冲积平原上，用铲子挖掘六带隧蜂的巢，从土里挖出了几个蜂房，我在这里遇到一种习性古怪的昆虫，它将成为我的研究对象。

蜂房都完好无损，也没有被撬过。我发现每座房子里面都有两种居民：吃者和被吃者。被吃的是隧蜂的幼虫，它已经发育完全，房子里面的蜜已经吃完。一种是长2～3毫米的陌生幼虫，正在吃隧蜂的幼虫。它趴在幼虫腹部的前端，在隧蜂胸节的那个区域用餐。透过玻璃管，我清楚地发现它正在健康地成长着。

陌生的幼虫在发育的后期长到了12～15毫米。它光秃秃的，无毛，白得近似透明，背上的节特别引人注目。它的背有点弓，很像膜翅目昆虫的幼虫。在前三节上，每个节的上方长了两个尖尖的凸起，两边也各有一个乳突，末梢是一个圆扣形凸起。这些凸起是未来的腿。其他节的上方也有四个圆锥形凸起，从前到后凸出程度越来越小，最后一节只有两个凸起。

在8月要结束的时候出现了蛹。它的前胸上有两个圆锥形凸起，穗状，很长；中胸上也长着两个同样的东西，后胸也有，但短了许多。在腹节的前五节上，每个节都有四个穗状凸起，但到了第六、七节只有两个。在9月中旬出现了成虫，从头、触角、退化的鞘翅、翅膀和腿上来看，它原来是真蝽象。

由此我们知道，六带隧蜂的敌人是真蝽。这是个奇怪的鞘翅目昆虫：它有张开的翅膀和退化成小鳞片的鞘翅，看上去像只苍蝇，从它的名字上也能猜到它的形状。这种鞘翅目昆虫的幼虫便以隧蜂的幼虫为食。

我很想知道，这个几乎不能动的无毛小虫是怎么进入隧蜂的蜂房，来到它要吃的幼虫身边的？它的工具太差了，根本不能穿透四周的围墙。以前，在八九月份，我常常在刺芹开着花的头状花序上看到它，但我从没有在隧蜂蜂房里见过它。此外，被侵入的蜂房是完好无损的，根本看不出有动过的痕迹。

因此，我认为，幼虫在刚刚孵化后就存在这样的状态，适合运动，并通过努力穿透蜂房，来到食物的旁边。然后进行变态，开始食用隧蜂的幼虫。一句话，真蟒也有幼虫的二态性。它的初态幼虫可能与卵蜂的初态幼虫功能相似，细小而善动，通过寻找细小的缝隙进入蜂房。

这便是今天我能为这个尚未开发的研究领域打下的基石。四种不同类别昆虫的幼虫二态现象，两个例子很详细，第三例是隐约看到，第四例更有可能向我们展示出一种法则。现在，我们将要面对一个值得研究的生物学法则，这个法则应该是这样的：

当幼虫拥有母亲给它提供的食物时，这是最常见的情况，它唯一的功能就是进食长大，出生后的形态要保持到变成蛹态之前，这叫进食形态。但也有的从卵孵出来时，小虫子要通过斗争，用各种方式找到食物并获取它。它便有了一种过渡形态，即获取形态。这种形态需要断食，唯一的作用就是进入并获得食物。任务完成之后，虫子便改头换面，由黩武的征服者变成安静的消费者。前面一种形态就是我说的初态幼虫，第二种则是二态幼虫。超级变态是从二态现象开始的。

第十二章

步甲蜂

据我了解，人们已经很少谈论标题上的这种膜翅目昆虫了，只在系统分类时的特性简介上有粗略的介绍。有人说，没有故事的人是幸福的。我觉得这句话有道理，但是有一个小故事不会对幸福有太大的妨碍吧。我坚信我不会破坏这种幸福，于是，我尝试用活生生的虫子，来取代钉在软木盒子里的标本。

人们给它取了一个有学问性的名字，源自于希腊文，取“快、矫捷、迅速”之意。很明显，虫子的命名人了解一点希腊文。然而，这个名字取得实在不好，虽然它想向我们展示出一种鲜活、形象的特征，但却给了我们错误的认识。这里的速度是什么意思呢？为什么给我们这样一个词汇？他是要告诉我们，它是一只有着闪电般的速度、跑得飞快的虫子吗？还是说它是干净利索挖掘洞穴的专家、身手敏捷的捕猎好手？实际上，步甲蜂也可以这么称呼，然而在这方面，和它不分伯仲的昆虫比比皆是。例如，飞蝗泥蜂、砂泥蜂和泥蜂，还有许多其他的虫类，无论是飞行，还是赛跑，都毫不逊色于它。筑巢时，这群小狩猎者们是群体出动，在一起吵吵闹闹地干活，迅速完工的功劳也是大家的，它们平分秋色，不能说谁的作用最大。

如果我有权决定它们的命名，我会建议给步甲蜂取一个中意的名字。瞧，“飞蝗泥蜂”就是一个很不错的名字！它既不会造成听觉上的错觉，也不会使初学者产生歧义。我很讨厌“砂泥蜂”这个名字，它会使我将一种在坚实土地上安家的昆虫，误认为是爱好泥沙的虫子。如果我必须在拉丁文和希腊文之间取一个能立即使人想到虫子主要特征的称呼，我想说的是：喜欢蝗虫的虫子。

装甲车步甲蜂

在运输猎物回巢时，装甲车步甲蜂的做法与飞蝗泥蜂一样，也是牢牢抓住猎物的触角，让它头朝洞口慢慢拖进去。

整个直翅目昆虫大家族都喜好蝗虫，这是一种专一的喜爱，世代延续，时间也动摇不了它。英国人吃烤牛肉，俄国人吃鱼子酱，那不勒斯人吃通心粉，皮埃蒙特人吃玉米粥，卡班特拉人吃提安[①]和步甲蜂吃蝗虫。以这样的叙述来描述步甲蜂，显然确切得多。在步甲蜂的食谱中，吃的是和飞蝗泥蜂一样的菜肴，于是，我勇敢地把它们联系在一起。然而，昆虫分类学者逃避活生生的现实，而参照死的标本，根据翅脉和触须节的不同，不把它们分成一类。而我甘愿被人误解，从它们的饮食中试图找到二者之间的关系。

我知道，在我生活的地方，有5种以直翅目昆虫为食的步甲蜂。例如，肚子底部有一条红带、很稀少的装甲车步甲蜂。我有时会在坡上和小路两旁遇见它。它在那里挖了很多的洞穴，最深的也不过1法寸，洞与洞之间并不相连。它的猎物是一种身材一般的蝗虫的成虫，这和白边飞蝗泥蜂有着相同的口味，可见，这一个喜欢的食物另一个并非就会讨厌。捕猎时，装甲车步甲蜂牢牢地抓住猎物的触角，把它运输到洞口旁边，让它头朝向洞口，这跟飞蝗泥蜂的做法一样。另外，它还用坚固的石板和细细的砂岩，暂时盖住事先准备好的地窖，以防止它不在家时有过路者打扰，或者是由于土坍塌而堵住了洞。同样，白边飞蝗泥蜂也采取这种小心谨慎的办法。可见，它们具有相同的饮食和习惯。

步甲蜂将洞口打扫得干干净净，然后独自进去了。一会儿，它又把头冒了出来，紧紧地抓住了猎物的触角，一步一步倒退着把猎物拉进去后藏好。照着曾经戏耍飞蝗泥蜂的做法，我对它也如法炮制。步甲蜂进入洞穴后，我偷偷地将猎物挪走。当步甲蜂伸出头时，发现放在

①提安：以蔬菜和鱼为主的混合食物。——译注

门口的食物不翼而飞了，于是，它只好无奈地走出来，重新去抓猎物，又放在了门口。放好后，它又独自跑进了洞里。它刚一进洞，我再次将猎物拖到很远的地方。步甲蜂只好莫名其妙地又跑出来，再重复上次的过程。但是，无论我重复多少遍这种实验，它每一次都是自己先进洞。其实它如果想停止我的戏弄很容易，就是自己和猎物同时进洞，而不要先把猎物放在门口。然而，它却始终都没有这样做，它坚持按照种族的习惯，坚持复制祖先的做法，即便是可能会因这种古老的习惯而遭受损失。这跟我多次戏耍的黄足飞蝗泥蜂一样，愚笨保守的黄足飞蝗泥蜂，什么也不忘又什么也不学。

还是不要打扰它的工作吧，我停止了对它的戏弄。于是，蝗虫被慢慢地拖进了洞中，接下来，步甲蜂会将卵产在已麻醉的蝗虫胸部。每个蜂房仅仅安放一只猎物。最后的工作是封口，它首先在上面铺一层砾石，这是用来防止房间里的土石塌方的；然后盖上一层尘土，这样可以将地下居所遮掩得严丝合缝。现在，所有的工作宣告结束，步甲蜂也不会再光顾这里了。因为步甲蜂具有流浪的习性，它的洞穴分布在各处，接下来，它就要赶到别的洞里去了。

8 月 22 日，我在村子里的一条路上看到了一个储存了食物的蜂房，7 天过后，茧也做好了。我很少见到步甲蜂生长这么快的例子。从茧的形状和组织上看，很容易使人联想到泥蜂的茧。步甲蜂的这个茧非常坚硬，而且矿化了，也就是说，无数的丝线牢牢地缠绕在厚厚的砂石镶层中。在我看来，这件混合式艺术品应该具有类属的特征，至少我在 3 种虫子的茧里看到过。如果说步甲蜂从食性上与飞蝗泥蜂是近在咫尺，

蝗虫成虫和1龄幼虫

蝗虫的一生是从受精卵开始的，刚孵出的幼虫没有翅，能够跳跃。幼虫一生要蜕 5 次皮，第一次蜕皮是 1 龄，以后每蜕皮一次，增加 1 龄。3 龄以后，慢慢长出翅芽。

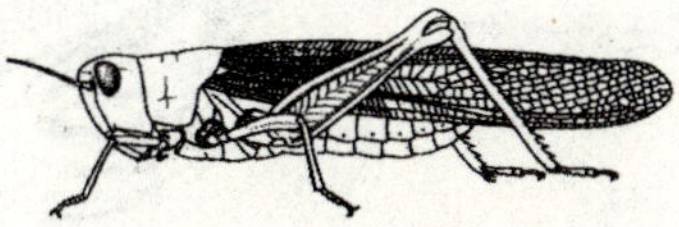
成虫

龄细虫

那么在幼虫的技艺上却是相隔千里。步甲蜂是一些将沙子镶在丝网上做马赛克的专家，而飞蝗泥蜂只是普通的纺织工。

跗猴步甲蜂身材较小，穿着黑衣，腹节边缘还镶着几道细绒银色饰带，它们常常成群结队地聚集在软质砂岩的峭壁上。它的工作日期是在八九月份。如果岩层中的矿质很容易开采，它就会把巢穴建成一个连着一个。所以，只要找到这样的矿脉，自然就会找到一大片它们的蛹房。一个阳光明媚的日子，在离我家不远的一个采沙场里，我没花太大的工夫，就找到了一大捧跗猴步甲蜂的蛹房。除了有一些细微的区别，它和装甲车步甲蜂的茧没有太大的不同。它们贮藏的食物是身长在 6 ~ 12 毫米之间的小蝗虫。对于幼嫩步甲幼虫来说，蝗虫的成虫味老肉硬，因此不列在幼虫的食谱之内。幼虫所有的当家菜都是翅膀刚刚开始长出、背上光秃秃的蝗虫幼虫，好像某种窄礼服的短燕尾。食物必须肉嫩，因而很小，那么，要满足一定的进食量，显然要增加数量，所以，在每个蜂房里能看到 2 ~ 4 只蝗虫幼虫。等到有合适的机会，我将研究这种食物分配方式的其他原因。

弑螳螂步甲蜂披着一条红带子，和装甲车步甲蜂一样。我认为它并不是广泛分布。我认识它是在塞里昂茂密的森林里，它住在或者说曾住在这些细沙堆里，因为我担心由于我曾经经常的挖掘，导致现在它们人丁稀零甚至家破人亡。一阵凉风吹来的细沙，堆积在香气袭人的迷迭香花丛中，形成了小沙丘。除了这个集居地外，我没在别处看到过它们。有很多关于它的故事，涵盖了它的整个成长发育过程。当下，我只说说它储存的食物，一些螳螂的若虫，大多是修女螳螂。在我的笔

卡罗来纳螳螂

这是北美分布广泛的一种螳螂科虫。

记中，每个蜂房里储存 3 ~ 16 只若虫。这里又出现了很不平均的食物配给，在今后将会探讨这种分配方式的原因。

下面我将对黑色步甲蜂说些什么呢？我已经在黄足飞蝗泥蜂的文章里描述过它。我在那里讲了它和飞蝗泥蜂之间的斗争，还认为它强行霸占了人家的蜂巢。此外，我还说过它在路边牵拉一只麻痹的蟋蟀触角，说过它犹豫得像一个随遇而安的流浪者，说过它将猎物放在一边时的满意和不安。我只观察记录了它和飞蝗泥蜂的争斗。我看过许多次战争，但从没有看过除了斗争以外的事情发生。尽管在我家周围经常见到它，但它仍旧是一个不解之谜。我不了解它的住房、幼虫、茧和家人的行动。从它捕获的猎物上看，我知道它是用蟋蟀哺育幼虫。

尽管我知道应该很谨慎，但还是存在这样一个疑问：黑色步甲蜂是专门打劫别人的强盗，还是循规蹈矩、老实巴交的捕猎者？我以前怀疑过装甲车步甲蜂利用白边飞蝗泥蜂的猎物。现在我能确定是误会它了，它是一个勤勤恳恳亲手捕猎的劳动者。在真相还没水落石出、我的怀疑还没消除之前，我先说一下对黑色步甲蜂的一些了解：它以成虫形态过冬，还会走出处所。一处光秃秃的陡直小坡，就是它一见倾心的温暖处所，过冬的方式与毛刺砂泥蜂相同。我确信不管在冬天什么时候，只要稍微挖开布满通道的土层，就会看到它们一个个蜷着身体躺在通道最里面。如果一二月份天气清爽、温度适宜，它便从洞里爬出来，到斜坡表面懒洋洋地来个日光浴，看看春天到了没有。当天阴、温度降低时，它会重新回到地下的暖房里。

弃绝步甲蜂是家族里的身高体大者，与朗格多克飞蝗泥蜂不分上下，在肚子上同样也披着一条红色条带，是同属中颇为罕见的一种。我看见过它也只有四五次，它总是单枪匹马地出现，能给我创造非常好的条件，使我几乎能确定出它的猎物的特性。弃绝步甲蜂在地下狩猎，这一点跟土蜂一样。9月的一天，我看见它麻利地钻进了刚刚下过小雨的疏松的土壤里。根据地面高低起伏的状况，我可以观察到它在地下前行。它像一只鼹鼠，钻入草地寻找白色的蛴螬。它出来的位置与进入地下的入口之间大约相隔1米，要花好几分钟才能走完这么长的地下路程。难道弃绝步甲蜂有着天赋异禀的挖掘本领吗？绝对没有，可能它是一位强健的矿工，但它不可能在这么短的时间内完成这么大的工作量。它能够在地下如此迅速敏捷，那是因为它走的是别人留下的路。现成完整的道路在它还没进入地下时，在地表上就能一览无余了。

在地表不到两步的范围里，裂开的土形成一条大约有一个手指宽的弯曲的带子。在这条带子上又很不规则地分布出一些短的小带子。不懂昆虫学的人也能一眼看出，在这些稍稍鼓起的土带里，有昆虫界鼹鼠之称的蝼蛄曾经走过。这就是它在寻找合适的树根时，挖得曲折蜿蜒的地下通道，一条长长的主干道上连接四通八达的勘探支道。弃绝步甲蜂对空着的或者只被坍塌物堵住的通道能够一马平川，这就是为什么它能在地下畅行的原因。

我几次有幸在地下观察到它，然而它在那儿忙什么呢？如果没有目的，弃绝步甲蜂是讨厌长距离地下行走的。它这么做一定是在寻找幼虫的食物。是的，它利用蝼蛄修的道路，寻找自己的猎物——蝼蛄。由于蝼蛄成虫很大，它很可能把若虫当做猎物。另外，它不仅要考虑数

蝼蛄及其开掘足

直翅目蝼蛄科。触角短于体长，前足开掘式，缺产卵器。中国已知有华北蝼蛄、台湾蝼蛄、非洲蝼蛄和欧洲蝼蛄四种。

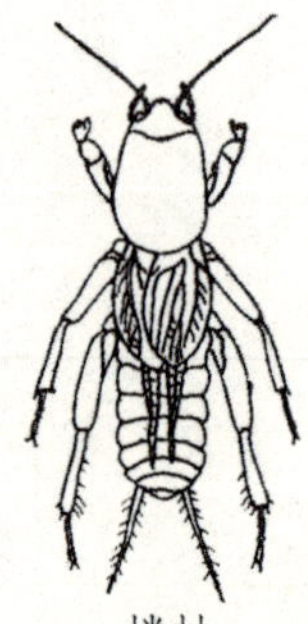
蝼蛄

蝼蛄的开掘足

量，还要考虑质量。皮肉鲜嫩的若虫很适合弃绝步甲蜂的胃口，这一点都已经在跗猴步甲、黑色步甲、弑螳螂步甲身上得到了体现，三者都选择了自己的幼虫能吃得动的食物。不用说，弃绝步甲蜂一从地底下钻出来，我立马就挖开了所有的通道，但是弃绝步甲蜂和我都迟了一步，蝼蛄早就跑得无影无踪了。

唉！我当时确定步甲蜂喜欢蝗虫是合乎道理的吗？难道种族的食物规范一定要保持不变吗？它们有什么样的尺度，食物虽然各不相同，但是并没有超过它们共同的属性——直翅目昆虫。看看蝗虫、蟋蟀、螳螂和蝼蛄的外形吧，有什么共同点呢？面目全非。我们当中的某些人，即使不懂解剖学上的精细分类，也不会将这些虫子划成一类。当然，步甲蜂自己也不会弄错，它是按照与拉特雷依学说相悖的本能进行分类归属的。

如果看到一个洞里的食物种类丰富，这种通过本能进行生物分类的学说会令你瞠目结舌。例如弑螳螂步甲蜂，它毫不分辨地就将附近所有的螳螂尽收囊中。我见过它储存了我居住区域内我仅认识的三种螳螂：修女螳螂、灰螳螂和椎头螳螂。步甲蜂房储存最多的是修女螳螂，其次是灰螳螂。由于椎头螳螂在附近的灌木丛中相对稀少，在步甲蜂的储藏室里的数量自然也就减少。但它的重复出现仍可证明，步甲蜂一旦遇上它还是不会放过的。三种猎物都是翅膀刚刚长成雏形的螳螂幼虫，不过它们的身材差别较大，长度在 10 ~ 20 毫米之内。

修女螳螂全身是一种赏心悦目的绿色，前胸很长，步伐敏捷；灰螳螂全身蜡灰色，前胸较短，步履沉重。然而，不管是绿的或灰的体色，

弑螳螂步甲

这种昆虫的主要捕猎对象是螳螂，它附近地区任何一种螳螂都难逃它 的捕猎。

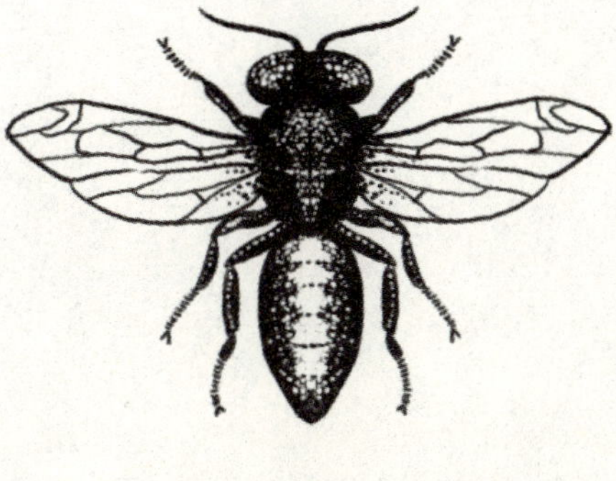

还是敏捷或缓慢的步伐，都不能影响步甲蜂对猎物的兴趣。对它来说，模样不同不要紧，只要是螳螂就行了。

关于椎头螳螂有什么要说的呢？在我们的国家，它是昆虫界里最古怪奇特的小家伙。孩子们为它取了一个名副其实的绰号——“小鬼虫”。椎头螳螂确实是一个精灵，是一个值得用碳笔描绘下来的魔鬼幽灵。即使是“圣安东的诱惑”中怪诞恐怖的妖魔，和它相比也显得黯然失色。它平平的肚子边上有齿形的纹饰，形成拱状；锥形的头上有两个发散性的角，像两把锋利的小匕首；小小尖尖的脸可以左顾右看，活似一张魔鬼狰狞的脸；长长的腿在关节处有层叠的附属器官，就像古代勇士肩上佩戴的尖锐臂铠。从四条长长的后腿上，它高高竖立起了身体，腹部回卷，胸节挺直，用于战斗捕猎的前腿紧贴着前胸，站在一根左摇右摆的树梢上轻轻地晃动着。

恐怕第一次看到它这种可怕的威风凛凛的姿态的人都会吓一跳。但是，步甲蜂没有露出丝毫的惊恐，一看到它就会立即上前抓住它的脖子，迅速插入尾部的尖针，于是，给它的孩子俘获了一道美餐。那么，步甲蜂是怎样辨别出椎头螳螂和修女螳螂是同室一脉的呢？当步甲蜂在远行狩猎中已经熟悉了修女螳螂后，半途突遇小鬼虫时，它是怎么知道这个外形古怪奇特的家伙也是一道可以放进储藏室的美餐呢？对于这些疑问，我不知如何作答，给不出来有价值性的答案。我已经陷入了其他的杂食性昆虫的食性复杂的泥潭中，而且还会有其他昆虫再给我制造谜团。我以后再来讨论这个问题，但不是为了解决它，而是要表明这个话题是多么的意义深远。下面让我们瞧一瞧弑螳螂步甲蜂的事迹。

我观察的对象定居在细沙丘里。两年前，为了得到几只泥蜂的幼虫，我自己切开了这座细沙丘。步甲蜂住宅的大门朝着切面的小竖坡。7月刚开始，蜂儿们就忙得热火朝天、如火如荼。我想在它们工作的半个月前就应该动工了，因为我发现了一些发育得很成熟的幼虫，还有一些新茧房。就在那里，100只雌蜂，有的不停地挖着沙土，有的长途奔袭而归。它们的洞穴一个挨着一个，整个覆盖面大约有1平方米。这个热闹的小市镇，面积虽然不是很大，但人口众多，它向我们展示了以螳螂为食的步甲蜂素质的一面，而吃蝗虫的装甲车步甲蜂虽然外表相似，但却没有这个优点。尽管弑螳螂步甲蜂工作时单枪匹马，但还是过群居生活，这跟飞蝗泥蜂相同；然而，装甲车步甲蜂则喜欢独处一地，跟砂泥蜂一样。但是，无论外貌还是干活方式，都不能决定它们的社会性。

雄蜂在太阳下的沙地上或坡底下舒服地蜷缩着，静静地等候着路过的雌蜂，与它们谈情说爱。其实，痴情的雄蜂模样很可怜，身长只有雌蜂的一半，体积只有雌蜂的3/10。远远看去，它们的头上仿佛披着一种色彩鲜艳的缎带；近观时，它们头上确实带着几乎能使人眩晕的柠檬黄头饰。

到上午10点钟时，暑气开始让人烦闷难耐，在一块面积不大的狩猎场里，弑螳螂步甲蜂无数次往返于洞穴、草丛、不凋花、百里香和蒿属植物之间。旅程如此之短，膜翅目昆虫常常只要飞一下就可以把猎物带回家。它牢牢地提着猎物的前部，同时也有利于顺畅地将猎物储

修女螳螂的前足

修女螳螂的前足极具杀伤力，可是当它折叠时就像在虔诚地祈祷。

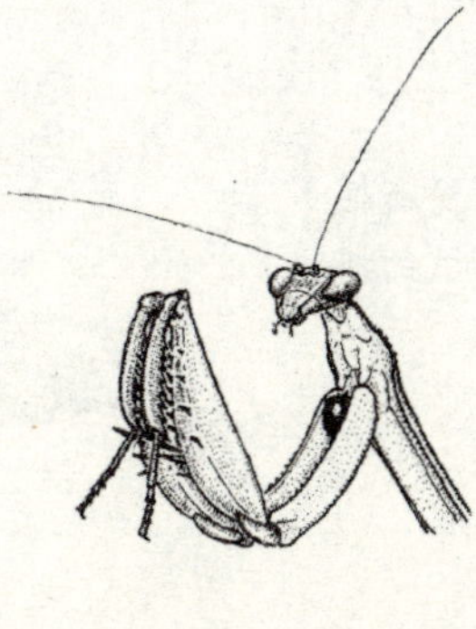

存起来。因为螳螂的腿这样会沿着身体的轴在后面拉长，而不是横着折起来或弯起来，这样进入狭窄的洞穴时，长腿就不会成为阻碍。长长的猎物在弑螳螂步甲蜂身下悬空晃动、麻痹、没有一点生气。它一直不停地往前飞，然后降落在自家的门口，迅速地将螳螂拖在身后带进了洞中。可见，它和装甲车步甲蜂的习惯截然不同。有一种常发生的情况就是雌蜂到来时，一只雄步甲蜂突然迎头而至，然而雄蜂却会受到雌蜂冷漠无礼的怒斥，因为现在是工作时间，而不是寻欢作乐的时间。于是，碰了一鼻子灰的雄蜂重新回到了阳光下，开始继续等候，而家庭主妇们则忙着不停地储存食物。

不如意事常八九，困难总是如影随形，我说一件发生在储存时的倒霉事吧。离洞口不远处，一株古怪的植物把虫子给粘住了，这是来自于葡萄牙的一种蝇子草属植物，生长在海滨的沙丘上。然而，它却偷偷地跑进了内陆并且蔓延到了我们的地区，也许它是上新世古海幸存下来的海滨植物吧。海消失了，它却存活了下来。无论在分支还是在主茎干，这种蝇子草属植物的大部分节间里，都有一个宽 1 ~ 2 厘米、上下界限明显的黏黏的环状物。环状物上的黏胶呈淡褐色，具有非常强的黏性，只要稍微被碰到，就会立刻紧紧被它粘住。我见它粘住过小飞虫、蚜虫、蚂蚁和从菊苣头状花序上飞来的带冠毛的种子。一只和反吐丽蝇一般大小的虻，在我眼皮底下中了埋伏。一碰到这危险的环状物，它的后跗节就立即被粘住了。于是，这只虻拼命挣扎，从上到下使劲地摇晃着这株细细的植物。它好不容易刚把后腿跗节挣脱了，前腿跗节又被粘上了，无奈只好从头再来。我很想知道它有没有解脱的可能，

螳螂捕食苍蝇

螳螂是中到大型的半变态捕食者，通常采取守株待兔式的捕猎方法。

在整整激烈挣扎了15分钟后，它最终还是逃脱了。

但是，在虻能幸免于难的地方，小飞虫、有翅膀的蚜虫、蚂蚁、蚊子和其他许多小虫子往往在劫难逃。那么，植物要用它粘住的猎物做什么呢？这些植物枝干上挂着翅膀或腿的尸首有何用途呢？用黏胶捕虫的植物能从这些战利品身上得到什么益处呢？一位进化论者认为有食肉型植物的存在，那么，他就应该拿出证据来。就我个人而言，我是不相信这种危言耸听的谬论的。对蝇子草属植物上为什么会绕着黏带我一无所知。有些不小心掉进了这个陷阱的昆虫，对植物有什么用？一点用也没有。大胆的人会相信这种奇怪的谬论，他认为植物枝节里渗透出来的黏液是一种消化液，能把捕获来的小虫消化成肉浆，然后为植物提供营养。我想说的是，被粘上的虫子并没有变成供给营养的肉浆，而是被太阳光烤成了毫无用处的干尸。

我再回过头来说说步甲蜂吧，它也会掉进这个陷阱。忽然，一只狩猎的步甲蜂带着它那长长地垂着身体的猎物飞来了。它飞翔的位置与蝇子草属植物的黏液贴得很近，不幸发生了，螳螂的肚子被粘住了。步甲蜂一边始终往前飞，一边紧紧地拉着猎物，试图想把猎物拽出来，这样至少僵持了20分钟。步甲蜂通过牵引的方法最后以失败告终，它累得筋疲力尽，也不再尝试别的办法，而是向蝇子草属植物妥协了，果断地放弃了自己的猎物。

对于进化论者来说，这是一个千载难逢的机会，可以使他光明正大地赋予动物理性的光芒。请不要将理性和智力混淆，但是人们往往会犯这个错误。我对这当中的理性给予否定，但在一定范围内的智力是无可非议的。我说，该去运用推理了，去了解中断的原因，找出困难的根源。对于这只步甲蜂而言，事情非常简单明朗，它只要直接在猎物被粘住的肚子上方紧紧抓住猎物，就能一下把它拽出来，而不是一味地死死抓着颈部。但是，昆虫无法解决这么简单的力学问题，因为它不会猜想半道被截断的原因，更不会从结果中推断出起因。

有一些吃糖的蚂蚁，习惯过一座步行桥到达糖仓，可是当桥的中间断开一小段时，它们便无法通过了。其实，它们只要衔几粒沙子填在断缺处，就能连通桥梁，困难很容易就解决了，但是它们一点也不这么想。要知道，蚂蚁生来就是勇敢的挖土好手，能堆起好几座土石小山。我看到过它们毫不费力地堆起巨大的锥形土丘，因为这是本能的工作，但却从未见过它们连着在断桥放上三小粒沙子，因为这是理性的工作。所以，蚂蚁和步甲蜂一样也不具有推理能力。

诡计多端的狐狸被驯化后面对饭盆时，只会使尽浑身解数，拉扯它的绳子，但食物还和它相差一两步远。它像步甲蜂一样使劲拉，却只是在白费力气，最后只能心有不甘地躺下，用贪婪渴望的目光盯着饭盆。可是，它为什么不转身呢？如果它转身趴下来延长自己的触及范围，也许后腿就可以够得着，能将饭菜划向自己。可悲的是，它没有想到这个好主意，仍旧是没有理性的表现。

我的狗布尔也不会更聪明，只不过通人性而已。当我们穿越树林时，它时常会被拴野兔的黄铜连环套住。它像步甲蜂一样拼命地拉，结果反而是越拉越紧。当它无法用牵拉的力量弄断绳子时，就必须靠我帮忙了。当门露出一条缝时，它为了出去，就只会把头伸进去，像光线射进很窄的小角落里一样。然后，它往前冲。狗天真的做法只会招致一个必然的后果：门闩被朝后拉时，门会关得更紧。它只要用腿将门闩拉向它，门立即就被打开了。但这是一种与自然冲动相反的后退运动，它是想不到的。因此，这也是一个没有理性的家伙。

步甲蜂固执地向前拉扯粘住的螳螂，不知道灵活运用别的方法将螳螂从蝇子草属植物的黏状物里拉出来。这向我们显露出膜翅目昆虫呆板的一面。智力何等低下啊！昆虫只有在解剖学方面才展示出值得夸耀的本领。我不止一次地强调令人迷惑的本能科学，现在又在冒险重复。见解就像钉子，只有连续地敲打才能深入进去，我希望能用一次次令人惊讶的事实来启示那些最无动于衷的人。但是，这一次我将反其道而行之，换句话说，我首先进行推理总结，然后再对昆虫的知识验证探讨。

我们能够从修女螳螂的外部结构一目了然地看到它神经中心的位置，步甲蜂就是要刺伤这些神经达到麻醉的目的，这样可以不损伤猎物而活生生地吃掉它。修女螳螂狭窄修长的前胸把一对前腿与两对后腿远远地分开。因此，前面应有一个孤立的神经块，后面大约1厘米远的地方会有两个紧挨着的神经块。解剖证明了我的推断：胸部有三大块与腿的分布一致的神经，第一块处在前面控制前腿，这是三个当中最大的、最重要的一块，因为它掌管着螳螂的武器——两只成锯齿状、挂有铁钩的有力的前臂。后两块与第一块隔了整个前胸，每一块都主管对应位置的那双腿，因此，两块离得不远。在此之外，还有腹部神经，我就不再赘述，因为步甲蜂进行麻醉时不是经常涉及它，腹部只是简单的摇动运动，没有任何威胁。

眼下让我们对这个没有理性的家伙进行推理。步甲蜂体小质弱，而螳螂却相对高大强壮，因此，猎手必须在三招之内让猎物束手就擒。第一步该怎么做？因为螳螂强壮有力的前臂是真正可怕的战斗武器，是一双锋利的长齿。当它弯起来的时候，胆大妄为的冒失鬼一旦被夹进两片锯刀间，立即就会粉身碎骨。如果一不小心碰上了末端尖锐的钩子，马上就会被钩得肠穿肚烂。因此，这个战斗力极强的武器潜伏着巨大的危险，必须冒着生命危险第一个去除，剩下的就不足为虑了。所以，步甲蜂第一针就应小心翼翼地蜇向猎物可怕的前腿。但是这样做步甲蜂自己也冒着极大的风险，不能有片刻的犹豫，迅速地出击并且要一击命中，否则一旦被长齿抓住，后果可想而知。步甲蜂对剩下的两对腿根本不放在眼里，如果只从自身安全考虑，完全可以不管它们，但步甲蜂要为卵着想，作为粮食的螳螂需要一动不动的，因此对后腿的神经块进行麻醉手术也不能忽略。这个时候，螳螂已没有了战斗力，有充裕的时间完成后腿的手术。这两对腿和它们的神经块与第一个攻击点离得很远，中间有一段长长的前胸，完全没有必要对前胸下针，因此，要跳过这段距离去蜇刺第二个神经块，然后是紧挨着的第三个。一言以蔽之，整个手术按照这样的程序：第一针刺前腿，接着往下大约1厘米，在紧挨着的两个神经点上再戳两针。这是人类的推理，遵循解剖学的理性。推理完了之后，让我们看看虫子的临床手术。

要想让步甲蜂在我的眼皮底下手术也不是一件难事，只要运用一下偷梁换柱的小伎俩，也就是说用一只差不多大小的活螳螂换走它的猎物。尽管对于绝大多数步甲蜂来说，这种伎俩是不可行的。因为它们一下子就飞到家门口，毫不停顿就带着猎物钻进了洞里。但是偶尔也有几只长途奔袭回来的家伙，也许是不堪重负，会在离家还有一段路程的地方小憩一会儿，甚至放下猎物。于是，我利用这个机会导演了这场戏。

步甲蜂很快就发现了，丢失的猎物被替换了具有强大反抗力的螳螂。或许是为了威吓，原本一直安静的它现在发出嗡嗡的声响，始终跟在螳螂身后迅速地摆动飞翔。这种飞翔只是没有垂线的钟摆式的加速来回。螳螂肆无忌惮地用四条腿站立，高高地竖起前半身，那双长齿不时地打开、关上、再打开，向对手耀武扬威，并且将头朝左边转转，又朝右边扭扭，很像人们借助肩膀环顾扫视。它面对着步甲蜂，严阵以待地准备随时反击。这是我第一次亲眼目睹这种毫不畏惧的防卫。接下来将会发生什么呢？

步甲蜂继续在后面不停地摆动着，以防止被螳螂可怕的前腿抓住，当它觉得螳螂已经被它摆得晕头转向的时候，就一下子扑到螳螂的背上，用大颚死死地抓住它的颈部，用腿绕住猎物的胸部，匆忙迅速地在前腿那儿使劲地刺了一针。得手了！极具威胁的长齿无力地垂了下来。于是，步甲蜂像从一根桅杆上滑下来那样，在螳螂的背上往后退到大约一指宽的地方停住。这一次，它悠然自得地麻醉了两对后腿。大功告成后，猎物一动不动地躺在地上，只剩跗节还在抽搐着。最后，步甲蜂神情怡然地擦擦翅膀，舔了舔触角，这是战斗胜利后平静下来的表现。不久后，它重新抓住猎物的颈部，绕住，带着它飞走了。

看过这场精彩的表演后，你们有何感想？学者的理论和虫子的实践是不是不谋而合呢？解剖学和生理学所预测的，昆虫不是尽善尽美地做到了吗？本能是先天的馈赠，是无意识的行动，与理论相差无几。最令我震撼的是第一针过后的后退，毛刺砂泥蜂在给它的幼虫做手术时也后退，但那是一步步从逐个体节的后退。它对手术的精细考虑可以从用力相同上找到答案，但是步甲蜂对螳螂却不能使用这种方法去论证。步甲蜂的针是无规则地刺上去，没什么章法，如果它不依照猎物的组织结构，就不会做到这些。因此，步甲蜂知道猎物的神经中心位置；或者更形象地说，它的行为使它看上去好像成竹在胸一样。

这种不为所知的精湛的麻醉技艺，整个步甲蜂家族不是通过一代又一代的后天完善得来的，也不是通过先天遗传。我可以成百上千次证明这种精湛技艺绝对不可能通过后天实践学会，因为如果第一次失手就会死无葬身之地。如果说是遗传可以将很小的成功通过积累变大，然而，新手只要弄错了一点前腿的方向，就会成为长齿的刀下之鬼，反而变作凶残的螳螂的美餐。捕猎蝗虫失败后，温和平静的蝗虫都会有出其不意、攻其不备的反抗，肉食类的螳螂会捕猎比步甲蜂更强壮的猎物，当然更会反抗甚至吃掉粗心大意的步甲蜂。猎物吃掉猎人，多么绝妙的反捕行为！螳螂麻醉师是一份非常危险的职业，容不得半点闪失，必须冒着生命危险第一次就得干出漂亮的活。因此，这种麻醉技艺是步甲蜂后天学不会的。如此看来，如果这种技艺不是普遍存在于所有活生生的步甲蜂身上，那又能从何而来呢？

如果拿走修女螳螂，换上一只小蚱蜢，又会怎样呢？在我饲育的过程中，我发现步甲蜂幼虫很喜欢这种食物。可是，让我惊讶的是，

飞蝗的散居型与群居型

直翅目蝗科。前胸背板中隆线发达，从侧面看呈弧形的为散居型，微凹的是群居型。

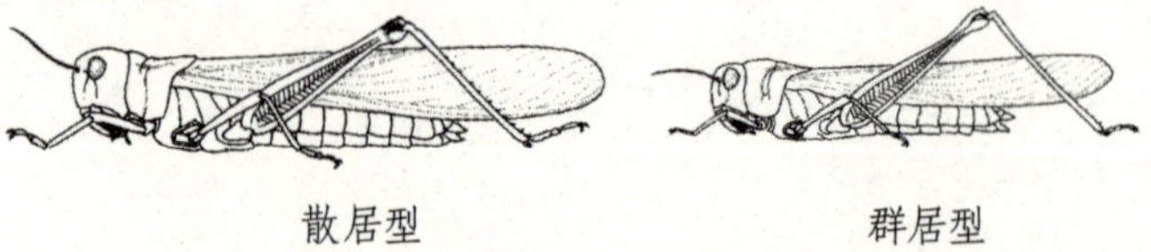

弑螳螂步甲蜂并不采取跗猴步甲蜂的做法，舍弃危险螳螂，去捕猎危险性小的蝗虫作为孩子们的食物。不管怎么说，同样都可以作为食物，而且没有了可怕的长齿的威胁。对于同样可以吃的猎物，也同样采用麻醉的方法。那么，麻醉师是依然在颈下刺一针再突然退后，还是更改手术的步骤呢？

后一种假设是不会发生的。推想麻醉师会因猎物的类型不同而变化麻醉地点和次数是荒谬绝伦的。它熟练地掌握了上天赐予它的本职工作，但除此之外便一无所知了。前一种假设似乎有发生的可能，有一定的实验价值。

我将步甲蜂的螳螂换上一只小蚱蜢。为了防止小蚱蜢活蹦乱跳，我剪除了它的后腿。残废的小蚱蜢在沙上快速地移动，步甲蜂在它身旁逗留了一会儿，瞥了几眼，最后什么也没做就离开了。无论我提供什么猎物，实验全部都失败了。步甲蜂很快就发现我提供的猎物与它毫无瓜葛，也不是它的孩子要吃的美食，它甚至连碰都不碰一下小蚱蜢就跑开了。

我说过我养的步甲蜂幼虫是吃小蚱蜢的，就像吃小螳螂一样，这种固执不是由于饮食上的理性动机。这两种都是步甲蜂幼虫的美食，小蚱蜢和小螳螂它都吃得津津有味。然而，步甲蜂母亲却不喜欢小蚱蜢，它为什么会讨厌小蚱蜢呢？我只看出一种解释：这个不属于它的猎物，也许像陌生人一样让它畏惧，凶残可怕的螳螂不会吓倒它，温顺平静的蝗虫反而让它心有余悸。此外，即使它不害怕，它也不知道如何控制蝗虫，尤其不知如何进行麻醉。每人都有自己的专业，每个虫子的螫针只刺向特定的位置。条件只要改变一点，这些技艺精湛的麻醉师便英雄无用武之地了。

另外，织茧的艺术也不尽相同，彼此之间千差万别，幼虫展示了它们不同的本能方法。泥蜂、大唇泥蜂等其他挖掘者造的是复合式公寓，像果核一样坚硬，并在丝网中镶嵌了沙粒。我们已经了解了泥蜂的杰作，泥蜂幼虫先是用白色的纯丝织出一个敞开口的水平锥形囊，并有丝线将它与蜂巢里的隔墙固定起来，这个囊的形状就像一个渔网。幼虫不需要离开家，而是把脖子伸出大门，在外面采一小堆沙粒，储存到工地内部。接着它一粒一粒地挑选，将沙粒镶嵌在身边的丝囊里，然后吐丝器吐出液体，液体不久就会变硬，凝固住了沙粒。当工作完成时，它还要关上居所。可是，在此之前屋门一直大开，因为随着内部的沙粒用完，它还要不断地储存新的沙粒。最后，它在开口处织出一个丝质的帽状拱顶，并把余下的材料全都镶了进去。

尽管步甲蜂是用另外的方式建造房屋，但是竣工后的杰作与泥蜂的没有什么区别。幼虫先是在身体中部的周围织上一圈丝线分布不规则的丝带，并和蜂房的隔板相连。在幼虫能触及的范围内，一些沙子堆在这个基架上。于是，步甲蜂开始干活了，使用的材料是沙粒和吐丝器里的分泌物。第一步是在环形丝带上铺一层沙土，然后再浇上分泌的黏液将其牢固。最后如法炮制地一圈一圈建造，直到房屋达到正常的一半长度后，就形成一个圆帽形，最终关闭起来。步甲幼虫的建筑法如同建造一条环形路的砌石工一样，在一个类似转塔的狭窄通道里，它占据着中心，绕着向四周放置材料，不断地给自己套上砖石套子。当

泥蜂的茧

各种蜂的织茧手法不同，泥蜂的茧好似渔网一样，一个锥形囊被白色丝线固定在蜂巢里。

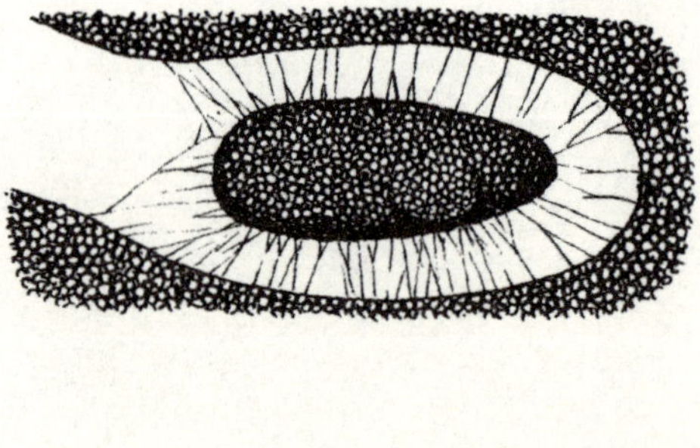

建造房屋的后半部分时，幼虫转过身，用同样的建造法进行后半部分的建造。大约花去一天半的工夫，坚固的房屋就造好了。

看一看泥蜂和步甲蜂这两位同行，用不同的方式居然造出了相同的艺术作品，是颇有趣味的。泥蜂开始用一堆纯丝，随后在内部用沙粒镶嵌；步甲蜂是更大胆的建筑师，直接省下丝墙，只用悬带层层建造。相同的建筑材料——沙子和丝；相同的工作地点——沙地。然而，每个建造者都有自己独特的技术、工期和操作方法。

与居住地、用材一样，食谱对于幼虫的本领也不起作用，大唇泥蜂为我们提供了有力的证据。强壮的大唇泥蜂在软砂岩里挖洞，它像弑螳螂步甲蜂一样，捕猎同一地区的各种螳螂，尤以修女螳螂为最多。只因它强壮的身材需要更大的食量，一般一个蜂房储存 3 ~ 5 只，但不需要达到成虫的大小。

大唇泥蜂有着更加坚固、宽敞的蛹房，可以和最大的泥蜂相提并论，茧也独具特色，一眼就可以认出，绝无二例。在规则蛹房的边角，凸起了一道粗粗的粘着沙土的垫圈，这样的隆起是大唇泥蜂蛹房的特有标志。

我将从幼虫的蛹室封盖的技艺上找到答案。起初，先将一个锥形的纯白色丝囊织了起来，跟泥蜂刚开始的网相似，只不过这个囊朝前的开口很大，旁边的开口很窄。大唇泥蜂随着内部镶嵌的需要，不断从大口运进沙子，不断地加固蛹室，然后建成了帽形拱顶关闭起来，直到这时还和泥蜂的工作相同。接下来，幼虫开始做装饰完善内部的活儿，为了最后的修补，还需要最后一点沙子。于是，它从蛹室边上特

中国螳螂

螳螂科昆虫，最显著的特点是前胸背板细长。

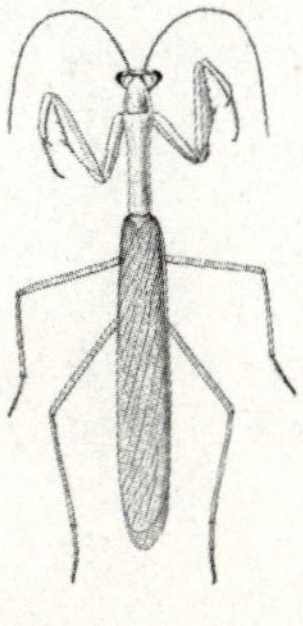

意留下的小窗口伸出头来采集沙粒。采集完后，幼虫就把小窗口也关了起来，并从里到外涂上一层砂岩，这样就在蛹室边缘形成了一个凸起。

在这里，我不对大唇泥蜂进行太多的讲述，因为在别的章节有专门描述。我只对它织外壳的艺术与泥蜂的，尤其是步甲蜂的进行比较，它和步甲蜂都以修女螳螂为食。我通过比较总结出：食物类型、生活环境和围墙材料等这些本能起源的生存条件，都对幼虫的工作毫无影响。以上三个用沙织茧的蜂儿，所有条件相同，尤其是食性也相同，但在做同一项工作时却运用了不同的方式，殊途同归！这是些从不同学校毕业的工程师，尽管学的科目一样，但专业不同。工地、工作和食物都不能决定本能，本能决定法则，但不会听从于法则。

第十三章

三种芫菁

我对芫菁科这类奇特的寄生虫描述得不完整。它们当中的西芫菁和短翅芫菁像小虱子一样，藏在各种食蜜类昆虫的毛皮里，借此混进蜂房，杀死蜂卵，吃掉蜂蜜。在离我家不远处，我意外地得到一只拟蛹，它告诉我，用统筹归纳法往往会出错。根据此前我们得到的材料，我似乎确定：在法国，所有芫青科寄生虫都以食蜜类昆虫储存的蜜为食。这的确是一种很好的归纳，并且很多人都毫不怀疑地接受这一归纳，也包括我。当我们想归纳一个法则时，我们应该凭借什么呢？我们以为自己上升到了一定的高度，事实上却跌落到错误的深渊。芫菁科的法则应从统筹归纳中排除出来，在这一章我将证明。

1883年7月16日，我和儿子埃米尔挖掘着沙土堆。在此之前，我在这里观察了弑螳螂步甲蜂的劳动和捕猎。我是要收集几只掘地虫的蛹房。我用小铲挖出了许多掘地虫的蛹房，就在这时，埃米尔给我一个陌生的东西。我正忙着收茧，也没细看，顺手就把这个东西放进箱子里。我们走在回家的路上，挖掘的热情慢慢地消退，在我的头脑中突然浮现了刚才与茧一起放在箱子里的那个陌生的东西。是不是呢？难道不是吗？是的，正是它。

我自言自语："我亲爱的儿子，你刚才发现了一个宝贝——芫菁科的拟蛹。一个非常有价值的资料，又会填补昆虫奇怪的档案上的一处空白。让我们来看看这个好东西。"

于是，我马上拿了出来，除去上面的泥土，认真地观察。这是一只货真价实的某种芫菁的拟蛹，并且是我从未见过的。但是，我对它们早已烂熟于心，绝不会张冠李戴，我现在看到的是一种和西芫菁、短

豆芫菁

属鞘翅目，芫菁科。主要分布在我国的河北、陕西、山西等省。成虫食大豆、花生等的植物叶子。体长11～19毫米。胸、腹和鞘翅均为黑色。

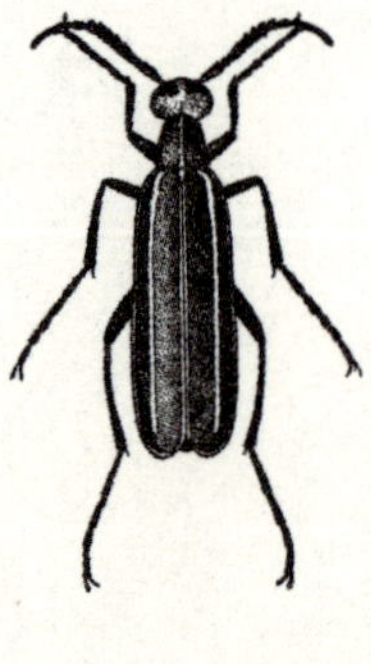

翅芫菁类似的昆虫。此外，更重要的一点是，它是在步甲蜂的巢穴发现的，这暗示了它的习性会截然不同。

“天太热了，我们已经很累了，我可怜的孩子！但是顾不了这么多了，我们原路返回吧。我要找到拟蛹前的幼虫和拟蛹形成的成虫。”

我的激情获得了丰厚的回报。我们发现了大量的拟蛹，还发现很多吃着螳螂的幼虫，而这些螳螂正是步甲蜂的屯粮。拟蛹真的是出自这些幼虫之手吗？我对这种观点尚有一丝怀疑，只有通过家中的饲育才能拨开云雾见月明。我没看到成虫的踪影，让我不能了解它的特性。我期望将来家中饲育出来的成虫能提供这些资料。这就是在沙地的第一条沟里得到的收获。下面的挖掘只是增加了数量，但并没有新发现。

现在我开始进行观察。首先观察这个让我醒悟的拟蛹，这是一个失去活力的身体：僵硬、蜡黄、光滑、有光泽、在头那一边弯曲成钩形。在高倍放大镜下，能看到它的皮肤上长满了很小的略微突出的点，比体内光亮。它连同脑袋一共有 13 个节，背凸腹平，背腹面被一道钝棱隔开。3 个胸节各自都有一对小小的深红褐色锥形乳突，将来会发育成腿。气门一目了然，是一些颜色更深的红褐色的点。最大一对气门在胸腔第二节上，也几乎就在与第一节连接处。剩下还有 8 对气门，最后一个腹节没有，其余每个腹节上各有一对，共有九对，第八腹节上的是最小的一对气门。

肛门没有特别之处。头部长了 8 个深褐色的圆锥形结节状隆起，像腿上的结节。其中 6 个分布在头的两侧，剩下两个长在面部，跟两侧的相比，这两个是最有力的，毫无疑问是大颚的雏形。这个器官生长

豆芫菁的地下卵穴

豆芫菁成虫产卵时会先在地面用口器和足掘一个卵穴，然后把卵产在里面，并用泥土封住，每个卵穴中大约有几十至上百个卵。

发育过程中，长度变化较大，在 8 ~ 15 毫米范围内；宽度变化在 3 ~ 4 毫米。

从总体上观察，它和西芫菁、短翅芫菁和带芫菁拟蛹具有相同的特征：枣色或红褐色坚硬的角质外皮、稍微的隆起头部模型、胸腔凸起和气门分布。因此，我非常肯定地确信：这些寄生虫属于芫菁科。

当时，幼虫正在步甲蜂洞里大口大口吃着美味的螳螂，我记住了它的体征。它光秃秃的、没长眼睛、又白又软，身体弯曲度很大。它的体貌像某种象虫科的幼虫，再确切点，跟我在《自然科学年鉴》里提供图片的痕短翅芫菁的二龄幼虫相像。我把痕短翅芫菁的图片大幅度缩小，差不多就成了芫菁科幼虫的肖像。

粗粗的微微红褐色的头；强壮弯成尖尖钩形的大颚，末端呈黑色，根部是深红褐色；很短的触角有 3 个关节，第一节粗大并呈球状，中间的呈圆柱形，最后一节像一段截柱，嵌在大颚旁边；头下面是界线明显的 12 个体节，其中第一个胸节最长；淡红褐色的背部，从第十节开始向后逐渐缩小；背面与腹面被一层齿状物隔开。

短白、透明的足端长了一个小小爪；中胸的一对气门大约在与前胸的分界线上；8 个腹节各有一对气门分布两边，跟拟蛹一样，小小红褐色的气门很不易辨清。幼虫的体型有大幅变化，均长 12 毫米，宽 3 毫米，也和它要变成的拟蛹一样。

6 只弱小的短足，却有着非常重要的作用。它们可以抱住螳螂，放置在大颚的下面，然后幼虫就可以侧身躺卧，随心所欲地吃着美食。另外，腿还可以走路，比方说我书桌的坚硬的表面上，幼虫腆着肚子，挺得笔直的身子，怡然自得地迈着小碎步。但在精细的流沙上，幼虫就会变得步履维艰，必须把身体呈弯月状，仰面或侧身移动，借助大颚刨沙，简直就是在匍匐前进。但是如果有一堵墙做依靠，它还可以远行。

我把幼虫放在一个用纸隔成几个小房间的盒子里。每个房间与一个步甲蜂的蜂房一般大小，上面铺着一层柔软精细的沙子，沙子上放着一堆螳螂和幼虫。原本我想把这些幼虫单独隔离起来，每只放在独自的房间里用餐，然而结果却出现了好几次混乱。前一天早早就吃光了提供食物的幼虫，第二天居然跑到了别人的房间，和它的邻居共享美餐。这家伙应该是翻墙或者打通了一道缺口。从这一点上可以判定，幼虫不像吃条蜂蜜饼的西芫菁和短翅芫菁那样老实不动。

我想在步甲蜂的洞里也是如此，幼虫吃完这个蜂房里的螳螂后，就会跑到另一个蜂房去，直至吃到肠满肚圆。它一般在地下不会走得太远，但还是会光顾邻近的几个蜂房。我提到过步甲蜂储存的螳螂数目差异很大：孱弱侏儒的雄蜂蜂房里螳螂数目自然少，而雌性的蜂房里则食物充足。遇到瘦弱的雄性幼虫也许会在一个房间里吃不饱，因此必须到别的房间补充。如果遇到有丰盛食物的房间，它就会得到足够的营养，发育得很强壮；而如果转悠了半天一粒粮食都没找到，它只好饿肚子，所以会长得很瘦小。这也许就是为什么幼虫或是拟蛹相互间存在巨大差异的原因，在长度上就有两倍甚至两倍以上的差别。因此，幼虫在蜂房里找到的食物多少，决定了幼虫生长发育的好坏。

我至少看过幼虫在活动期中进行的几次蜕变中的一次。蜕去外衣后，昆虫又恢复原先的样子，体型没有改变。蜕完外衣后，它又重新

步甲蜂捕杀螳螂

步甲蜂的洞里储存着丰富的螳螂，但通常是孱弱的雄蜂房里螳螂少，而雌性蜂房里则数量多。

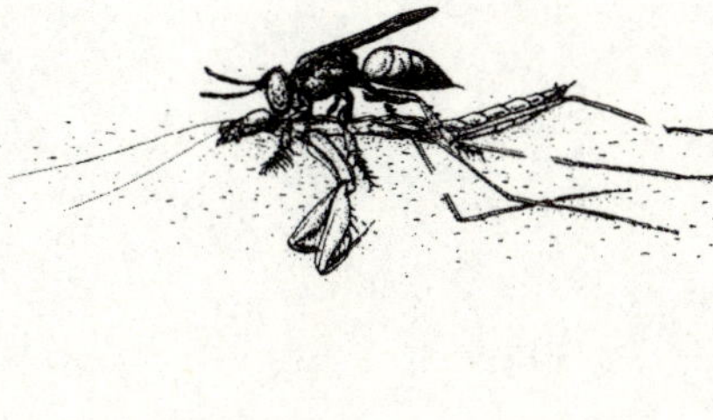

接着用餐，它用腿绕住一只螳螂，开始大口大口地咀嚼它。无论幼虫蜕皮一次还是不止一次，这种简单的蜕皮与高级变态没有相同之处，而变态能彻底使昆虫改头换面。

在盒子里进行了十几天的饲育后，我完全可以肯定把这些吃螳螂的幼虫看成拟蛹的缔造者是准确的。为了这个拟蛹，我煞费心血。我给幼虫提供了丰盛的食物，一直到它不再吃为止。它停止了运动，首先将头稍微缩了进去，身体弯成月牙状；然后皮肤开始破裂，头部皮肤横向裂开，而胸腔皮肤是纵向裂开。褶皱的外衣渐渐蜕掉时，就露出了光秃秃的拟蛹。它一开始就跟幼虫一样是白色，但很快就逐步变成了纯蜡的红褐色，发育成腿和嘴的隆起末梢颜色变得更深。这种露出拟蛹的蜕皮，与短翅芫菁的变态相同，但与西芫菁和带芫菁的不同。后者的拟蛹都被二龄幼虫的皮肤包着，这是一种时松时紧不会有裂痕的皮囊。

刚开始的疑惑已经解除，它千真万确是一种芫菁，在芫菁科寄生虫中，它也是最奇特的一种。它不吃蜂蜜，而吃步甲蜂储存的螳螂。美国的博物学家最近指出，所有的芫菁科寄生虫并不是总吃蜂蜜，某些美国的芫菁还吃蝗虫的卵。这些卵是它们的合法财产，而不是打劫别人所得。据我所知，至今还没有食肉芫菁的真正寄生理论。在碧波万顷的大西洋两岸，都发现了芫菁科寄生虫对蝗虫情有独钟，这倒很引人注目：一种以蝗虫的卵为食，另一种以修女螳螂及其同族为食。

谁知道这种芫菁科寄生虫偏爱直翅目昆虫的原因呢？它所在家族的头领短翅芫菁却独爱蜂蜜。为什么我们视为一类的昆虫，会在食性上出现这么大的差别？如果它们起源相同，为什么吃荤的取代了吃素的？

吃草的小羊羔怎么变成了吃肉的狼？这是前不久寡毛土蜂从反面给出的重大疑问，它是食肉土蜂家族中的素食主义者。这个问题还是等待有能力的人给出答案吧。

第二年6月初，我饲育的拟蛹中有几个从头的后方横向裂开，从背的中线纵向开裂，但最后两三个体节完好，这样三龄幼虫就诞生了。在放大镜下粗略地观察，我觉得它的整体轮廓与甲蜂的螳螂的二龄幼虫没什么区别。它光秃秃的，呈黄油一般的淡黄色，一刻都不安分，然而活动起来也不那么顺畅。一般情况下它斜躺着，但也能保持正常的姿势。幼虫很想用腿站起来，但无法找到足够多的立足之地。几天稍纵即逝后，它又重新处在了安安稳稳的休息中。

幼虫连头在内共有13个体节；长了一个颅顶方正、边缘稍圆的大脑袋；有三节粗壮、关节短短的触角；短而强健的大颚末端长了两三个鲜红的齿状物；短而丛生的触须也分成了三节，上唇、上颚和触须可以稍微左右摇摆，仿佛在探寻着什么；在触角基旁边的一个小小的褐点就是将来长眼睛的地方；前胸是最宽的，后面相同宽度的环节被一条沟和边缘浅浅的垫圈划分得一清二楚；短小透明的足末端没长爪，是一些有3个关节的残肢；8个淡色的气门和拟蛹时一样，最大的第一个在胸节前两节的分界线上，剩下的在腹节的前7节上，二龄幼虫和拟蛹腹部的最后一节还有一个很小的气门，但这个气门在高倍放大镜下就看不见了。

简洁地说，它有着与二龄幼虫同样强健的大颚、软弱无力的足、象虫幼虫一样的脸面，并且也能够自由活动，只不过不如第一种形态时那

虎斑芫菁

鞘翅目芫菁科昆虫，身上有横斑，呈蛹态时的，触角很有规则，并且形状统一。

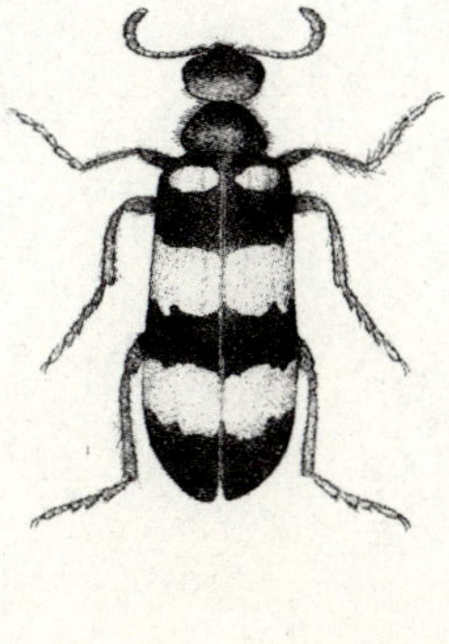

么灵活。拟蛹的过渡阶段并没有发生什么特别大的变化。经过拟蛹阶段后，幼虫又跟以前一样了。短翅芫菁和西芫菁也是这样。

既然又回到了起初，那么拟蛹这个阶段又有什么用处呢？芫菁似乎绕了一个圈：它将刚刚做的事中断，前进后进行了一个循环，又退回到了原来的样子。有时我会把拟蛹看成一种具备高级机制的卵，昆虫以它为起点开始依次经历幼虫、蛹和成虫的普遍法则。第一次是卵的孵化，经历的是卵蜂和褶翅小蜂的幼虫二态现象。初龄幼虫找到食物，二态幼虫进餐。第二次是拟蛹孵化，又回到了原来的进程，开始进行幼虫、蛹和成虫三种规律的形态演变。

三龄幼虫大约只有半个月，蜕皮就从背上一条纵向的缝开始了，就像二龄幼虫一样，裂开就形成了蛹。这时可以清楚地看出它是鞘翅目昆虫，从触角上几乎能够确定它的类型和种别。

困难发生在次年的演变中。我在6月15日左右得到的几只蛹开始干枯，成虫的样子还没形成。剩下的一些拟蛹，也没有任何进展。我认为这种现象是温度不高造成的。因为我把它们放在我书房里阴凉的书架上，而在自然条件下，它们是待在强烈的太阳光下的几法寸厚的沙层中的。为了创造自然环境，并且不使实验的拟蛹陷进沙中，我将剩下的拟蛹放在一个铺着新鲜沙层的容器底部。在地下生活的时期，直射的阳光往往会要了它们的命。为了避免这种情况，我在容器口用一层黑布来阻挡光线的直接射入。这样准备好之后，我将容器放在我的窗户上接受几个星期最强烈的阳光。由于黑色容易吸收热量，在它的遮蔽下，白天可以达到蒸汽浴室里的温度，然而拟蛹依旧没有一点反应。到了7

月末，还没看出有一丝孵化的端倪。我知道加热无法成功时，又将拟蛹放回阴暗的书架上以及玻璃瓶里。它们在那里又过了一年，始终维持原状。

第二年6月临近时，三龄幼虫出现了，然后是蛹。成虫的发育阶段又没形成，跟上年一样，蛹枯干了。这一次失败也许是由于环境的湿度造成的，但我就不能知道吃螳螂的芫菁的类别和种类吗？不会的。经过严密的推理和严谨的比较，很快就找到了答案。

我虽然对我所在地区仅有的芫菁习性认识不多，但其中在身材与研究的幼虫和拟蛹相符的也只有十二点斑芫菁和谢氏蜡角芫菁。6月初时，我在耶尔群岛的不凋花花序上找到谢氏蜡角芫菁；7月份，在邻海山萝卜属植物的花上遇见了十二点斑芫菁；从日期上看，谢氏蜡角芫菁能够符合从7月起，在步甲蜂的洞里就能看到寄生虫的幼虫和拟蛹。此外，还在步甲蜂居住的沙堆旁发现了很多蜡角芫菁，而斑芫菁却半只都没看到。

我获得的那几只蛹有着奇特的触角，触角上末端簇集着浓密而不规则的毛须，只有在雄性蜡角芫菁才找得到，因此，可以断定不会是斑芫菁，因为它们呈蛹态时的触角有规则和形状统一。那么，它就是蜡角芫菁了。

如果有怀疑，下面将进一步证实。幸运的是我的朋友博勒伽尔博士在我之前就对蜡角芫菁有了丰硕的研究成果，他拥有施氏蜡角芫菁的拟蛹。他来到塞里昂进行研究，并在我的陪同下，从步甲蜂的沙地里找到了吃螳螂的那些家伙的几只拟蛹，并将它们带到巴黎进行观察。

谢菲尔蜡角芫菁

这种芫菁科昆虫一般比较瘦削，经常出没在不凋花上捕捉修女螳螂。

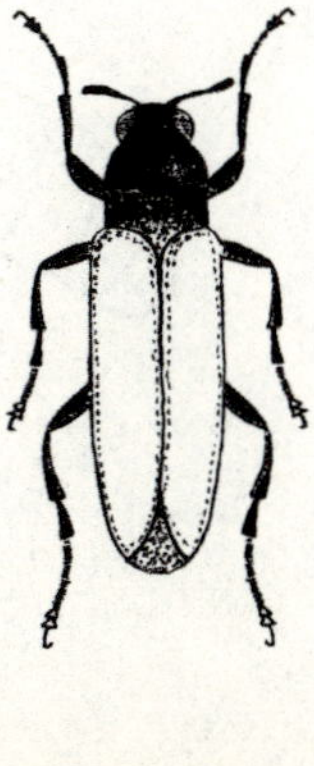

虽然他的实验也同样失败了，但通过将塞里昂的拟蛹和施氏蜡角芫菁的拟蛹相比较，他发现两种机制几乎一模一样。因此，我的拟蛹只能是谢氏蜡角芫菁，并且排除了另一种蜡角芫菁，因为它在我所在地区凤毛麟角。这一切已经足够证明了。

让我头疼的是，没有弄清阿拉蒙芫菁的食性。通过类比，我把施氏蜡角芫菁当成了是跗猴步甲蜂的寄生虫，这种步甲蜂喜欢在高高的沙土坡里挖掘小蝗虫的虫堆。我推测两种蜡角芫菁可能吃着类似的食物，但还是请博勒伽尔进行了验证。

真相终于水落石出了，吃修女螳螂的芫菁就是春天时我在不凋花的花上看到很多次的谢氏蜡角芫菁。每一次我都发现一个罕见的特点：它们的大小差异极大，就算同一性别的也是如此。我看到一些谢氏蜡角芫菁骨瘦如柴，雌雄皆有，它们大小只有发育得最好的1/3。另外，十二点斑芫菁和四点斑芫菁也具有这样的特点。

同一种昆虫甚至同一种性别会产生侏儒和巨人，这只能是营养不均衡造成的。如果和我想的一样，幼虫首先必须自己找到步甲蜂储存的螳螂，如果在第一间蜂房食物数量很少，接下来就要找第二间、第三间……那么，如果运气好，会找到充足的粮食，就会吃得好而发育得很粗壮；如果运气不好，找的粮食很少或没有，就会因吃不饱而发育不良。这种大小差异充分体现了寄生的理论。如果母亲辛辛苦苦用心储存粮食，或者孩子能够自己直接获取食物，那么，谢氏芫菁的食物分配就不会相差太大，这样一来，谢氏芫菁之间的差异就只能体现在雌雄上。

谢菲尔蜡角芫菁的假蛹

假蛹指谢暮尔蜡角芫菁匠5龄幼虫。

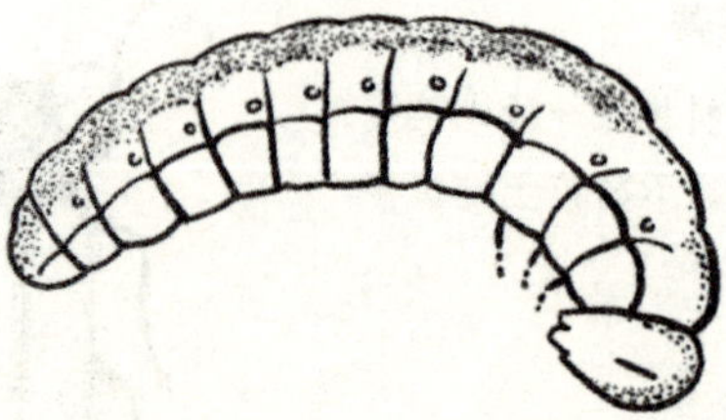

此外，这里出现了一种具有随机性的寄生理论——蜡角芫菁靠运气发现食物。然而，西芫菁不同，它出生在条蜂的通道口，通过钻进蜜蜂的皮毛里混进蜂房，狡猾灵敏地获取食物。蜡角芫菁则只好流浪，四处寻找食物，过着吃不饱肚子的生活。

最后，再在文章中添上一段产卵、卵和初态幼虫的起初状态的内容，把谢氏蜡角芫菁的故事补充完整。在观察吃螳螂的芫菁的发育过程中我发现，作为起点的第一年，像我上面说的，在我有限的知识内，能在附近地区里找到身材符合步甲蜂洞里拟蛹的芫菁，只有谢氏蜡角芫菁和十二点斑芫菁。我无微不至地饲育它们，期望能拥有它们的卵。

作为身材高大的四点斑芫菁，加入产卵的队伍中。另外，还有与此事无关的带芫菁，我也认识它的拟蛹，我只是用它来扩展我的产卵基地。如果可以的话，我也想拥有它的初态幼虫。最后，我还饲育了西班牙芫菁，想观察它的产卵过程。总之，我的大笼子里生活着 5 种芫菁，并且把它们详细地记录在了我的笔记本里。

饲育的方法非常简单。一个大大的金属罩下面放着一层腐殖土，每一种都在里面休息。金属罩里面放有一个装满水的瓶子，瓶子里浸着保持着新鲜的各类食物：西班牙芫菁的一簇木的枝叶，四点斑芫菁的带花冠的田旋花或是补骨脂属植物，十二点斑芫菁的山萝卜属植物的花，带芫菁的刺芹盛开的头状花序和谢氏芫菁的耶尔群岛不凋花的头状花序。补充一点，对于后三种芫菁而言，最喜欢的食物是花药，花瓣则很少吃，对于叶子则从不张口。

可怜的智力和习性，根本不会顾及我的精心饲育。它们悠然自得地吃着食物、尽情地谈情说爱、一刻不停地在土里挖洞、漫不经心地产卵，这些便是芫菁成虫的整个生活写照。

只有当雄性调戏同伴时，迟钝安静的昆虫才会有些兴趣。每个物种都有激情的示爱的习惯，因此，就算观察者眼里有时显出很奇怪的情欲也无可厚非。情欲是普遍的现象，它支配着世界，即便是最粗鲁的人也会有情欲。这是昆虫的终极使命，它进行一系列改头换面的发育过程就是为了完成这个目标。完成后它就会死去，灰飞烟灭。

我也许可以写一部有趣的书，名字叫做《昆虫的爱》，书的题目曾让我心动过。25 年来，我做过的记录尘封在我资料库的一角。其中有一段关于西班牙芫菁的记录。我知道我并不是第一个写它的爱情故事，虽然作者不是我，但故事仍有价值，它证实了我曾经的推想，另外，我还要披露一些鲜为人知的情节。

一只美丽的雌性西班牙芫菁独自平静地吃着香甜的叶子。一只情欲高亢的雄性芫菁悄悄地从后面贴近，突然蹿到雌性的背上，首先用两对后腿紧紧地将它缠绕起来，然后，雄芫菁尽量将腹部伸直，并用腹部左右开弓、迅速疯快地鞭打着雌性的腹部。最后，原本一直空着的触角和前腿，现在也开始疯狂地鞭打雌虫颈部。当击打像暴雨般落在雌性的全身，雌性的头和胸胡乱地摇晃震动着，显得痛苦不堪。

但是，雌性却缩了起来，鞘翅半张、将头藏了起来，腹部往下曲着，似乎要避开背上激烈的情爱要求。冲动开始平静下来，雄虫把无规律颤动的前腿摆成了十字架，在这种激情四射的姿势中，它似乎渴望以天为证，以地为媒。这时，它的触角和肚子一动不动，绷成直线，只有头和胸继续上下剧烈地摇摆。短暂的休息很快结束，但在这期间，在雄性热烈的求爱中，雌性的胃口一点也没被打扰，又重新开始用餐。

又一次暴风雨来临了。雌性的颈上再次遭受狂风暴雨般的击打，于是，赶紧把头弯在胸下，然而，雄性不希望雌性藏起来，它用前腿从胫节和跗节连接处的特殊缺口处，一支一支地抓住雌性的触角，然后将跗节折了起来，触角就被死死地夹住了。雄性不停地往自己身边拖曳着，而无动于衷的雌性被迫抬起了头。这时，雄性像一位高傲地坐在坐骑上、两手牵着缰绳的骑士，一会儿静坐不动，一会儿又策马扬鞭。然后，它用长长的腹部向后鞭打完了这一侧又打另一侧；在前方，也用触角、拳头和头抽着、撞着、拍打着雌性。雌性终于在雄性如此猛烈地追求下有点心动了。

但雌性还是没有答应雄性的求爱。雄性再次表现出一动不动，战栗的腿摆成了十字架形。休息一段时间后，求爱的暴风狂潮又重新涌起，猛烈、执著的拍打，然后，再一次进行循环重复，直到最后雌性终于被它的执著魅力所感动。雌性最终屈服了，开始了为时 20 分钟的交尾。雄虫如愿以偿后，从雌虫的身后艰难地倒退着，想拆散情侣关系。雌性来到一个合适的位置，按照自己的口味，选择一些可口的叶片一片一片喂给雄性，雄性偶尔也勇敢地像雌性那样吃了起来。幸运的虫儿们，为了使你们四五个星期的生命不虚度，满足你们的情欲和胃口吧。用一句优美的句子形容就是：瞬间的美丽。

蜡角芫菁和西班牙芫菁一样穿着一身镀金的绿色衣裳，示爱的方式似乎也十分类似。在昆虫界里，雄性始终是姿态优雅的绅士风度，还掌握了一些求爱的特别技巧。它的触角有着华丽而复杂的颜色，如同两条乌黑靓丽的发束，就像带着一个美丽的头饰一样，这也是它名字的由来。当一道刺眼的阳光照进钟罩里时，在不凋花的花束上一对对情侣正在窃窃私语。雄蜡角芫菁站在雌蜡角芫菁的背上，用两对后腿紧紧地缠住并控制着雌蜡角芫菁，然后从上而下、由头至胸不停地摇动着。然而，这种摇摆要缓和得多，远远没有西班牙芫菁那么猛烈，好像带有一定的规律性。但是，它的腹部保持着纹丝不动，而雌蜡角芫菁的肚子却有力地不停摇摆。

当雄蜡角芫菁的前半身在不停摇摆时，前腿在雌性身体的两侧做着像是一种飞速转动的小风车一样的诱导动作，肉眼很难看清。雌性对这种风车式的动作一点也不感兴趣，非常单纯地卷起了触角。于是，遭拒绝的雄蜡角芫菁放弃了它，又来到另一个跟前，可是它那小风车一样令人眩晕的催眠动作，遭到了每一位雌性伴侣的拒绝：也许它们现在不方便，或者说地点并不适合。雌蜡角芫菁如果受到控制，就承受不住上面的雄性压力，因而雄性的甜言蜜语必须在阳光照耀的布满金黄不凋花的斜坡上，满怀喜悦地在花团锦簇中飞来飞去的自由场所去听，但是没有了小风车式的调情，没有这种西班牙芫菁激烈的方式，蜡角芫菁是不会在我的眼前交尾的。

雄性之间也会出现同样的身体晃动和互相鞭打。当雄蜡角芫菁在上面东摆西晃，做着快速旋转的小风车的动作时，下面的就一点儿也不作声。有时还会冒出第三个，甚至第四个，它们爬在最先的上方。站在最高处的在上面摇摆着，前腿不停地划动，而其他部位则一动不动。

求爱

蜡角芫菁的求爱方式很特殊，通常是雄蜡角芫菁站在雌蜡角芫菁的背上。

好像就这样，被拒绝的雄性蜡角芫菁从失恋的悲痛中得到了一丝安慰。

吃凶残刺芹头状花序的粗鲁的带芫菁，是最不喜欢交尾前的温柔调情的。雄虫触角迅速地震动几下就表示了全部爱的宣言，一对情侣抱在了一起，用尾部进行持续大约1个小时的交配。

斑芫菁爱情的前奏也是非常简单快速，以致有两个季节，我的钟罩里都产满了卵，可我却连一次雄性的求爱都没看到。那么，我们下面就说说产卵吧。

两种斑芫菁的产卵期都在8月。在金属罩里的软软的腐殖土层上，雌斑芫菁辛苦地挖着一口深2厘米、与身体一样粗的洞穴，那是卵的居所。产卵的时间在30分钟左右，我见过西芫菁的产卵持续了一天半的时间。斑芫菁产卵迅速，将来人丁也就不那么旺盛，产完后小居所就立马封了起来。雌斑芫菁用前腿四处划取杂物，并用耙子一样的大颚聚集起来，推进洞穴里，然后下去踏实，再迅速地抽动着后腿将土层堆起来。最后，踏完了这一层后，它又重新开始耙新的材料，一层一层细心地踏着，直到将洞穴填满。

当产完卵的雌斑芫菁在搬沙运石进行封洞穴的时候，我用画笔间断地、小心翼翼地将它挪到了两法寸开外的地方。可是，这家伙居然没有回到产卵的洞穴，甚至也不再做填埋的工作，而是在金属罩上悠闲地爬着，和同伴一起吃着田旋花或是山萝卜属植物，再也不关心它的卵，而它的工作只完成了一半。接下来，我把第二位雌斑芫菁稍微挪到了1法寸远的地方，可它也一样不再回去干活了，甚至想都不想了。第三位刚刚转过身，我便将这个爬金属网上的健忘的家伙领回了卵的居

斑芫菁的触角

斑芫菁雌性和雄性的触角有很大的不同。左图为雌虫触角，右图为雄虫触角。

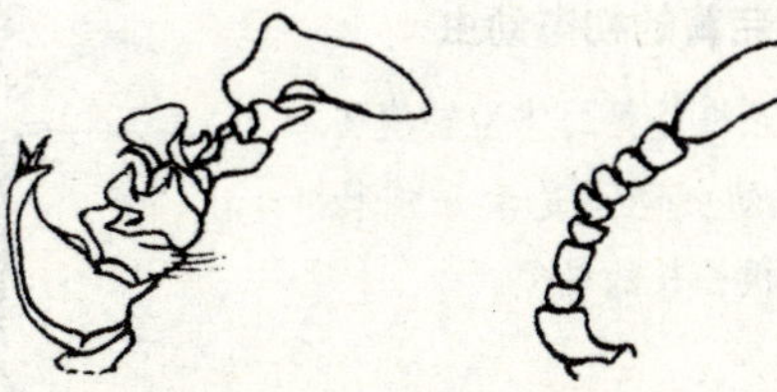

所，头朝着洞口。雌斑芫菁一动不动，好像很为难的样子。它摇晃着脑袋，把前面的跗节放在大颚里，然后爬向钟形罩的高处，对它的卵置若罔闻。进行这三个实验后，我只好亲自将洞穴填起来。画笔碰一下就忘了工作，挪开1法寸远的地方就什么都不记得了，这种母爱未免太轻率了吧？将成虫的愚笨与初态幼虫的高度灵巧相比，后者试着敲打几下就知道粮食藏在什么地方。可见，时间和经验能为本能做些什么？刚出生幼虫能精确寻找食物的能力让我刮目相看，而成虫的愚笨之极令我不得不瞠目结舌。

两种斑芫菁产的卵都是40多个，与短翅芫菁和西芫菁庞大数目的卵相比，简直是微不足道。根据芫菁在地洞里产卵的时间，就可以看出这个家庭将来的孩子不多。十二点斑芫菁的卵是长1.5毫米、宽0.5毫米的两端圆圆的圆柱体，呈白色；四点斑芫菁的卵是长2毫米、宽不到1毫米、一端比另一端突出的细长的卵，呈稻草黄色。

在所有收集到的卵中，只孵化出了唯一的一个。其他的卵可能太脆弱，这种可能性相对于笼子里交尾数目的稀少也是实情。7月份产下的卵要到9月5日才开始孵化。根据我目前掌握的情况，这种芫菁的初态幼虫还鲜为人知，因此我要对它详加描述。如果要为研究超级变形的历史写一个章节，留下崭新的一页，下面就是这一章的开头。

幼虫从一只大大的卵里爬了出来，显然要比西芫菁和短翅芫菁的幼虫健壮，长约2毫米。它长了一颗边缘圆圆的粗大头颅，比前胸要略宽，呈现一种较深的红褐色；强健、锋利的大颚弯曲在尖端交叉，也呈较深的红褐色，末端呈褐色；黑色凸出的眼睛，呈球形，炯炯有神；由

十二点斑芫菁的初态幼虫

十二点斑芫菁的体型较瘦弱，它的初态幼虫也不是十分强壮，尾部有两根长长的尾须。

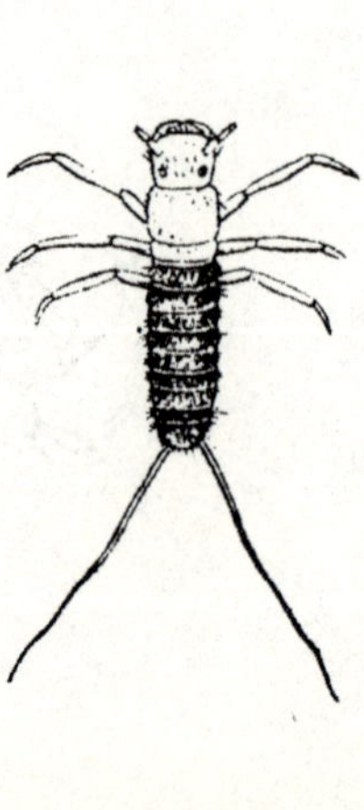

3 个关节构成了一个很长的角，末端的关节最细尖；纤毛生长茂密。

第一个胸环节直径比头稍小，然而长度与后面的环节相比是最长的，可以达到 3 个腹节在一起的长度之和，颜色是鲜红褐色；第二个环节比第一个短了 2/3，呈红褐色，但偏褐一点；第三节和整个腹部呈深褐色。以至从颜色上讲，小幼虫分成了两个区域：鲜红褐色的头部和前两个胸节，绿褐色的第三个胸节和 9 个腹节。与头部的短促相比，3 对淡红棕色的腿显得更壮更粗长，末端是一只尖长单爪。

橄榄绿褐色的腹部分成 9 个体节，各个节之间有白色的节间膜，从第二个胸环节起，就出现这种白色和橄榄绿褐色相间的情况。所有褐色的环节上都长了一层短短的稀疏的毛。尾部的节是最窄小的，末端还长了两个很长很细的触须，稍微有点儿弯曲，与腹部差不多长。

以上给我们描述了一种强壮健硕的小虫子，它可以用强壮的大颚进行捕猎，一双明亮的大眼睛查看周围的一举一动，牢固的钩爪可以用来自由地行走。它们与喜欢待在菊苣花上的短翅芫菁孱弱的幼虫有所不同，不会瞄准时机钻进正在收获的食蜜类昆虫的身上；它们也不像小黑点一样的西塔利芫菁幼虫，甚至在孵化时就聚成了一堆，在条蜂的家门口守株待兔。我看到小斑芫菁在它刚刚诞生的摇篮——玻璃管里缓慢费力地爬行。它在搜寻什么呢？它想要什么呢？我将一种食蜜类昆虫放在它面前，那是一只隧蜂。我想看看它会不会来到隧蜂的身体上，效仿西芫菁和短翅芫菁的做法。我的好意遭到了拒绝，幼虫不是想要一种能带它展翅高飞的昆虫。

斑芫菁的初态幼虫没有与西芫菁和短翅芫菁志同道合，它不会偷偷地溜进寄主的皮毛上，乘机混进长满蜂蜜的蜜室里。它要自力更生地寻找养家糊口的粮食，一次产卵时的数目稀少，决定了它这样做。让我们来分析一下，例如，短翅芫菁的初态幼虫时刻等待着任何一只来花间游玩的昆虫，无论这位来访的昆虫的身上毛量多少，是造蜜的还是做肉丸的，或者本身就是一位无业游民；不论它是蜘蛛、蝴蝶、食蜜类、双翅类还是带鞘翅的，统统不管；一旦等到了来客，立即跳进它身体的皮毛里，开始随它漂泊。接下来就只能生死由命、富贵在天了！如果所到的地方不是蜜库，没有替代的食物，这些迷路冒失的幼虫们就会客死异乡！于是，这就要雌虫母亲必须生产庞大数目的卵来弥补死亡的损耗，比如短翅芫菁和西芫菁的产卵数目就不可估量。

如果斑芫菁同样凭着它三四十只卵来靠上天垂怜，恐怕连一只幼虫也存活不了。对于一个人丁稀少的家庭来说，应当采取一些稳妥的办法。初生幼虫不应该依靠别人带到食物旁边，或者说更可能是蜜罐旁，这样可能会永远都找不到食物，所以应当自己寻找。我遵循事物的逻辑事理，将对十二点斑芫菁作进一步的补充。

雌虫母亲将卵产在经常去的地方的旁边。9月份，刚刚孵化出的初生儿开始离家出走，在四周寻找储存食物的洞穴。幼虫强壮有力的腿完成这些地下勘探工作绰绰有余，同样强壮的大颚，自然也要发挥作用，当进入储存食物的房间时，幼虫会遇到膜翅目昆虫的卵或是小幼虫，于是大颚的钩就有了用武之地，它将卵或是毫无防备的小虫一并扫除。干完打家劫舍的勾当之后，所有的粮食尽归芫菁幼虫所有，于是它卸下装备，成了一只大腹便便的虫子，美滋滋地享用可口的美餐。这些只是我个人的猜想而已，但是我相信亲眼观察会证明这些，因为它们与已知的事实紧密相连。

我那个地区的钝带芫菁和焦斑带芫菁喜欢夏天待在刺芹头状花序上。在前一卷里我说过前者，我是在两种壁蜂的蜂房里遇见过它的拟蛹的。它们就是一种喜欢把房屋建在干枯的树莓茎干里的三齿壁蜂；另一种就是在棚檐石蜂的巢中安家的三叉壁蜂，又名拉氏壁蜂。今天，我要用焦斑带芫菁补充一个非常不完整的故事。我起初是在肩衣黄斑蜂的棉囊里得到焦斑带芫菁的，肩衣黄斑蜂跟三齿壁蜂一样喜欢在树莓里安家落户；后来，我在切叶蜂用普通洋槐薄薄的叶片制成的皮囊里也发现了它；第三次，它出现在了好斗黄斑蜂的巢穴里，这个巢穴是黄斑蜂用树脂做隔板在蜗牛壳里建筑的。好斗黄斑蜂也同样是钝带芫菁的目标，钝带芫菁和焦斑带芫菁共同利用同一种资源。

7月下旬，我就能见到焦斑带芫菁的拟蛹，拟蛹的两端圆圆的，呈稍微弯曲的圆柱形，紧紧贴着二龄幼虫的皮。这是一张没有出口的透明皮囊，皮囊的两边各有一点弯曲的白色气管带通着气门的开口。我一眼就看到了腹部的7个圆圆的气门，前后依次减小，另外，还有胸部的气门。最后，我认出了它很小的足，就连上面的爪也比较柔软，还不能站起来。在嘴部，我只看到了短小呈褐色的大颚。总而言之，又软又白的二龄幼虫挺着大肚子、没长眼睛、足还没有发育完全。钝带芫菁二态幼虫蜕下的皮，也让我看到了类似的情况，像焦带芫菁一样，一个没有开口的皮囊紧紧贴在拟蛹上面。

再让我们仔细观察一下焦斑带芫菁的拟蛹。枣红褐色的拟蛹在孵

刺芹头状花序上的芫菁

鞘翅目芫菁科昆虫全世界约有2500种，我国常见的豆芫菁和斑芫菁等。

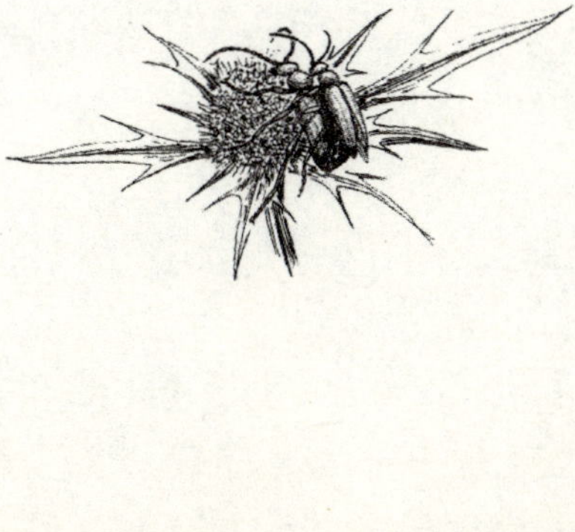

化时，形成了一个圆柱形的内壁坚硬而有弹性的皮囊，分节明显。我用放大镜可以看见跟钝带芫菁身上一样的星形细斑。深红褐色的气门开口突出，连最后一个气门也看得一清二楚。足基是一些偏深褐色略略突出的凸起。头上有几个凸起看着不是很清楚。

我在这个拟蛹壳内部找到了一个白色的小棉团，在水中软化后，再用画笔尖小心翼翼地将它打开，就成了一团粉末状白色的物质，这是蛹的一种尿酸产物；外面的一层皱皱的膜是蛹的皮。如此一来，我只有三龄幼虫没见过了。我用针尖戳开放在水里的拟蛹壳，看到外层是角质的模样，容易破碎，颜色呈枣红褐色；内层是一道透明的弯曲的薄膜。不用说，这内层就是三龄幼虫贴在拟蛹壳上的皮肤。由于这很厚实的一层紧紧和易碎的角质外层融合在一起，我只能把它撕成几块才分离开来。

我在我收藏的拟蛹里选用了一些，来研究在邻近变态结束时里面会发生什么。可是，我既没发现什么可以分离的东西，也找不出一只三龄幼虫。我可以在西芫菁的皮囊里容易获取到，而短翅芫菁和蜡角芫菁的幼虫则可以自己从拟蛹里出来。当硬壳第一次包裹了一个完全独立的蛹时，封住它的壁是内部一层毛糙的白皮。我认为三龄幼虫的外皮就是这种白色，它的外皮紧紧地贴在拟蛹壳上再也没办法分开了。

因此，带芫菁身上有一种紧密套在外的皮，这是其他芫菁所不具有的。拟蛹壳在二龄幼虫的皮里，这层皮形成了一个整体的袋子在外面紧紧包裹着，而三龄幼虫的皮更加紧密地贴在拟蛹壳的内部，只有蛹与外壳是分开的。在蜡角芫菁和短翅芫菁的高级变态中，这一次变态蜕的皮与变态前的皮是完全分开的，幼虫从裂开的蜕皮中脱离出来。西芫菁在蜕皮时，连续的外皮没有断裂，而是层层相套，不过层与层之间有空隙，因而三龄幼虫能够在里面自由活动，甚至还可以转身。带芫菁与它的蛹壳相同，不同之处在于，直到变成蛹时，每次蜕的皮都紧紧地套在一起，没有留下空间，三态幼虫在里面是寸步难移。从它的皮紧紧贴着拟蛹的壳就可以看得很清楚。因此，如果没有拟蛹皮囊里那层膜作为证据，人们就不知道还存在这种形态。

我现在没有带芫菁初态幼虫，对它还不了解，通过金属罩里的饲育也没能得到它的卵，所以关于带芫菁的叙述还少了一页。

第十四章

变换食谱

“告诉我你吃的是什么，我就能说出你是哪种人。”布利亚·萨瓦兰[①]不会想到，自己说的这句话，成了昆虫的世界里的准确预言。其实，布利亚只是想告诉人们，生活水平的提高让人们的嘴巴变得更挑剔，但他也许能用更严谨的话语总结他的观点，并考虑到菜肴会有地域、气候和习俗等方面的差异。也许应特别看看贫民们的饭菜，或许，他的美食理论应该建立在装菜豆的盆里，而不是那些有肥鹅肝的菜肴上。这都无关紧要，他的格言只是对美食说的一句俏皮话，但如果我们不去想餐桌上的珍馐美味，去瞧一瞧身边的昆虫们吃的饭菜，这句俏皮话倒是真成了一句实实在在的真理。

每种虫子都有各自的菜单。卷心菜上的粉蝶幼时吃十字花科含芥子末的叶子；大戟科天蛾必须吃大戟类苛性剂；蚕只吃桑叶；谷象吃麦粒，豆象吃豆科的种子，象虫吃棒子、栗子和橡栗，短喙象吃蒜的珠芽。每种虫子只吃自己的特色菜，每种植物也都有特定的食客。食物与食客一一对应，以至在很多时候，都可以通过植物来确定食客的身份，或者从虫子推断菜肴的名称。

如果你对百合花了解，看看花上朱红色的金龟子，在一层脏兮兮的叶子下面的是它那精力旺盛的幼虫，叫它负泥虫吧；如果你看到了负泥虫，那请把它食用的植物叫做百合吧。这也许不是一般的百合，而是另一类长着鳞茎、百合呈长矛形、带深色条纹、呈金黄色，来自于阿尔卑斯、比利牛斯山区或者中国和日本。负泥虫无论对异国还是本地的百合都如数家珍，不论百合花的颜色是红的、黄的、金褐色的，还是有几点胭脂红的；不论它的特征与我们常见的纯白相差多大，你尽管相信负泥

①布利亚·萨瓦兰：法国作家、美食家。——译注

虫，一点也不用怀疑，采用负泥虫给你定下的“百合”这个名字吧。因为即使人有可能会弄错，但虫子一定正确。

昆虫对应的植物学，给农民造成了很多灾难，尽管他们只是很普通的观察者，但他们的感触却历久弥新，看到甘蓝菜被菜青虫糟蹋，农民就认识了粉蝶。今天，有一本关于植物和昆虫的关系的资料大全，这本大全具有哲学和农业实践的双重意义。但是我们对昆虫对应的动物学知道得不是很多，因为它与我们没有太大的关联，这种动物学是指昆虫为了喂养幼虫的选择，选择需要的种类、排除不需要的种类。可是，这个主题涉及的范围太广了，难以用一卷书全部涵盖起来。此外，我们手头上还缺乏大量的资料。只有等到将来的某一天，才能把昆虫动物学上升到今天昆虫植物学现有的高度。下面我们只谈论我零散记录下来的几个观察实例。

捕猎性的膜翅目昆虫的幼虫吃什么呢？首先，我们看到同一类别的昆虫，吃着同一属别或者同一种群里不同种类的猎物。砂泥蜂专吃捕猎黄昏凤蝶的幼虫；体貌完全不同的黑胡蜂也吃黄昏凤蝶的幼虫；飞蝗泥蜂和步甲蜂吃直翅目昆虫；节腹泥蜂中有几个特例外，其余全部钟情于象虫；大头泥蜂和孔夜蛾只吃膜翅目昆虫；蛛蜂专爱蜘蛛；铁色泥蜂偏爱臭虫；泥蜂喜欢一门心思对付双翅目昆虫；土蜂只吃金龟子的幼虫；长腹蜂喜爱小圆网蛛；大唇泥蜂有不同口味，在我家附近的第一种赤角大唇泥蜂对螳螂百吃不厌，第二种三齿大唇泥蜂把黄叶蝉当做招牌菜，第三种方头泥蜂把蝇科尽收囊中。

以上是我记录捕猎性的膜翅目昆虫的菜单，我们已经知道该如何

菜粉蝶

属鳞翅目粉蝶科。体黑色，胸部布满黑白两色长毛。主要寄生在甘蓝、花椰菜等十字花科植物上。我国各省均有分布。

分类。仅仅凭借菜单，我就想好了几个自然分类法。我希望将来的系统分类把食性考虑进去，这样会给昆虫学初学者带来很多便利，因为他们不需要再根据昆虫的口器、触角、翅神经而伤透脑筋。我提倡以昆虫的能力、食谱、工作、习性等方面进行分类，这样远比以触角的节划分更有意义。我相信这是早晚的事，然而实现的那天却遥遥无期?

如果从大框架的谈论中回到具体细节上，我们可以看到很多情况下，可以由食性来确定昆虫的种类。我在炎热的夏季挖掘土坡，想拜访那里的居民，我已看到住有几千个大头泥蜂的巢穴。这个庞大的存粮基地，新旧不一，有特意在露天建造的，还有的是我偶然遇见的。而我仅仅只有一次看到的不是蜜蜂的遗骸：一对合在一起没有腐烂的翅膀，长时间地腐烂在头和胸上覆着一层紫色的丝。无论是今天还是刚开始研究时，无论在北方、南方、山地和平原，尽管有很多特性相似的猎物，大头泥蜂自始至终都是一道菜——蜜蜂，因此，如果挖掘有阳光的斜坡时，看到土里面有一些残尸断骸，你就可以确定这里是成群的食蜜蜂的大头泥蜂的老巢，只有它才能干出这种把戏。刚才负泥虫教我辨别百合，现在，我从蜜蜂残骸堆里确定了大头泥蜂和它的巢穴。

同样，雌距螽也是朗格多克飞蝗泥蜂的确认标志，它的钺和长刀，准确无误地成了茧上的标签。腿像胭脂红饰带是黄翅飞蝗泥蜂的身份证，葡萄根蛀犀金龟的幼虫像最好的描述文字一样向我们准确讲述了花园土蜂，花金龟的幼虫是双带土蜂的象征，而沙地土蜂只吃害腮金龟。

讲述过这些墨守成规的专吃一种食物的昆虫后，下面我举出一些稍微灵活善变些的家伙，它们往往在一个特定的种群里挑选身材大小不同的猎物。栎棘节腹泥蜂主要以个头最大的小眼方喙象为食，但必要时只要方喙象和邻属象虫的大小合它的意，也会成为它餐桌上的美食；沙地节腹泥蜂的菜单就拉得很长，任何中等大小的象甲科昆虫都写在它的菜单上；以吉丁为食的节腹泥蜂只要能捕捉到吉丁，根本不在乎它的种类；冠冕大头泥蜂储存大量的最大的隧蜂；大头泥蜂则捕捉那些体小的隧蜂；白边飞蝗泥蜂钟爱约2厘米长的蝗虫成虫；大唇泥蜂和弑螳螂步甲蜂把所有肉味鲜嫩、各种邻近属别的螳螂放进了厨房；铁色泥蜂和二齿泥蜂是虻的热情终结者。

沙地砂泥蜂和毛刺砂泥蜂在每个蜂房里都只放上一只很圆硕的幼虫，它是那些在黄昏时出来散步的蝶蛾，蝶蛾的体色不同也说明了种类不同。柔丝砂泥蜂讲究菜色搭配，每餐必须丰盛，要有三四只猎物，既有常吃的夜蛾幼虫，又不能少了它最爱的尺蠖。在死了的柳树筑巢的褐翅旋管泥蜂偏爱尾蛆蝇，但它还吃悬垂蝇，有时当点心，有时当正餐，尽管这两种蜂体色上差别很大；如果看褐翅旋管泥蜂乱作一团的食物残余，也许还有很多其他的双翅目昆虫成为它的猎食对象。在枯柳里安家落户的金口方头泥蜂，对各类蚜蝇是来者不拒。流浪旋管泥蜂寄宿在树莓和矮接骨木干枯的茎上，它把隐咏象、麻蝇、蚜蝇、黑蜘蛛当成了它储存室里的宝贝，当然，里面还有许多其他种类的食物。

枯燥无趣的例子不必举了，我们已经能够得出结论。每个杂食性捕猎者都有自己喜欢的食物，只要一看菜谱，我们就能知道食客属别甚至种别。于是，布利亚·萨瓦兰的话应验了："告诉我你吃的是什么，我就

烟草夜蛾

属鳞翅目夜蛾科。体长15～18毫米，翅展27～35毫米。主要分布在我国的河南、河北、山东、山西等地。

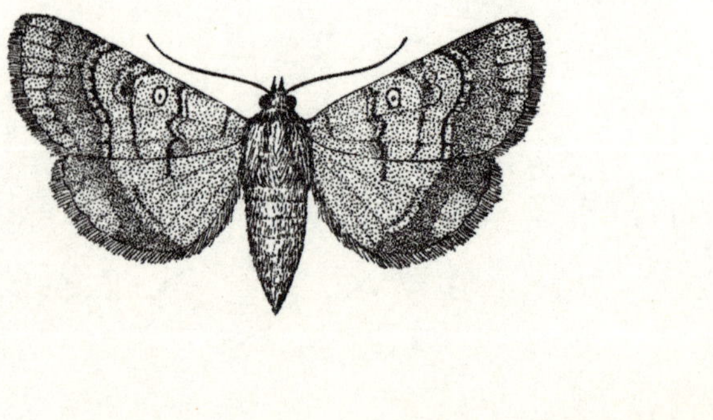

能说出你是哪种人。”

对于有些昆虫，菜单上的菜肴自始至终都不作更改。朗格多克飞蝗泥蜂的后代吃距螽就如同强烈的宗教信仰一样，同一种菜肴祖祖辈辈同样珍视，永远不会改变饮食习惯。有些昆虫为了口味和储存的便利而选择多种食物，但仍有严格的不可以潜越狩猎的界限范围：一个自然类群，一个属别，一个科，很少会是一个整目。每个昆虫都严格而谨慎地遵守这个法则。

我用同样大小的蝗虫代替修女螳螂，给弑螳螂步甲蜂提供食物，可是它毫不领情。既然装甲车步甲蜂吃了蝗虫，弑螳螂步甲蜂就要清高起来。然而，当一只形状、颜色与修女螳螂相差甚远的椎头螳螂放在了它的面前，它却在您的眼前津津有味地吃起来了。尽管小鬼虫的体貌狰狞恐怖，但还是逃不过弑螳螂步甲蜂的眼睛，被认出是它要吃的螳螂。

把栎棘节节腹泥蜂的方喙象换成吉丁，这是属于同一类的食谱，可它连正眼都不瞧一眼。要想让吃象虫的它喜欢吉丁？啊！简直是白日做梦！再给它一个其他种类的方喙象，或者一种它很可能从来没见过的大象虫，这一次它没有那么轻蔑了，而是按部就班地进行捕猎的程序，然后把猎物储存了起来。

请试着说服毛刺砂泥蜂，告诉它蜘蛛有榛子的香味，然而你的好意会让它拒绝。如果再劝它说昼蝶蛾幼虫和黄昏蝶蛾幼虫同样美味，你也会失败。但是，如果你用另一种无论什么颜色的地下幼虫代替黄地老虎幼虫，虽然颜色不同，但也不会妨碍它认出真正适合它口味的黄

柳干吉丁虫

成虫体长 8 ~ 12 毫米，呈蓝绿色，泛紫色光泽，密被黄白色细小绒毛。胸部背面布满小刻点。

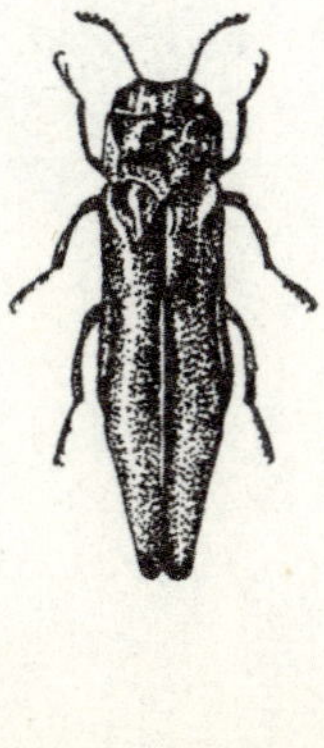

地老虎幼虫替代品。

我能用实验证明其他的昆虫也不例外。每一种昆虫都冷眼旁观与它的储备不同的猎物，每一种热情都是对于它储存范围内的类别，不过要符合替换猎物的体积和发育程度与被替换者相接近的条件。所以，喜欢吃嫩肉的跗猴步甲蜂，不同意将一撮肉味鲜嫩的小蝗虫换成肉老壳硬的一个大蝗虫，大家伙应该是步甲蜂的储存品，而装甲车步甲蜂也从来都把小蝗虫拒之门外。虽然同属同种，但是年龄不一样，这也能决定猎物是受欢迎还是遭拒绝。

当昆虫捕猎的是一个成员繁多的种群时，它是怎么将自己的食物与其他种类区分开的呢？它如何做到只看一眼就准确无误地找到洞里的储存品呢？依靠外观的指引吗？不可能，因为在泥蜂的储存室里就有一些细长带形的隐喙虻和一些绒团状的蜂虻；在柔丝砂泥蜂的存储间，正常体形的幼虫和尺蠖幼虫紧挨着，向前一开一合的尺蠖幼虫，如同一个活的卡钳；在赤角大唇泥蜂和弑螳螂步甲蜂的粮仓里，螳螂旁边有大量的椎头螳螂，椎头螳螂经过漫画家描绘后，便成了面目全非的魔鬼。

色彩吗？也不是，这种例子举不胜举。节腹泥蜂的食物是吉丁，这些吉丁的颜色简直是五彩缤纷，泛着各种金属光泽，构成了一个色彩的世界！即使具有金色、青铜色、红色、翠绿色、紫晶色的画家的调色板，与吉丁丰富的色彩相比也是相形见绌。然而，即便是整个族群的色泽都五光十色，但节腹泥蜂就好比一个了不起的昆虫学家，对吉丁家族的每一位成员都熟悉。方头泥蜂的储粮间里有灰棕、红色、钢蓝、恺木黑、铜绿、围着黄带、染着胭脂红斑点多种服饰的双翅目昆虫。

让我再举一个更鲜明的例子。铁色节腹泥蜂以象虫为食。一般情况下，暗灰色的叶象、根瘤象和树脂般褐色的耳象是它储藏间里的收藏品。但是，我有时会在泥蜂的家里挖到对比鲜明的具有耀眼金属光芒的卷叶象。它们喜欢把葡萄树叶卷成烟卷的形状，主要有天蓝色和金铜色两种颜色，两种颜色都极其鲜明，那么，节腹泥蜂如何认出这两种散发着珠光宝气的家伙和普通的叶象是近亲呢？它遇上这样的情况也很可能会捉摸不定，上辈遗留下来的只是一些不确定的因素，因为卷叶象似乎也不是它的家常便饭。在我无数次的挖掘中，也只有在很少的情况下才发现它的食物是卷叶象。也许，它第一次路过一个葡萄园时，看见一片葡萄叶子上闪着一种象甲的光芒，它是新的、奇特的、别具一格的，这对节腹泥蜂来说不是每天摆在餐桌上的饭菜，不是家族古老的习惯。但是，这个在葡萄叶上闪光的奇特家伙也被搬进了储藏室，光彩夺目的卷叶象放在了灰色的叶象旁边。不，颜色也不能决定选择。

形状的因素也会排除在外。沙地节腹泥蜂把凡是中等大小的象甲科昆虫都当做捕猎对象。如果把我储藏间里的所有食物列出一份菜单，那么读者要具有很大的耐心才能读下去。现在我只说最近在村子附近做研究时发现的两种。在附近小山上的绿油油的橡树枝头上，节腹泥蜂捕捉到了柔毛短喙象和欧洲栎象。柔毛短喙象和欧洲栎象在形状上有什么共同点呢？我并不是指分类学家在放大镜下观察到的细小结构，也不是像拉特雷依为了建立一种生物分类学而采用的一些精细特征，我让没有接受训练的和不懂科学的人来看看象虫的整体体貌，尤其是目光敏锐的小孩子。

如果这样看，短喙象和欧洲栎象有共同之处吗？所有的观察者包括城里人、农村人、小孩和节腹泥蜂都异口同声：它们是完全不同的。短喙象几乎呈圆柱形身体，上面还散布着鼠毛一样灰暗的点，头有一个吻端和一张粗大分界明显的嘴；欧洲栎象单薄的形体、呈椭圆形或心形，红褐色，头上有一个弯弯的像鬓毛一般纤细、跟身体一般长的喙，像一个长烟斗样。

谁给这两种差异巨大的昆虫取了相同的名字？除了专门研究它的人，谁都不会。然而，目光敏锐的节腹泥蜂能一眼看出这两种都是象虫，都是神经系统集中的猎物，并且给它做麻醉手术。在以粗喙昆虫为丰盛的猎物之后，它现在突然遇上了长着奇怪喙管的家伙，它会吃惯了第一种而拒绝第二种吗？不会的，它从第一眼就认出这是它的菜。已经储存了几只短喙象后会用欧洲栎象作为补充。如果这两种都难找到并且家离麻栎很远，节腹泥蜂就会攻击象甲科昆虫，不论属、种、形状和颜色如何不同，比如根瘤象、尺蠖、耳象等都是其收藏品。我伤透了脑筋在苦思冥想它是凭借什么能在同一个类群范围内认清这么多的猎物，尤其是叼着大烟斗的相貌奇特的欧洲栎象。我想从进化论、遗传论以及其他理论中找到这个我无法解答的问题的答案。用诱鸟笛捕鸟的猎人捕捉红喉雀、朱顶雀和燕雀给儿子做美味的烤肉串，我们就轻易得到结论，这种通过吃的方式使孩子从烤肉串了解鸟的种类，那么当孩子自己捕猎的时候就不会混淆？一代一代地用烤小鸟的

菜叶上的甘肃大象虫的幼虫

甘肃大象虫属鞘翅目象虫科，主要分布在我国的浙江、江苏、湖南、福建等地。其幼虫主要危害甘薯、蕹菜等植物。

方法，会不会练就一位本领出色的捕鸟者呢？节腹泥蜂以象虫为食，它的上辈也严格按照这个饮食习惯。如果你从这里找到膜翅目昆虫是识别象虫科高手的原因，为什么不承认捕鸟者也能通过烤肉串传授识鸟的技艺呢？

我不再考虑这些没有头绪的问题，而是开始从另一方面讨论食物的问题。每种捕食性膜翅目昆虫的猎物都在一个有限的类别范围内。它有自己喜欢的食物，除了自己喜欢的，其他的对它来说都是不放心的。不安全的。实验者略施小小的诡计骗它放弃食物，然后再还给它另一种食物，昆虫在丢了食物后很快发现得到了一种新食物，但是它在感到吃惊的同时却不会上实验者的圈套。是它的东西它会毫不犹豫地接受，不是它的东西它连碰都不会碰一下。那么，这种对从未出现在家庭餐桌上的菜肴的强烈反感是从何而来的呢？这可以通过实验得到答案。我只有从昆虫身上获得帮助，因为它从来都不会欺骗人。

我唯一能想到的第一个念头就是吃荤的幼虫有它自己独特的口味，或者说，它的口味是有排他性的。它能吃某一种食物，但是却不吃另一种食物，因而母亲们必须依照它的喜好来选择喂养的食物，每种昆虫的这种喜好都是固定不变的。这家幼虫吃的是虻，那家吃的是象虫，另外一家吃的是蟋蟀、蝗虫和修女螳螂。每一种不同食物对于相应的幼虫来说是很好的美味，但对于还没有对这种食物形成习惯的幼虫来说，也许有百害而无一利。喜欢蝗虫的幼虫认为蝶蛾幼虫是难以下咽的食物，以蝶蛾幼虫为食的幼虫则把蝗虫看做是令人捣胃口的饭菜。然而，从味道和营养上来看，我简直不能辨别蟋蟀的肉和距螽的肉到底有什么不同。尽管如此，以这两种食物为食的飞蝗泥蜂也有自己不可更改的饮食习惯。每种昆虫都持之以恒地坚守自己的家常菜谱，而对别的菜肴不屑一顾，固定的口味是不容商量的。

此外，卫生状况可能也是决定的因素之一。蛛蜂的美食是蜘蛛，然而对于吃虻的泥蜂来说，蜘蛛就是有毒物质或是不清洁的食物；砂泥蜂吃起多汁的幼虫时津津有味，但对吃干蝗虫的飞蝗泥蜂就会倒胃口。母亲对这种食物的喜爱，对那种食物的讨厌，原因可能取决于自己孩子的嘴巴，它根据孩子的口味烹饪出合适的美食来。

吃素食的幼虫在什么情况下都不会改变它的口味，这更坚定了吃荤的幼虫在饮食上的排他性。尽管饥肠辘辘，吃大戟类的天蛾幼虫对着新鲜脆嫩的甘蓝叶一点儿也不会有胃口，宁可活活被饿死，因为它是甘蓝叶菜青虫的专利。它的胃已经吃惯了麻辣味重的饭菜，对于含硫丰富的十字花科植物觉得索然寡味，难以下咽。菜青虫对大戟类则会敬而远之，否则就会因不慎误食而有性命之忧。啮虫的幼虫只吃茄科类的土豆，凡是不含茄碱的食物对它来说都是有害的东西。这并不表示吃含生物碱和毒素食物的幼虫一定只吃自己的食物，也不表示其他饮食清淡的幼虫固守自己的饮食习惯。因此，每一种昆虫都有特定的植物或植物类群，除了这些食物，它们拒绝其他一切美食。

记得有一次，一场始料未及的春寒突然来袭，桑树最早萌发的叶芽一夜就被全部冻僵了。第二天，我家附近的蚕农们个个心急如焚：蚕宝宝已经孵化出来，但是突然没有了桑叶，要等到太阳出来融化冻僵的桑叶，然而，这些饥不可耐的新生儿怎么才能忍受没食物可吃的这儿

旋花天蛾幼虫啃噬菜叶

旋花天蛾属于鳞翅目天蛾科昆虫，主要危害甘薯、蕹菜、牵牛花等旋花科植物。

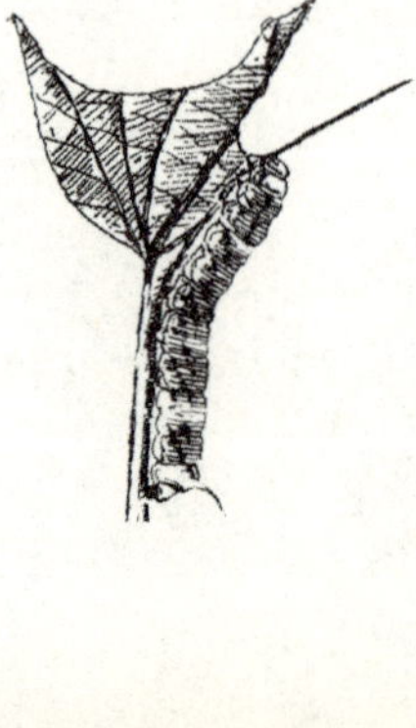

天呢？人们知道我经常穿山越岭采集药材，还给我起了一个“草药商”的美名。我用琉璃翠配制出了治百日咳的糖浆，用虞美人的花调配明目的仙丹，我还从山茶叶中提取精华蒸馏出洋甘菊茶。总之，我因配制植物药品获得了一个好名声，也算是一件功德吧。

因此，四处的主妇们哭着找到我，向我叙述了整个事情的来龙去脉。在桑树重新发芽前，为蚕儿找什么替代食物呢？这的确是一件很棘手的事情，值得怜悯和同情。有位主妇靠用养蚕将来为女儿换取作为嫁妆的布料，另一位主妇想靠养蚕买一头猪，到了明年冬天就能养得膘肥体壮。所有的主妇都心疼藏得很深的钱，钱放在一只单只袜子里，藏在柜子的深处，可以让生活过得不那么拮据。她们心里充满了恼怒，在我跟前掀开一半布满蚕儿的法兰绒布说道：“瞧，先生，我们没有桑叶喂养它们！该怎么办啊！”

可怜的蚕妇们！在所有的人当中，你们从事着多么辛苦的工作，你们的职业令人尊敬可又存在不确定因素！你们不辞劳苦地养蚕，在快要有成果的时候，一场突如其来的寒潮在短短的几个小时内，就让你们所有的希望化成泡影。然而，面对这些可怜的蚕妇们的遭遇，我却束手无策，只好以植物学为参考，做了一些尝试。植物学表明：榆树、朴树、荨麻、墙草这些邻科的植物可以替代桑树。这些切得细细的新鲜脆嫩的叶子，放在蚕儿跟前，每个人都凭着灵感进行着实验。可是，一切都是白费心机，新生的蚕宝宝一个个宁愿活活饿死，一个也不例外。而我的名声在这次失败中给人们留下了阴影，可是，是我弄错了吗？当然不是，这全是蚕儿自己的缘故，它太固执地专一于它的桑叶了。

我开始尝试用一种特别的食物来喂养食肉类幼虫，我几乎确信这个尝试同样会遭到失败。因为有了前车之鉴，我在不抱多大希望的前提下，做了我认为注定会失败的实验。工作忙碌的季节快要过去了，只剩下泥蜂还在附近山丘的沙地上孤独地飞来飞去，还能给我提供一些实验的题材，使得我的研究不至于延后。跗节泥蜂给我提供了我想要的幼虫，尽管它们还需要很长的一段时间补充营养，但它们已经发育得很好了，能承受住搬迁的折腾了。

这些刚刚搬迁出来的幼虫由于表皮娇嫩，需要得到无微不至的照料，同时也需要原封不动地把食物搬了出来，这些食物是母亲不久前捕获回来的几种双翅目昆虫，卵蜂虻就在其中。在一个旧的沙丁鱼罐头盒里面铺着一层柔软的细沙，并用纸隔成了几个房间，然后我在一个单间里安置一只幼虫。我的目的是，把这些以蝇虫为食的幼虫培养成吃蚱蜢的食客，于是就用飞蝗泥蜂或者步甲蜂吃的食物来替换泥蜂的蝇虫。我没有兴趣为它们特意跑到很远的地方捕获猎物，便在家门口进行搜寻。一只带着镰刀状短刀的镰刀树螽，正在一株矮牵牛的花冠上肆无忌惮地啃噬，让它戴罪立功的机会到了。我在矮牵牛的花冠中挑选了身长 1 ~ 2 厘米之间的小树螽，为了不让它活动，我残忍地把它的头给碾碎了。然后，我就把没了头的小树螽送给了泥蜂幼虫，代替它们原有的食物。

如果读者和我一样，有充足的理由确信实验一定失败，那么，他现在将会跟我一样感到不可思议。铁树真的开出了花，荒谬成了真实，预见与真相截然不同。从第一只泥蜂诞生到现在，泥蜂是第一次品尝这道小树螽的美食，它居然不假思索地吃掉了、消化了。请浏览一下我对一位泥蜂幼虫做的详细记录，其他幼虫也只是在一些小细节上略有差别而已。

1883 年 8 月 2 日，泥蜂幼虫和搬迁时相同，大约只发育了一半。在它身旁堆放着一些食物残渣，主要是一半半透明、一半熏黑的卵蜂虻翅膀。喂养的食物应该是每天补充更新的，我把一只小的镰刀树螽放在了泥蜂幼虫面前，幼虫一点也没有顾虑地饱餐了一顿。幼虫似乎毫不在意食物的口味发生了巨大的变化，它用大颚一口接一口地啃着丰富的肉块，直到彻底消灭干净。到了晚上的时候，树螽已经被掏空了，于是，我又重新放了一只长 2 厘米的新树螽。

8 月 3 日，我发现我放的食物不见了，只剩下一层没有被肢解的干枯的外壳，树螽腹部裂开了一道大口子，里面的东西被一扫而光，真正以螽斯为食的昆虫做得也不过如此。我用两只螽斯若虫换走了这具空壳，一开始的时候，幼虫没有吃它们，因为它已经在昨天饱餐了一顿丰盛的美食。可是过了中午，它开始吃一只小螽斯了。

8 月 4 日，尽管前一天还有剩饭菜，我更换了食物。每天我都更换新鲜的食物，防止变质的食物影响幼虫的食欲。我给它提供的食物不是那些经过麻醉手术后一动不动的牺牲品，而是被突然碾碎了头的死尸体。由于温度很高，食物会很快变质，因而我必须给它们频繁更新食物。我准备了两份食物，其中一份很快被消灭。幼虫的胃口还和以前一样好，吃得香甜无比。

8 月 5 日，幼虫原先的好食欲下降了。我给它提供食物时太慷慨了，

树螽

树螽在矮牵牛的花冠中肆无忌惮地啃噬着。

应当在每餐丰盛之后让它稍微忍饥挨饿一会儿。幼虫母亲必然懂得节省的道理。如果每个成员都像我这样喂养，让它们撑破肚皮，可母亲就没办法弄到这么多的食物。因此从健康上考虑，今天让它停食一天。

8月6日，我再次给它们提供了镰刀树螽。幼虫消灭了一只后，又开始吃另一只。

8月7日，今天的食物它随便吃了几口后就抛开了。幼虫似乎很心不在焉，它用尖尖的嘴敲了敲房间的隔板。这种现象暗示建造蛹房的时间到了。

8月8日，幼虫在昨天晚上编织好了丝带，它现在正把一些沙粒嵌进去。随着时间的流逝，接下来到了变态的发育期。吃了自家不认识的树螽后，幼虫一切正常，它和它吃正常食物的同类一样，一步步完成整个变态发育的过程。

我用小螳螂为替代品也取得了理想的实验效果：有一只实验的幼虫甚至让我相信，它喜欢上了新口味，而抛弃了传统菜肴。它一天的食物就是两只尾蛆蝇和一只修女螳螂。幼虫开始就对尾蛆蝇不感兴趣，它在尝了一下螳螂后，感觉口味非常好，甚至完全丢弃了尾蛆蝇。它是在多汁可口的螳螂肉的诱惑下，喜欢上了这道佳肴了吗？我不能肯定这一论断。泥蜂并不是一直迷恋着双翅目昆虫，它会有吃腻的时候，从而转到新的菜肴上。

预想中的失败反而获得现实上极大的成功，这是否是最有力的证据？我们除了依靠实验求证外，还能指望什么？看着这么牢固有支撑力的预想被瞬间打破，如果没有事实做后盾，我连一加一等于二都不敢

欧洲螳螂

螳螂科昆虫数目庞大，世界已知有1500多种，我国已知有约51种。

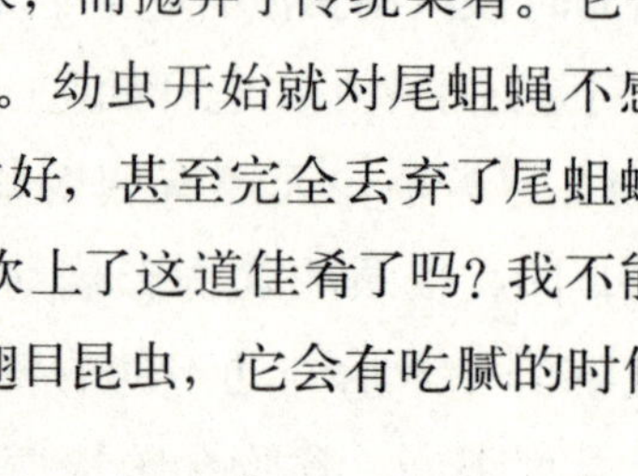

确定。我下面的观点虽然缺乏事实，但却非常符合事实的可能性。就像我事后总能发出一些论述来支持一开始不想承认的观点，现在把我想表述的论述如下：

植物是一个大工厂，组成生命最基本的单元是有机物，这些有机物是在无机环境下生长的。有些物质在整个植物体系内都是没有区别的，但其他更多的物质各自独立的特性，好像是专门的实验室里造出来的。每个类型每个物种都有它特有的物质成分，有的分泌香精，有的生产生物碱，有的含淀粉、脂肪体、树脂、糖和酸。这些具有不同成分的物质产生出特殊的能量，并不是每个素食动物都能够承受所有的物质。因此，消化乌头、秋水仙、毒芹和天仙子需要特定功能的胃，没有特制的胃，就不能食用这些物质。另外，能够吃含毒素的动物，也只能食用动物体内含有的那种毒素。土豆的茄碱对啮虫的幼虫没有妨碍，但大戟类的毒素就会毒死它，而大戟类植物只能被大戟天蛾安全地食用。食素幼虫的食性必须是专一的，因为植物的特性在不同类别之间具有天壤之别。

植物产品丰富多样，而作为消费者的动物，它们不是生产者，产品却有着相同的一致性。鸵鸟蛋和燕雀卵的蛋白，母牛、雌驴乳汁中的酪蛋白，狼、绵羊、田鼠、青蛙和蚯蚓的肌肉，始终是蛋白、酪蛋白和纤维蛋白，即使没被吃过，也是无害的。这里没有可怕的有毒物质，没有有害成分，没有专门为食客准备的能致死的生物碱，因此可食性动物就可以选择好几种食物。人没什么东西不可以吃，人们喝来自遥远北极的海豹的血做成的美味汤，食用柳树叶包裹鲸脂块的蔬菜；阿拉伯人把晒干的蝗虫当成了美味，中国人把油炸的蚕看做珍馐。如果不是实际情况的限制，克服习惯上养成的厌恶，人有什么不能吃呢？猎物具有相同的营养成分，食肉的幼虫因此必须适应任何猎物，特别要适应那些与习惯相近的新猎物。如果我要从零做起，就会这样一步步去推理，这种推理只是一个大概，但是，就像我所有的论证都抵不过一个事实一样，最终是不是要实验来证明？

这就是我第二年研究的范围更广、对象更多的内容。对新论断的实验和整个饲育过程的记录，我不想全部叙述出来，因为记录里尽是当天的失败和第二天总结经验后的成功。全盘托出未免枯燥乏味，我只需用三言两语说出实验结果和精细的食物条件就可以了。

首先，千万不要试图把卵从最初的猎物身上转移到新猎物上。因为卵的头端是与猎物紧紧贴在一起的，稍微挪动就会损伤它。因此，我任凭幼虫孵化，有足够的体质不损伤地迁移。此外，我挖掘时最常遇到的是幼虫形态，我选择发育到正常体态 25% ~ 50% 的幼虫进行饲育。剩下的要么太小容易弄死，要么太成熟，饲养的时间会很短。

其次，不能一下放许多只猎物，最好一只猎物就可以满足它整个生长所需的营养。我还需要强调一点，如果只食用一只猎物，则不仅在选择上要精挑细选，而且还要维持半个月的新鲜，猎物必须在它快要被吃完的时候死去。因为死尸是保存不下来的，当猎物没有生命时，就只剩一张表皮了。吃单一大猎物的幼虫必须有一种特殊的进食方法，并且存在着风险，稍有差池就有生命危险。如果幼虫迫不及待地提前享用，食物就会腐烂变质，进而毒死它。幼虫啃错了地方，就不会再吃到原汁原味的美食了，猎物也会因腐烂而死。如果给它不符合常规吃法的猎物又会发生什么呢？它不知道采用什么吃法，于是就把猎物杀死了，一两天内就腐烂了。我没有办法用蛀犀金龟的幼虫饲育双带土蜂，我用绳索绑住金龟子的幼虫和被完全麻醉的距螽来喂养土蜂，它热情地欢迎了这两种新的菜肴，但一两天之内美食就坏掉了，土蜂因食物中毒而死。保持距螽新鲜的方法是飞蝗泥蜂的看家本领，但土蜂却毫不知情，对它而言，这一道美味就意味着一盘毒药。

就这样，我用一个大盘菜替换正常配菜的其他实验，也都惨遭失败。在我的记录中，非常侥幸艰难地成功了一次，并且再没有出现类似的情况。我成功地用一只黑蟋蟀成虫喂食毛刺砂泥蜂的幼虫，它圆满地食用了。

为了防止因用餐时间太长导致食物变质，我选用了小猎物，至多是被幼虫一天之内吃完的。这样，不管猎物从哪里开始被咬，还在抽动着的肌肉是来不及变质的。于是，幼虫开始狼吞虎咽、饥不择食，例如，泥蜂幼虫消灭掉一个双翅目昆虫后，紧接着再享受第二个；节腹泥蜂的幼虫不紧不慢地逐个啃着象虫。大颚刚啃噬几口的时候，猎物就可能死去了，但这并不妨碍，快速的用餐速度足以避免食物变质腐烂。在不远处，其他活着的猎物还维持着新鲜，在那儿一动不动，等待被吃掉的命运。

我是知识浅陋的外科医生，不能掌握昆虫高超的麻醉方法，采用神经上注射氨水，氨水的气味会让幼虫无法忍受。为了让猎物不能活动，现在我只有取了它们的性命。事先一次性把食物储存好也是不行的，因为当幼虫吃完一只后，其他的就开始腐烂了。我唯一的办法就是，每天辛苦地更换食物。当万事俱备的时候，要实现成功的人工喂养也依然困难重重，不过没关系，只要多花点心思，尤其是耐心，还是有成功的希望的。

我就采用上面的方法，用飞蝗泥蜂的螳螂来喂养以卵蜂和其他双翅目为食的跗节泥蜂；用小蜘蛛饲育吃尺蠖的柔丝砂泥蜂；现在用一些嫩的蝗虫类代替车工长腹蜂的蜘蛛；现在给沙地节腹泥蜂提供隧蜂，把它喜爱的象虫放在一边；把专吃蜜蜂的大头泥蜂的食物换成了尾蛆蝇和其他双翅目昆虫。尽管我们所说的没有全部实现，但我还是看到双带土蜂高兴地吃着蛀犀金龟幼虫，并且飞蝗泥蜂对距螽也很满意；还有3只毛刺砂泥蜂，它们对幼虫的替代品蟋蟀也吃得津津有味。我曾说，它们其中的一员，在一些无法说清的情形下，甚至会保鲜它的食物，让它进行完全发育，一直到能够织茧。

时至今日，我的实验只得到了这些成果，但在我看来，已经足以得出结论了：食肉幼虫没有专一的食性。因为选用其他的口感好的美食能够替代母亲喂养的单一、味道有限的食物。幼虫并不讨厌丰富多样的食物，它会像吃单一饮食一样没有妨碍，它和单一饮食一样有益于幼虫，甚至对幼虫的种族更加有利有营养，不久后我们就会目睹这一点。

大头泥蜂

大头泥蜂是泥蜂总科中的一个主要科目，主要以蜜蜂为食，并且无论在任何地点、任何时间，它自始至终都是这一道菜。

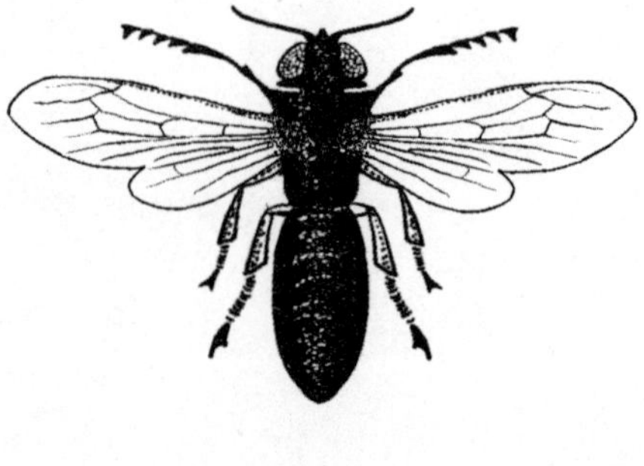

第十五章

给变形论戳一针

用一些鲜嫩的蜘蛛喂养幼虫，这是一种单纯的行为，不会影响其他昆虫的饮食安全。我不得不承认自己做了一件幼稚的事情，这些事情适合那些喜欢寻找新玩意儿的小学生们做。如果从食物得出的结论不含有哲学意义，我就不会做我的研究，并且我自己还会少说一些，然而我认为这里牵连到了达尔文的进化论①。

确实，这是一件十分有意义的事件。它的意义在于会将自然界进行公式模型化，并使真理归结到理性的范围内。几何学就是这样诞生演变的，它首先定义了锥体的概念，然后用平面切开法切开这个锥体，切面由代数产生方程式，接着一步步演算下去，起初的公式变形得到了椭圆、双曲线、抛物线，以及其焦点、切线、正切、法线、共扼轴、渐近线等等。这些东西太神奇了，尽管你还没有达到研究数学的年龄，然而这一切可以为你展现出一个新世界。

事实上，这是概念在变形公式下所展现的不同方面，代数所表现出来的全都包含在锥体的定义中，但那只是潜在的形式，用计算方法将它们转化到可以清楚看到的形式。我们的思维赋予它的原始值，方程式丝毫不差地把这些概念化的东西具体展现了出来。因此，计算就必须正确严谨，所有的智力都必然服从它的准确性。所以，代数是检查对错的最有效的方法，因为它在代入大量的符号时，形象展示了思维里已经存在的东西。我们让它轧制 2+2，工具便运转起来，然后让我们看到了4，就是这样。

但是，我们想让在理想模型下无所不能的计算，运动到实际的环境中，比如沙子降落，物体的钟摆运动。这些工具就不适用了或只有

①进化论：达尔文的主要理论之一，认为动物的各种行为是为适应环境而逐步进化的结果。——译注

推理了现实条件才可以运用。它的物体、硬线和悬挂点必须在理想状态下，才可以完全用公式表达出来。但是，现实条件是摆动的真实物体，有摩擦、有悬线、有重量和软硬度，悬挂点有阻力和变形，一切分析的手段都会失效，尽管有些微小条件可以忽略，但其他问题也会这样，由此得出一个结论：现实与公式相违背。

是的，最好能把生命放在方程式里，能通过一个蛋白细胞的无数次变形，看到多种多样的生命形体，就像代数在对锥体切面的讨论中得到椭圆等曲线一样，是的，这会非常神奇，可以让我们提前大开眼界，可悲的是我们的理想很难实现。对于一个简单微粒的降落，我们都没办法掌握实际情况，更何况复杂的生命，追寻它的源头！这可比代数不能解决的问题复杂和难得多，有太多的未知数，比垂体的阻力、变形和摩擦更难以捉摸。我们只有弄清楚这些未知的情况，才能建立起理论。

还是就到此为止吧，对于不符合自然条件，只在理想状态成立的自然史，我不敢那么自信了。于是，我要和进化论开个玩笑，并不是故意找它的碴儿，这不是我的工作，但是一旦被我抓住了把柄，我还是会调戏一下的。一个古老建筑的威严弯顶，在我的眼里有很大的缺陷，我就会用大头针把这个瑕疵戳出来。

杂食性是动物兴旺的基本要求，是种族在生存斗争中进行扩张和优胜劣汰的第一条件。最没有竞争力可怜的物种，就是只吃一种食物的物种。如果燕子必须只吃蝇虫，它会怎样呢？蝇虫一旦消失，何况蝇虫本身的生命力就很短，燕子就会饿死。因此，燕子不加区分地捕猎所有在空中飞的虫子，这对于它的生存和我们的生活都是有利的。如果云雀的嗉囊只能消化一种种子，它会怎样呢？一旦这种种子短暂的收获季节结束了，云雀也就活不长了。

人们能吃各种各样的食物是人类的一大优势，因此人们才能克服气候、季节和地域上的困难。而唯一一种跟随人们的家畜——狗，它甚至可以跟着我们风餐露宿、跋山涉水，它为什么能行呢？原因就在于它能吃各种食物，可以随遇而安。

布利亚·萨瓦兰说，对于人类，发现一种新菜比发现一种新的行星更有意义。这句话的意思是说：近在咫尺的真实东西比远在天边的虚无形式更重要。的确如此，第一个会碾碎小麦、揉粉和在两块滚烫的石头间煮面条的人，比起发现第200号小行星的人更伟大。尽管发现海王星是一个值得肯定的成就，但是发现土豆比它更有价值，它能给我们带来一种新的食物，是最有价值的发现。在人的身上验证对的东西，到了动物身上也错不了，因为自然界的一切都是属于能吃各种食物的胃的，所以同样的依据，在动物身上，事情也同样正确。

现在再让我讲一讲昆虫。如果我是进化论者，那么，各种多猎物膜翅目昆虫就是从少数物种进化而来的，那些少数的物种是通过进行无数次交配繁殖的方式，由某种变形虫和单虫演化而来的，最终来源于第一个原生体。不要进行追本溯源，不能陷入容易迷惑和极易出错的迷雾里，我们还是来选择一个非常明朗的主题，这是我们唯一能达成共识的方式。

各种泥蜂的祖先是一个单一的物种，这个物种是先前经过不断的进化形成的，它像它的后代一样用猎物喂养它的家人。根据形状、颜色，特别是习性，这个单一物种似乎也可以是步甲蜂的祖先。到此为

告天子云雀

云雀属雀形目昆虫，是一类鸣鸟，声音高昂悦耳。全世界大约有75种，在我国，主要在东北、内蒙古地区繁殖。多数云雀以地面上的昆虫和种子为食。

止。请问，泥蜂的祖先吃什么？它是多食性的还是单食性的？如果不能给出肯定的答复，那么就让我们对这两种情况都进行推理。

首先，如果是多食性的，那么我为泥蜂的初生儿感到幸运。它可以吃各种合适的食物，不会因地点、时间的局限而挨饿，任何时候都能找到养活家人的粮食——新鲜的虫肉，不论味道如何。有了这个最好的条件有利于它生存繁衍，如今，也能够从它的后代身上找到这种口味。因而，泥蜂类的祖先是幸运的，可以确保后代在残酷的生存竞争中优胜劣汰，弱者和不适应生存者会被消灭，强者和适应者得到生存。多食性是一种非常实用的能力，并通过遗传延续下去，而后代把这种珍贵的能力保留，并不断地积累，逐代地加强，从一种变种到另一种变种。

但是，现实是与这种不加以选择的杂食性物种截然相反的，现在我们看到了什么？每种泥蜂都愚昧无知地只以单一食物为食。尽管不同的幼虫都可以吃，但是它们只选择一种幼虫，比如这一家只选择黄地老虎幼虫，那一家只选择尺蠖；这一种只吃雌的距螽，另一种只吃蟋蟀；这一个专吃蝗虫，那一个专吃螳螂。

傻透了！你们丢掉了祖先那种聪明的选择，是多么不明智，而你们的先祖已经没有办法重新教会你们了。你们一家人的生活本该更加美好！充足的粮食就可以避免很多的困难和找不到食物的困境。充足的粮食可以不受时间、区域和气候的影响。如果没有了距螽，可以用蟋蟀代替；如果蟋蟀不够了，就能以蝗虫为食。但是，泥蜂们，你们真是愚不可及。如果你们现在还是各自围着各自的炉灶，那是因为你们死去的祖先没有把这种选择方式教给你们，它传授的是单一的饮食方式。

稻蝗

属直翅目蝗科昆虫。主要分布在我国的山东、河南、江苏等地，主要危害水稻、陆稻等植物。

假设古代泥蜂是食物选择上的新手，在储存粮食的时候，对于无论哪种猎物都只准备了一种。然后，它们的后代分成了大不相同的几类，通过几百年的捕猎，知道除了固有的食物外，还有许多其他的粮食。但是，习惯的饮食如果被丢弃了，它们的选择就会失去方向。然而，它们差不多尝试过每一种昆虫，每一次，幼虫都吃得非常满意，就好像它今天同样喜欢我提供的不同食物一样。

每次尝试都是在发现一种新的食物，这对于养家糊口的人来说是一件很重要的事，对于兴旺整个家族具有非常大的帮助，这样它们就不怕粮食短缺，可以不断地生儿育女，避免了只有一种粮食造成人丁稀少或灭绝的情况。在品尝了各种各样的菜肴后，今天整个泥蜂家族的菜单应该很长很长，然而事实上每一种却还只吃一盘菜，对其他菜肴熟视无睹，当然这不是表现在餐桌上，而是在捕猎的过程中。通过逐代的实践，你们已经知道存在很多的食物，也明白吃多种食物对繁荣种族是大有裨益的。可是，最终你们却放弃了最好的多食性进食的方式，选择了最差的单一性进食。泥蜂们！如果进化论是科学的，那你就太失策了。

为了不指责是你们的错，并尊重相信每一种昆虫，我只能认为，今天，如果你们在饮食上具有单一性，归结于你们不知道有其他食物。我认为你们共同的祖先，无论单食性还是多食性，都纯粹是不可实现的梦想。因为你们之间如果有亲缘关系，品尝了所有种类的菜肴后也很满意，那么，你们现在就不会挑三拣四，就会是每种食物都吃。最后，我从废弃的沙丁鱼罐头里提供各种食物，实验得出的结论：进化论并不适合昆虫的饮食法则。

第十六章

按照性别分配食物

从质量上看，昆虫的食物将我们对本能起源的无知暴露无遗。成功总是属于那些善于制造声势的人，是属于那些对某种说法确信不疑的人。那些人只要造一点儿声势，别人就会什么都相信。如果让我们去揭示真相，我们就必须承认这样的一个事实：如果对一个事物寻根溯源的话，我们什么都不知道。这是因为从科学的角度上来讲，自然世界是一个永远没有最终答案的谜。正如科学研究那样，总是假设之后又是假设，得出的理论就像废物一样聚集在一起，而这时真理总是在不经意间溜走了。所以，人们明确自己的无知也许才是最明智的。

从质量上，昆虫将我们对本能的无知暴露无遗；在数量上，昆虫的食物同样也会给我们带来一些难以捉摸的问题。对于这些问题，由于我们的懒惰就轻易地放过了，习惯于一些笼统的说法。当然，有思想的人是不会满足于这种大而化之的东西的，他们愿意深入细节，去探寻奥秘。随着对这些奥秘的深入了解，我们就会感到它们是如此奇妙，如此重要。

有一件很重要的事引起了那些经常勤奋研究膜翅目昆虫强盗习性的人的注意，这当然也是我许多年来一直关注的问题，那就是在虫子的巢里，幼虫的食物数量是如何变化的。

每一物种都会继承祖先的饮食体系，而且都保持一种谨慎的忠诚。大约 25 年以来，我开垦了所居住地区的每一个角落，但是从来没有发现生物的食谱会发生变化。正如今天的生物和 30 年前的生物一模一样，每一种捕猎者都去捕获相同的猎物。但是，如果说食物的种类和特性是不变的，数量却不一样，而且在这方面，差别还是很大的。有的研究观察者虽然也曾挖掘过几次昆虫的洞穴，但由于只是肤浅的观察，才发现不了这个事实。我在一开始研究这种变化时也感到非常困惑：这种变化是从单倍到双倍、三倍甚至到更多的变化，会让我产生一些对于今天来说是否定的解释。

在我研究的那些最熟悉的虫子中，有几种幼虫食物的体积是差不多的，但食物数量的变化却是最典型的例子。例如，在黄翅飞蝗泥蜂的食物储存间里，当食物储备过程结束了，储藏间的门被关上后，你可以发现在储藏间里有时有两三只蟋蟀，有时却有四只。家安在软砂岩矿脉里的大唇泥蜂，在某一个地方安放了 3 只螳螂，而在另一个地方却安放了 5 只螳螂。同样，沙地节腹泥蜂有的要吃 8 只象虫，有的却要吃 12 只甚至更多。在我的研究生涯中，记录簿中这样的例子比比皆是。举这样的例子只是为了说明我的观点，因此没有必要把它们全部列举出来。为了研究昆虫的食物数量的变化，对以蜜蜂为食的大头泥蜂和以螳螂为食的步甲列一份详细的食物清单，我觉得很有必要，通过它们可以进行我的研究。

大头泥蜂以蜜蜂为食，如同一个祭司常常出现在我家附近，因此，我可以从它那儿毫不费力地得到大量的信息。

9 月，在玫瑰色欧石南丛中，勤劳的蜜蜂正在采蜜，我看见大头泥蜂这个大胆的强盗在空中飞来飞去，而可怜的蜜蜂却毫无知觉。只见大头泥蜂突然出现，滑翔，挑选猎物，然后猛扑上去。可怜的工蜂伸着舌头作垂死挣扎，可是毫无意义。大功告成以后，猎物被空运到强盗的地下巢穴里，那里常常离捕获地点十分遥远。

棺头蟋

直翅蟋蟀科鸣虫家族的成员之一，体为黑褐色，头顶向前突出，前缘呈圆弧形，后缘略扁平。

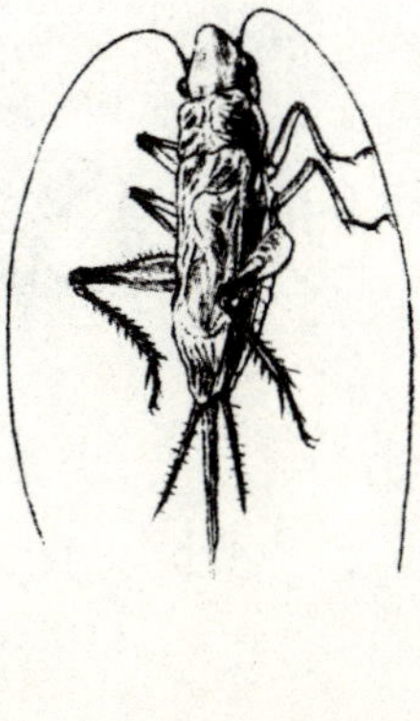

在光秃秃、陡峭的斜坡上，土石不断地滑落，强盗的住宅就安在那里。因为大头泥蜂总是成群工作，所以只要蜂巢一暴露出来，我就能在冬天它们休息的时候获得很大的收获。

因为蜂房的通道很深，所以挖掘是一项很困难的活儿。法维埃用镐和铲子挖，我来敲碎土块，打开蜂房。里面有茧和剩余的食物，我很快小心地将它们转移到一个小小的纸袋里。

幼虫没有长起来的地方，蜜蜂就不会被碰过，但更多的情况下食物是被吃过的，不过，还是可以知道总共储存了多少粮食的。因为蜜蜂的头、腹、胸以及里面的肉都没有了，但会剩下硬硬的壳，这很容易计算出它的数目。幼虫的食量很大，吃得很多，但至少还要剩下翅膀，因为这种硬硬的器官是大头泥蜂难以下咽的。即使经历了潮湿、腐烂和各种天气的变化，翅膀都能保存下来。因此，老蜂房比新蜂房更有利于做统计。

进行挖掘时会出现这样或那样的意外，这都没关系，最关键的是要将那些遗体统统放入袋中，接着要做的就是到工作室里数数而已。在放大镜下，残渣被一堆一堆地分开；从残渣的杂质中取出翅膀，然后4个一组地数，所得的结果就是食物的清单。当然，完成这项工作是需要耐心的，没有足够耐心的人是完成不了这种练习的；认为非常不起眼的手段无法发现关系重大的结果，这样先入为主的也免了吧。

我调查的蜂房共计有136个，在它们里面，食物是这样分布的：

只有1只蜜蜂的共有2个蜂房；

有2只蜜蜂的共有52个蜂房；

蜜蜂工蜂的后足

蜜蜂在采蜜时由花粉推将花粉推入篮中。花粉篮由四周带有硬毛的凹陷组成。

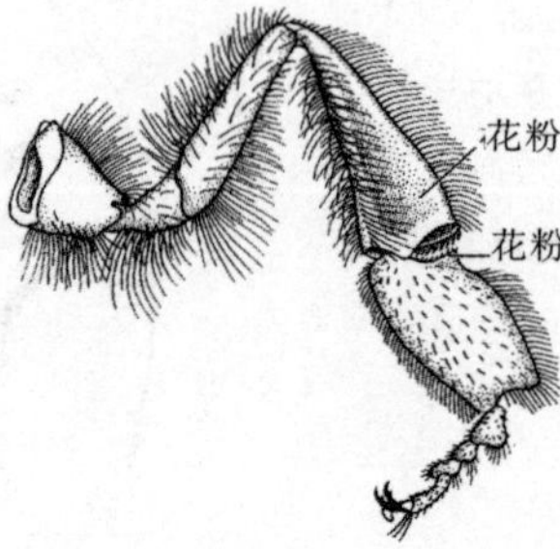

有 3 只蜜蜂的共有 36 个蜂房；

有 4 只蜜蜂的共有 36 个蜂房；

有 5 只蜜蜂的共有 9 个蜂房；

有 6 只蜜蜂的只有 1 个蜂房。

合计：136 个蜂房。

在研究吃螳螂的步甲的进食时，很难追溯它们的进食数量。这是因为它们在进食时一点儿细微的东西都不保留，甚至连角质的外壳也一起吃下，这样一来储粮的清点工作就变得不可能进行了。于是，我就在显微镜下将螳螂步甲的蜂房放大，利用那些还包含着卵或者很小幼虫的蜂房，特别是那些食物被一种小小的双翅目昆虫寄生虫吃掉的蜂房。这种寄生虫是一种弥寄蝇，它在吃猎物时不损坏它的身体，整个表皮都完好无损。用这样的统计方法研究了步甲的 25 个储藏室，得到下面的结果：

8 个蜂房中各有 3 个猎物；

5 个蜂房中各有 4 个猎物；

4 个蜂房中各有 6 个猎物；

3 个蜂房中各有 7 个猎物；

2 个蜂房中各有 8 个猎物；

1 个蜂房有 9 个猎物；

1 个蜂房有 12 个猎物；

1 个蜂房有 16 个猎物。

合计：25 个蜂房。

蜜蜂蜂巢的横断面

蜜蜂的蜂巢是由六边形柱状体构成的，底面是 3 个菱形面。

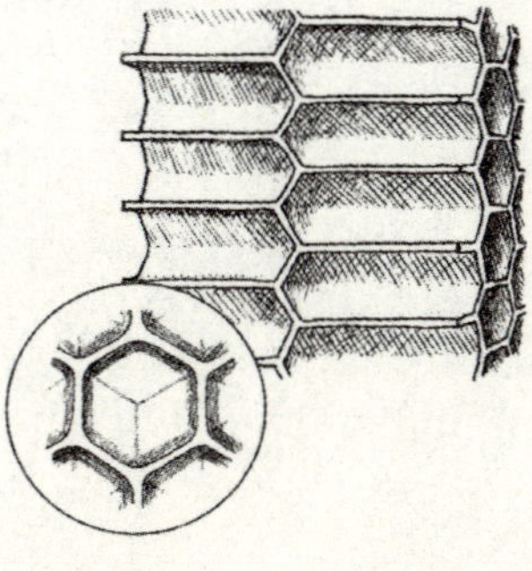

储藏室里猎物的种类不止一种，猎物主要是绿色的螳螂，但也有灰色的，还包括几个椎头螳螂，这些都包含在统计范围之内。

猎物的大小相差也是很大的，一般的长度为 8 ~ 12 毫米不等，平均是 10 毫米；也有些的长度为 15 ~ 25 毫米不等，平均是 20 毫米。

我特别注意到：如果猎物的身材小，数目就会增加。这样看来，步甲似乎用猎物的数量来弥补猎物短小的缺憾。因此，我在研究时将数目和大小这两个因素都考虑进去了，看看是不是这样。当然，这些狩猎者真的要计算粮食有多少的话，它们也只是很粗略地去估计。结果发现，它们的计算是不遵循这种规则的，每一只猎物，不论大小，在它们的眼里始终都还是一只。

我想：那些采蜜的膜翅目昆虫是否跟这些入侵者一样，在进食数目方面存在不同？于是，我打开它们的蜂房，数一数它们的蜜饼，量一量它们储藏的蜜，得到的结论是：大多数情况下，结果都和第一次试验相同，储粮根据不同的蜂房而有所变化。

例如，在一组蜂房中的一个蜂房里，有的壁蜂如带角壁蜂和三叉壁蜂，给它们的幼虫一块中间带有一点点蜜的花粉蜜饼，而在同组的另一个蜂房里，蜜块会比这一个大 3 倍或 4 倍。

高墙石蜂也是这样。我把高墙石蜂的巢从卵石上取了出来，打开蜂房就会发现，在一些蜂房里储存着很多的粮食，而离它很近的一些蜂房里则是另外一种情况：粮食很少，简直屈指可数。

既然这种现象非常普遍，那么我们就有必要弄清楚这些昆虫得到的粮食比例为什么会有这么大的差别了。

我怀疑，出现这样的结果首先是性别上的差异。对于很多膜翅目昆虫来说，雄蜂和雌蜂确实是存在差异的。这种差异不仅仅是内部或者外部的某些小结构上的不同，但这种差异与现在我们所讨论的问题好像不沾边。它们的身材大小的差异倒是由食物的数量所决定的。

在这里，我们要特别关注吃蜜蜂的大头泥蜂。与雌蜂比，雄蜂就是一张肉皮。它的身体大概只有雌蜂的1/3至1/2那样大，通过眼睛就能够清楚地辨别出来。如果我们要想知道这种差别具体的、精确的数值，就需要一个能够测出毫克的精细天平了。当然，我在农村里的那些粗糙工具只能称出诸如土豆有几公斤等，是根本达不到这种严格的、精细化的要求的。

我没有这些精细的工具，因而只能通过视觉来验证。在这里，即使是这样也足够了。因为与它的邻类相比，步甲雄蜂就和一只稗格米蜂差不多大。我们常常会很惊讶地看到它在洞口与比它大许多的雌蜂谈情说爱。

许多壁蜂两性在身材上也是有差别的，这一点是毫无疑问的，因而它们自然也就有了大小、质量和重量的差别。

同样，对于节腹泥蜂、大唇泥蜂、飞蝗泥蜂、石蜂和其他蜂类来说，这种体格上的差别不是很明显，但同样也是存在的。一般来说，雄蜂比雌蜂要小一些。当然，可能还会有一些特例，但是很少。例如黄斑蜂，其雄蜂在身材上比雌蜂就具有优势，这一点我是非常清楚的。

但是，在大部分情况下，还是雌蜂在身体上占有明显的优势。这里面也有它的道理：为了生命和物种的延续，也只有母亲才会艰难地在地

黄翅飞蝗泥蜂

泥蜂科昆虫，捕猎蝗虫和蟋蟀为幼虫的食物。

下干一些繁重的工作。

挖掘通道；钻通木头，将通道分成若干层；用水、泥和沙石来筑巢；揉灰泥，涂抹房屋；把树叶做成圆形软垫，用来储存蜜；从树胶里采集树脂，搅拌之后，在蜗牛的空壳里建育婴室；捕获猎物，麻醉它们，把它们拖进居所作为储粮；采集花粉，在嗉囊里制蜜、调和，然后将蜜饼储存起来……这种累人的繁重活，也只有伟大的母亲才会为之奉献出自己的整个生命，同样，完成这些劳动显然必须有一个强健的身体，这些劳动不是那些无所事事的情种雄蜂能干得了的。因此，从总体上讲，对于劳动性的昆虫而言，雌性是属于强有力的性别。

既然这种雌蜂身体在以后要比别的雄蜂长大很多，那么，这种身材上的优势是否就一定要求它们在幼虫的时候就吃更多的食物呢？

经过思考之后，我们会得到肯定的回答：长多少就要吃多少。例如，对于一只瘦小的雄性大头泥蜂来说吃两个蜜蜂就够了，那么，比它强壮得多的雌蜂就要吃2倍甚至是3倍，也就是说要吃3～6只。同样，对于步甲来说，也是如此。如果一个较小的雄步甲要吃3只螳螂的话，那么，雌步甲就要吃上一串，数量接近12个。这同样是因为雌壁蜂相对丰满，需要比雄壁蜂多吃2～3倍的蜜饼。这一切都是眼见的事实，对于昆虫而言，不可能做到吃得少而干得多。

尽管上述的内容是很明显的事实，但我还是要看看具体的事实与这种初级的逻辑推理是不是相符。当然，在有的时候，即使最严谨的逻辑推理，也会和事实不一样，甚至互相矛盾。

近几年来，在冬天空闲的时候，我去收集一些平时工作用得着的东西。例如，各种以膜翅目昆虫为食的虫茧，尤其是吃蜜蜂的大头泥蜂的虫茧。它刚刚向我们展示了它们食物数量的清单。这是因为在虫茧的旁边，还保留着虫子吃剩下的食物残渣，诸如翅膀、前胸、鞘翅等，这些残渣就留在蜂房的隔板上。如果对这些残渣进行统计的话，我们就可以知道这些幼虫到底吃了多少食物。现在，幼虫正待在那舒适的丝质小屋里一动不动。我呢，就这样一个茧一个茧地进行统计，很容易就得到了准确的食物数量。此外，我用容器来测量蜂房的体积，我们知道，蜂房储存粮食的多少与蜂房的容积是成正比的，据此，我就算出了蜜的数量。这样，蜂房、虫茧、粮食等需要记录的数据都记录下来了，等这些初步的准备工作做好之后，我的统计工作就正式步入正轨了。现在，只需要耐心地等候——等孵化时再来确认性别。

逻辑推理和试验结果非常吻合。有两只食蜜蜂的大头泥蜂虫茧就是雄的，而且始终是雄的；储粮多一点儿的就是雌蜂。步甲的茧里如果有 3 只或 4 只螳螂，那就是雄的；如果是 2 倍或 3 倍的储粮，那就是雌蜂。吃 4 ~ 5 只橡实象虫的沙地节腹泥蜂，就是雄蜂；吃 8 ~ 10 只的，就是雌蜂。总之，储粮多、蜂房宽敞的就对应的是雌蜂；储粮少、蜂房狭窄的就对应的是雄蜂。这是一个我此后可以依赖的法则。

这是一个奇怪的推论，它会把我们平常的观点全部推翻！然而，事实的力量是促使我们前进的动力。尽管在接受这些奇怪的观点之前觉得它如此荒谬，但我们却要努力用另一种荒谬来摆脱目前的困境。我们自己拷问自己，是否虫卵在孵化之前是没有性别的，是否食物的数量决定了虫卵的性别命运。也就是说，居住的地方食物多一点儿，地方大一点儿，这个卵就会发育成雌蜂；居住的地方食物少一点儿，地方小一点儿，它就会发育成雄蜂。而母亲呢，只是出于本能，在这里多放一点儿粮食，在那儿少放一点儿粮食；把这儿饭厅建得大一些，把那儿的饭厅建得小一些，这样卵的未来就决定于食物的多少和餐厅的大小了。

对于这些荒谬的推断，我们可以进行尝试、试验。通过一切尝试和实验，直到得出荒谬的结果。此时在别人看来是荒谬不经的言论，也许明天就成了真理。此外，由于人们对于家蜂的研究历史悠久，人们对家蜂十分熟知，所以我们在抛弃荒诞的假设之前要十分谨慎。将一只工蜂的幼虫变成雌蜂或者蜂王，不就是增加蜂房的体积和改变食物的质量、数量吗？这时，蜂的性别并没有变，因为工蜂就是没有发育完全的雌蜂。但这种变化却也很奇妙，以致有时候让我们错误地认为，只要借助于丰富的食物，是不是就可以将瘦小的雄蜂变成强壮的雌蜂呢？就让我们去从实验中得出结论吧！

我那儿有一些长长的芦苇管，在芦苇管里生活着一种壁蜂，这是一种三叉壁蜂。它们在芦苇管中用土做隔板，将居住的地方进行分层。关于如何得到这些的，以及如何得到我所要的那么多数目的蜂巢，我将在以后叙述。

沿竖直方向将芦苇劈开，这样蜂房就暴露在我们眼前了，还有它们的粮食、粘在蜜饼上的卵，以及刚刚出生的幼虫。经过无数次的重复观察之后，我知道了雄蜂在哪个巢穴，雌蜂在什么地方。只见，芦苇的前端也就是开口的那一端住着雄蜂，而雌蜂则占据着芦苇的深处，就在那个天然节的旁边。很显然，根据住处是不能判断出来的，当然只有从粮食的数量来看出性别，因为雌蜂的粮食是雄蜂粮食的 2 ~ 3 倍。

我往食物稀少的蜂房里增加食物，食物从哪里来呢？我将其他房间里吃剩的粮食拿来，将蜂房的储存食物增加了 2 ~ 3 倍；而在那些食物充足的蜂房里，我将蜜饼的数量减少到原来的 1/2 甚至 1/3。为了保证实验的可靠性，我仍需要保留一些蜂房作为验证结论之用，也就是说，它们会受到尊重——它们储存的食物原封不动，当然，无论它们的食物是充足还是稀少。这样做就使得芦苇的两个部分必须被重新放置，并用铁丝把它们固定在一起。等合适的时间一到，我们就可以看到性别是否由食物的多少所决定了。

实验的结果是这样的：在原来食物很少的蜂房里，我人为地增加了食物，使食物的数量增加到原来的 2 ~ 3 倍，结果当里面的虫卵发育长成后还是雄蜂，这和它没有拥有大量食物之前是完全一样的。而我增加的那部分粮食呢？没有完全消失，剩下很多。这是由于幼虫变成了雄蜂，这么多食物对它而言实在是太多了，它无法享受这么多食物，就在剩下的食物里面结茧。这些雄蜂，虽然拥有了足够多的食物，看得出来，多出来的食物并没有被它们利用，只不过气色很好而已。

在那些原本食物充足的蜂房里会发生什么故事呢？在那些蜂房里，食物被我削减到 1/2 甚至是 1/3。我看到的是一些茧与雄蜂的茧大小一样，没有色泽、半透明，缺乏弹力；通常正常的茧壳是深褐色，不透明，具有弹力的。有经验的人很快就可以认出来，这些作品是那些饥饿的、贫血的织工的，它们长期处于饥饿状态，在最后一点儿食物吃光之后，便努力地吐出一点儿可怜的丝，然后悲惨地死去。在食物减少得最多的

熊蜂属

大黄蜂的一种，是群居的蜜蜂，在地下筑巢。

蜂房里，由于食物极度缺乏，只剩下一只死去并且干枯的幼虫；而在食物减少得不是很多的蜂房里，有一些成虫形状的雌蜂，但是它们的身体很小，就像是雄蜂一样，有的甚至还比不上雄蜂。至于被我留下来用于作证的证人，它们验证了我的判断：在芦苇开口旁边的是雄蜂，管道末端节附近的是雌蜂。

这个实验，足以排除性别是取决于食物数量这种极不可靠的假设。在必要时，疑问的门还是要开一下。也许有人会说，实验中的人为因素达不到自然状态的精细条件。当然，在必要的时候，假设与疑问这种思维的习惯还是要适当地保持一下的。也许，有的人会说，在实验中，人为设置的环境状态远远达不到自然状态那样好。为了打消人们的一切疑虑，我想如果借助于一些实验者不插手的事实，那就最好不过了。寄生虫类就可以为我们提供这样的事实：它将向人们证明虫子的性别与食物的数量乃至质量都无关。

当我把芦苇切开的时候，我的研究课题也就从一个变成了两个。让我就沿着这两条路走下去吧！

砂泥蜂和柔丝砂泥蜂是以尺蠖蛾毛虫为食的，但我却用蜘蛛来饲养它们。当这些泥蜂吃饱喝足了之后，就开始织茧工作。吃蜘蛛的砂泥蜂会给我们带来什么样的惊喜吗？如果大家期待泥蜂因为吃了一种它从没吃过的东西后就会有什么变化的话，他必须打消这个念头。事实上，吃蜘蛛长大的砂泥蜂和吃毛虫长大的砂泥蜂完全一样，没有任何区别，正如吃米饭的人和吃奶酪的人没什么两样，这两件事的道理是完全相同的。我将我加工的艺术品——吃蜘蛛长大的泥蜂放在放大镜下观察，

蜜蜂属

蜜蜂起源于泥蜂，与黄蜂在生理学、行为学方面有差异。

但我无法找出它和自然产品之间的差别。如果你认为一般人找不出来的话，那只有找最仔细的昆虫学家来寻找它们的区别了。同样，其他的被我改换了食谱的昆虫也是这样的。

即使这样，人们还是提出了反对意见。他们认为这种区别不大的原因，可能是我的试验只停留在一个很低的阶段，如果把这个实验继续做下去，一代接着一代，也就是说，如果让砂泥蜂的后代也一代一代地吃蜘蛛，这样延续下去会有什么结果呢？这种喂养方式造成的区别，可能你一开始察觉不到，但是会随着时间的推移而不断明显，最终成为昆虫所独有的特征，即区别性特征；这些昆虫的生活习性、本能都会因此而变化；最终从一个吃毛虫的家伙变成了一个吃蜘蛛的捕猎者，尽管它们的形状跟以前比没有变化。因而，一个伟大的种类就此诞生了！这样说来，在与生命延续和变化相关的因素里，首要的因素无疑就是食物的种类了，因为食物的类型变化可以造成动物类型的改变。很显然，这一切如果正确的话，那么达尔文的那些东西就显得微不足道了。

创造一个种类，理论上是非常好的，以致人们会遗憾实验者无法一直将实验继续下去。例如，砂泥蜂刚从实验室飞出去，准备到附近的花丛中去吮吸花蜜，那么，您就跑出去追上它，让它给您产卵，然后您就用早已准备好的食物在餐厅里进行喂卵，就这样一代一代地来加强它们对蜘蛛的口味。这种想法真是太天真了！面对自然，我们处处显示出无能，又怎么可以促成昆虫食谱的变化呢？这是完全不可能的！最具有决定性的实验，是在最大限度上没有我们人为因素的干扰而完成的连续性实验。在自然界，寄生虫类做到了这一点。

大部分人认为寄生虫是依赖别人生活，不需要劳动，有许多空闲的时间，过着舒服的日子。在事实面前，这种想法是大错特错的。其实，它们的生活是最辛苦的。比如说，如果有一部分寄生虫能够舒舒服服地安家，但另一部分寄生虫可能就要遇上缺粮挨饿的情况。

看看那些芫菁，它们是很容易被毁灭的，它们为了生存，以致为了保存1个幼虫，就不得不生育1000个。在它们的家庭里，免费的午餐几乎是没有的。它们当中的一部分寄宿在主人家，由于主人的饭菜不合它们的口味，致使它们迷失了方向；另一部分则只能找到一点点食物，远远不能满足自身的需要。这些寄生虫整天忙忙碌碌却又不适合劳作，它们的命运是多么悲惨！它们又是多么失望！这些例子只是信手拈来，我们只是叙述了它们的不幸而已。

我揭示过这样的一种浪费：束带双齿蜂是以卵石石蜂的储蜜为食，它们拥有丰富的食物，多到令它们不能全部吃光。然而，在石蜂废弃的房子里，有一种小壁蜂常常会在里面筑巢。这种小壁蜂却成了这个屋子的牺牲品，因为是它们招待了束带双齿蜂。束带双齿蜂为什么会犯这么明显的错误呢？这是因为石蜂的巢是建立在卵石上半球形的砂岩里，这里是它要产卵的地方，如今巢却被陌生者壁蜂给占了，可是出现这种情况束带双齿蜂一无所知，它的任务就是趁着主人不在时偷偷产下它的卵。出现了这样的错误，不能怪束带双齿蜂：穹屋的形状还是它所熟悉的，就算让它自己去造个屋子，它对自己房子的了解也不会比对别人的房子了解得更多。这里将是它的出生地，也将是它家人的出生地，它对此一点儿也不怀疑：房子外观还是原样的——砂岩和绿油灰的外壳，门还没有，将来还是要砌起来的，还要在门口牢牢粘上一层白灰。它的心里是这样打算的，于是，它进去了，首先看见了一堆蜜。对它来说，这不可能是别的东西，只可能是石蜂的蜜饼。这不能埋怨它，如果壁蜂不在，连我们也会弄错的。于是，束带双齿蜂被表面现象误导，到别人的蜂房里产卵去了。

出现这样的失误很正常。即使失误了，也丝毫不影响它作为寄生者发挥自己的高超才能，但这对于它未来的孩子来说却是致命的错误。壁蜂的身材是如此的小，那么壁蜂储藏的食物是很少的一小块花粉和蜜，跟一个小豆子的大小差不多。这样的食物对于束带双齿蜂来说是远远不够的。如果它的幼虫按常理出生在石蜂的巢里时，那么我说过它就是一个浪费粮食者，但现在这种称谓对它来说就显得冤枉了，一点儿也不恰当。它错误地来到壁蜂的餐桌上，面对着可怜的一点食物，别说挑食，就连吃饱都不可能。它把一切都吃光了，一点儿东西也没留下。

从这种缺少食物的餐厅出来的，由于营养不良只能是皮包骨。实际上，束带双齿蜂经受住了这严酷的考验，它没有死，这是因为寄生虫类具备顽强的生命力，即使遇到了坏运气，它们也能挺过来。但是，它非常瘦小，长度不到正常的一半，体积只有正常的1/8。只要你看到它那憔悴的样子，你就会惊诧它生命力的顽强。即使是在食物极度匮乏的状态下，它仍然成长到了成虫的模样。尽管它是瘦小的，但它终究还是一只束带双齿蜂——形状一点儿也没有改变，体色也是同样的。

此外，两种性别的比例同样也遵循着既有的规律：在这个矮人国里，同样有雄蜂也有雌蜂。无论它是出生在壁蜂家缺粮的环境里，还是出生在石蜂的家里，这些都并不能使物种和性别发生变化。

寡毛土蜂也是如此，它是荆棘里的三齿壁蜂和废蜗牛壳里的金黄壁蜂的寄生虫，但它在微型壁蜂的巢里迷失了方向，由于没有得到足够的粮食，所以它只能长成普通大小的一半。

褶翅小蜂也是一种寄生虫，它能够穿过三种石蜂的如水泥墙般的巢穴进行产卵。我知道其中两类褶翅小蜂的名字。其中的一类是来自岩石或者高墙石蜂的，它们的幼虫不缺食物，在生长过程中能饱餐食物，因而它们的大小可以配得上它们的名字——巨型褶翅小蜂，这个名字是法布里齐乌斯给它取的；另一类是来自棚檐石蜂的，它们的幼虫获得的食物较少，因而相对而言巨人就小了一截儿，只配称大个子了，这样也就只能配得上克鲁格给它取的名字——大型褶翅小蜂。当然，还有从灌木石蜂中来的那一类，它们的身材则还要小，如果要专家为它们取名的话，那就只有取得再寒碜一点儿了。褶翅小蜂的身材从2倍的大小，降到了1倍的大小，尽管它们的食谱有所变化，但它们仍然是同一类昆虫。同样，尽管它们的食物数量不同，但是对三种乳儿的两种性别来说却没有影响。

我还有从不同洞穴里出来的变形卵蜂。从三叉壁蜂茧里出来的变形卵蜂，尤其是从雌蜂茧里出来的，是我所知道的发育得最好的，因为那里有充足的食物。如果变形卵蜂是从蓝壁蜂茧里出来的，那么它们的身体长度有时还不到前者的1/3，这是因为那里的食物不是很充

在蜗牛壳里筑巢

有很多蜂类喜欢在废弃的蜗牛壳里筑巢。

裕。不管从哪里诞生，但永远只有两种性别，毫无疑问，永远也是同一个物种。

还有两种调制树脂的黄斑蜂——七齿黄斑蜂和好斗黄斑蜂，它们把自己的家建立在废弃的蜗牛壳里。好斗黄斑蜂有时还为焦斑带芫菁提供免费住宿。芫菁在生长的过程中如果吃得饱，生长发育没有受到影响，它们就会拥有正常的体格，就像普通收集者看到的那样。当它抢劫了塞里昂切叶蜂的食物时，它就不会为食物担心了，因而它就显得很精神；但它有时也会失误，冒失地来到黄斑蜂的餐桌前，黄斑蜂把它的巢建在荆棘干枯的茎干里，可想而知，芫菁的生活会是怎样的了，黄斑蜂的稀粥使它成为一条可怜的肉皮。无论如何，雄性雌性都有，种族特征也一点没变，它们始终还是焦斑带芫菁，身体上带着它种族的明显记号——鞘翅的端部有一块焦斑。

其他的芫菁，诸如西班牙芫菁、蜡角芫菁和斑芫菁也是这样的。不论性别如何，它们的身材也是明显不相同的：有一部分并且数量还不少，它们的体积已经降到正常的1/2或1/3甚至是1/4。这在现在的社会人类中就相当于侏儒、不受欢迎者、残疾者，在它们当中有一些雌蜂甚至长得和雄蜂一样大小了，它那瘦小的身躯丝毫也不能够降低雄性对它们的狂热的爱情！在这里，我还要重复强调这一点：这些辛勤的劳作者生活艰难，它们经常会吃不饱，可怜的小家伙们不从那些饥寒交迫的地方出来，又能从哪儿出来呢？它们寄生的禀性从而也注定它们的命运多蹇。但这也无所谓，不论缺少食物还是吃得肠满肚圆，两种性别都会出现，作为物种的特殊特征也一直保持下去。

斑芫菁

芫菁科昆虫，我国的一种常见种类。

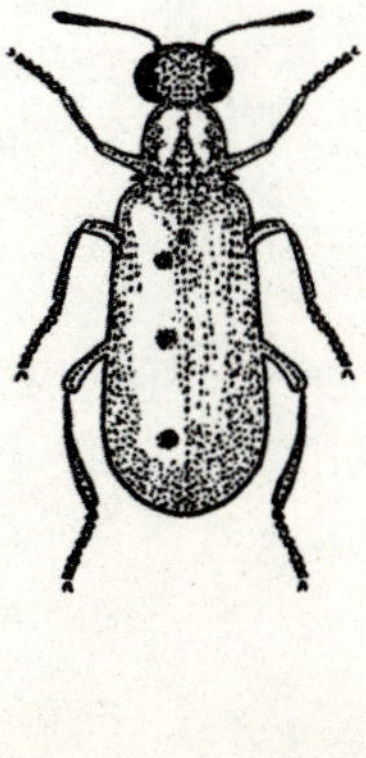

我认为没有必要在这个问题上纠缠太久，因为证据已经很充分了。这些寄生者已经向我们说明了一切，昆虫的一些特征不会随着食物在质量和数量上的变化而带来特别的改变。变形卵蜂以蓝壁蜂幼虫为食，无论它长得仪表堂堂还是变成一个侏儒，但它们始终都是变形卵蜂；不论是吃的蜜饼长大的黄斑蜂还是来自空蜗牛壳里的黄斑蜂，它们都还是黄斑蜂；焦斑带芫菁仍然是焦斑带芫菁。要想使一个物种的形状变成另外一种形状，这里不是食物因素造成的，可能还需要一种高于食物变化的因素。肚子会对生命的世界起着支配作用吗？这个因素只占很小的一个部分，它根本不能起到决定性的作用，从而也就不可能影响到生育。

这些寄生虫类的生物告诉我们这样一个道理：吃多吃少并不能决定性别。于是，我们可以将奇怪的推测变得比以前更加坚定和明确：昆虫会为它即将产下的卵积攒合适的食物，食物多少的分配是依据性别进行的，而它们事先就知道这个卵的性别。也许，真正的事实会比这个推测更荒谬。下面，我要在讨论各种壁蜂之后再重新回到这个问题上来，因为壁蜂是这个重大事件的有力证人。

第十七章

各种壁蜂

2月的天气已经变得非常好了，这也就意味着大地冬去春来，万物复苏。在一堆石子的隐蔽处温暖而潮湿，一种大戟类植物，它那原本弯曲的花序开始恢复了生机，悄悄地竖了起来，还偷偷地绽开了几朵颜色暗淡的花，虫子们这一年的辛勤劳作就从这儿开始了。当茎梢完全竖直起来时，也就预示着严寒即将过去了。

扁桃树此时也开始忙碌起来了，它常常会被阳光所迷惑，急着开花来应和时节。只要连续几天的天气好，它很快就会长出白花球，玫瑰色的芽眼在里面微笑。虽然乡间还没有完全绿起来，但看上去却像笼罩着一层圆形的白缎帷幔。这百花绽放的美妙景色，也许只有铁石心肠的人才会无动于衷。

昆虫一族中也有一些最热情的类群，它们迫不及待地加入到了自然界这一庆典当中。首先是家蜂，它们天生就是辛勤的劳动者。它们利用在冬天少见的好天气走出家门逛逛，看看蜂巢旁边的迷迭香是否绽开了。只见蜂群不停地在花冠上飞舞，一片片花瓣却轻柔地落在了树下。

家蜂并不是孤单的，还有另外一些蜂儿与家蜂在一起。它们数量并不多，在巢穴没有建起来的时候，它们只吮吸花蜜，这便是壁蜂家族：铜色的皮肤，深红褐色的体毛。

在这里，有两种壁蜂在分享扁桃树的喜悦：一开始来的是带角壁蜂，它们的头和胸上长着黑色的绒毛，肚子上却长着红褐色的绒毛；过了一段时间，三叉壁蜂出现了，它的体色完全是红褐色的。先来者是它们的花粉采集部队派出的第一批使者，它们的任务就是来确认季节是否到了，并参加那些早开的花的节日聚会。

其实，在不久之前，它们才破茧而出，离开它们在墙缝里的休息地，出来探探外面的世界。当然，如果外面依然是北风呼啸，扁桃树被冻得浑身发抖的话，它们就会赶紧回去，继续休息。你们好呀！我亲爱的壁蜂。每一年，在穷乡僻壤，面对卷着雪花的北风，你们是最早出现的，你们的到来为我们带来了春天的信息，同时也带来了昆虫苏醒的消息。

可爱的昆虫们！我是你们的朋友，就让我来谈谈你们吧。在我居住的那个地方有许多的壁蜂，它们当中的大部分是不会像其他同伴那样辛勤地工作的：它们不会为自己准备好产卵的居所，它们只需要已经准备好的房间，比方说是条蜂或蜂用过的蜂房和通道。这些准备好的房间是它们的首选，如果没有的话，它们只好退而求其次了。每种壁蜂可以根据自己的喜好，或在墙角，或在树洞、芦苇管里，或在石堆下面死去的蜗牛壳中随意安身。选好了的居所，它们只要用隔板分成若干个房间就可以了，当然，住宅的大门还是要被严严实实地封起来的。这就是它们所要做的一丁点儿安居工程。

带角壁蜂和三叉壁蜂都是使用软土来做房间的隔板的，它们像是一个粉刷工而不是泥瓦工。这种物质到底是什么呢？这种物质其实只是一种干了的泥浆，是用水滴融合成糊状。原来，石蜂是在大路上的最干最平的地方来采集它的水泥粉，然后再用一种唾液试剂将其溶解，等到干燥以后，它就变得很坚固，便能够抵抗很大的阻力。泥浆不像石蜂的水泥，石蜂的水泥即使安放在一个没有遮拦的卵石上，都可以经受几年的风吹雨打。这两种壁蜂——带角壁蜂和三叉壁蜂，它们是

三叉壁蜂

壁蜂是蜜蜂总科切叶蜂科中的一属，我国常见的有紫壁蜂，凹唇壁蜂等。

扁桃树上最早的宿主，它们并不知道这种水拌砂浆所有的化学反应。它们只会采集泥浆，然后用天然的方法调和成泥土，再将泥土晒干，而它们自己并不做什么特别的事情。这样一来，就要求它们的居所应很深，遮风挡雨的性能应很好，雨水无法浸透进去，否则筑巢的工作就要毁于一旦了。

拉特雷依壁蜂和三叉壁蜂一样，它居住的是棚檐石蜂无私让出的通道。在这个通道里，它是用别的物质做房间的隔板和大门。这是什么物质呢？它利用某种产胶植物的叶子，这种叶子可能是某种锦葵科植物的叶子，里面含有胶质，嚼碎后就造出一种绿色的黏合剂，用这种黏合剂来建造隔板和大门。当它把家安在面具条蜂宽敞的蜂房里时，通道入口较大，直径大约有一根手指的宽度，然后就用这种叶子做成的团封堵起来。在土坡上，它的房子被太阳照射变得坚硬起来。房子的颜色也很鲜艳，看上去就像是用一层蜡封起来似的。

各种壁蜂所使用的材料特性是不一样的，我能观察到的壁蜂可以分成两类：一种用泥浆做隔板，另一种用绿色的植物制成的黏合剂做隔板。第一种里有带角壁蜂和三叉壁蜂，这两种蜂的角和它们的面部有结节状隆起，就是最引人注目的特征。

南方有一种大芦苇被称做 Arundo donax，在乡村里它的用途广泛，有的被用来做院子里的篱笆，阻挡北风，还有的用来当门。人们在使用的时候，为了使形状变得规则，常常要截去芦苇梢，再将它们竖直插在地里，一道道篱笆或门就这样做成了。

我经常在篱笆里面搜寻，想要在里面发现壁蜂的巢，但我的寻找

面具条蜂

面具条蜂是膜翅目昆虫的一种，拉特雷依壁蜂和三叉壁蜂经常到它的巢里安家。

常常无功而返。这种不成功很容易解释。我们刚刚谈到，三叉壁蜂和带角壁蜂的大门和隔板都是用一种用水调成糊状的泥浆做成的，而芦苇一旦竖立起来，堵住开口处的泥浆，在下雨的时候就会遭遇雨水浸泡，于是，泥浆就会迅速分崩瓦解。壁蜂的房子也由此一层层地坍塌，一家老小很快就会被淹死。由于壁蜂比我更早预料到了会出现这种困境，因而也就不会在竖着的芦苇里建巢了。

同样的芦苇还有另一种用处，那就是人们用它来做卡尼斯——一种条筐，春天用来喂蚕，秋天用来晒干无花果。4月末和5月份，正是养蚕的季节，同样也是壁蜂的工作季节，但卡尼斯在它们无法接触的地方待着；等到了秋天，卡尼斯被放在阳光下，用来曝晒去了皮的桃子和无花果，但此时的壁蜂已消失了。当然，如果有这样一个条筐，它用旧了，被丢到了外面。在春天的时候，三叉壁蜂就常常会据为己有。它们挖掘着芦苇的两端，两端被截去了一部分并打开着。对于三叉壁蜂来说，居住在什么地方都无所谓，只要住的地方符合条件：足够大、足够坚实、卫生并且昏暗安静就行。

我发现三叉壁蜂居住的最奇特的房子是在废弃的蜗牛壳里，特别是那种最普通的蜗牛——轧花蜗牛。在山坡上种满油橄榄树，那里有一些小石墙。这些石墙是用硬石块建成的，朝向南方。在这种摇摇欲坠的石墙缝里，我们会看到一些死去的蜗牛，蜗牛壳切口那道线上都堵着土。而三叉壁蜂的一家就住在这些壳的螺旋里，它们用泥浆做成的隔板将蜗牛壳分成了好几个房间。

让我们再去看看一些特殊的石头块，特别是那些从采石场里取出来的石块。田鼠常常在那儿安家。这种啮齿动物吃的东西种类很多，无论是油质的还是粉质的，它都喜欢。另外，田鼠喜欢在草地上啃着橡栗、扁桃和橄榄、杏子核等食物，在吃这些食物的同时，它都要配上蜗牛一起吃。当它一离开这个地方，在石板盖下，就剩下一些空蜗牛壳，与其他食物残渣混在一起，数量很多。这样的场景让我想起了圣诞节前夜，按照农村的习俗，菠菜和蜗牛在一起搭配着吃。第二天，家庭主妇在打扫卫生的时候就把蜗牛壳扫到谷仓旁。对于三叉壁蜂来说，这可是不能错过的家居材料。

此外，即使没有田鼠留下蜗牛壳的地方，同样的石块也会成为这些蜗牛的庇护所，它们就在那里度日，并最终死去。因此，如果当我们看见三叉壁蜂正试图进入一些老墙的缝隙时，你可不要惊讶，它们活动的目的是显而易见的：它们在寻找房屋，寻找这个迷宫里的死蜗牛壳。

带角壁蜂的数量略少一些，它们很可能自己不太会干活儿，也就是说，从住房的形式来看不多。但是我觉得，虽然它们不善于劳动，但它们是看不上空壳的。因为我只知道它们住在芦苇做的卡尼斯里面，还有面具条蜂遗弃的蜂房里，其他的地方没有见到，特别是空蜗牛壳里。

除了拉特雷依壁蜂，它的房子是用那些糅合泥浆做成的，因而就有角状或者凸起的外壳。其他的所有壁蜂的巢都是用绿胶合剂做的，这一点我是知道的。绿胶合剂是某种碾碎了的树叶的浆，它们的房子因此都没有角状或者凸起的外壳。我想了解胶合剂是用什么植物做成的。至今为止，我的观察都没有解决这个疑问，有可能每种壁蜂都有自己的喜好，并且有自己的职业秘密的原因。但是无论准备这种胶合剂的工作者是谁，这种胶合剂的模样大致是一样的。它总是纯的深蓝色，显得很新鲜。当然，尤其是那些暴露在空气中的部分胶合剂，可能是发酵的缘故，颜色变成枯叶的褐色乃至土黄色，叶子原先的形状也变得认不出来了。隔板材料的统一并不能造成居所样式的统一，相反，每种壁蜂的居所却是差别很大，甚至是大相径庭的，尤其是那些喜欢空蜗牛壳的壁蜂表现得最为突出。

于是，拉特雷依壁蜂和三叉壁蜂一样，在棚檐石蜂那宽敞的房子里进行施工。它也会随意地在面具条蜂的居室中选择精美的蜂房来居住，也可以在横着的芦苇管里安营扎寨。

还有一种青壁蜂，它把家安在卵石石蜂的旧巢里。它家大门的塞子是用一种强度很高的混凝土做的，这种混凝土里面混合着很多浸在绿浆团里的砂浆，而房子内部的隔板只用纯的胶合剂。因为蜂巢的大门位于穹屋的拱形处，在这里，是没有任何遮拦的，还要经受风吹雨打，因而，如果房子建造得不牢固，自然就很危险，于是，聪明的母亲就想到了用砂浆混凝土来加固。

金黄壁蜂绝对只要死蜗牛壳做窝。它尤其喜欢轧花蜗牛壳，因为它的螺圈很大。这种蜗牛壳到处都是，在森林里，在草地里，在墙角下，在阳光照射得到的岩石上，处处都有。壁蜂干燥的胶合剂是一种长满了白色短毛的毡子。它可能是由某种长着针刺叶的植物提取的，也许是一种紫草科植物。

红褐壁蜂，它喜欢森林和草丛里的蜗牛壳。在4月份刮起北风时，我就看见过它在里面栖身。至于它的工作情况是怎样的，我还不了解，

蜗牛

废弃的蜗牛壳是有些蜂类的好居所。

我想应该和金黄壁蜂差不多吧。

绿壁蜂是一个小小的生物，它把家安在头状鳞茎的螺旋梯里。它模样优雅，但身材过于娇小，因而它把房子里的很大一部分空间留给了绿色的胶合剂。一个房子住两只壁蜂绰绰有余。

红腹壁蜂，顾名思义，它有一个光秃秃的红肚皮，显得很有些与众不同。它看起来是在轧花蜗牛的壳里筑巢，因为我看见过它在里面栖息。

杂色壁蜂喜欢在生活在森林里的蜗牛壳里筑巢，巢几乎是筑在螺圈的最深处。

在我看来，蓝壁蜂应该对房子不是很挑剔，它可以接受各种不同的房子。因为我在卵石石蜂的旧巢中取出过它，甚至在一眼有棵枯死的柳树的无名井里见过它。

摩拉维茨壁蜂虽然在卵石石蜂的旧巢里很常见，但我还是怀疑它还有其他的住宅。

三齿壁蜂自己造屋子。它用自己锋利的上颏尖，在枯干的树木或者在矮接骨木上钻开通道，然后在里面灌入绿浆，在绿浆里加入了一点儿茎髓锉屑，这样房子基本就建好了。它和啮屑壁蜂以及微型壁蜂的习性相仿。

石蜂喜欢在阳光下工作。它的工作场所也是随处可见的，在瓦上，在卵石上、在篱笆枝头，都留下了它的身影。它的职业习惯和方式对于好奇的观察者和研究者来说是没有任何秘密的。但壁蜂不一样，它喜欢神秘。它利用一间昏暗的房子挡住外人的视线。但是，我想看看

在蜗牛壳里安家

很多壁蜂喜欢到蜗牛壳里栖身。

它的隐私，想知道它在家里是如何工作的，是否和那些在光天化日之下筑巢的虫子一样轻松地工作。也许在它的密室中，有一些令人感兴趣的习俗。如果我的愿望得到满足，就会知道这一切。

通过研究虫子的心理能力，我知道这些虫子，尤其是它们对地点的记忆非常牢固。我就问自己，能不能选出一只膜翅目昆虫，让它在我喜欢的地点筑巢，甚至在我的书房更好。我不但希望是一只，而且我希望进行这种实验的是数目众多的蜂群。

在我家附近，生活着很多这样的虫子，当然，我的首选是三叉壁蜂。因为它常常会遇上棚檐石蜂巨大的巢，还有拉特雷依壁蜂与它结伴。既然一个计划已经成熟了，剩下的工作就是要让三叉壁蜂愉快地答应把我的书房当做家了。为了让我可以很容易地研究它、观察它，最好要让它答应在玻璃管里筑巢。但是在这个水晶通道旁，很容易让昆虫产生防范。怎样解决这个问题呢？当然是在玻璃管的周围加上一些更自然的东西，如各种粗细长短的芦苇，大小不一的石蜂旧巢。这个想法看上去不太正常，但令我很高兴的是，我的确这样做了，而且还获得了前所未有的成功。接着往下看吧。

其实，我的方法非常简单，如果我想让它在哪儿安家，就让昆虫在那儿出生，也就是说让它们在那里破茧而出，来到尘世。此外，还要在选好的地方放上一些房子，这些房子只要是自然的就行，但形状一定要像壁蜂的。我的昆虫由于在视觉上具有最初的印象，以及它还具有旺盛的生命力，这些都能够促使我的昆虫重新回到出生之地。

壁蜂如果在它们出生的地方发现了必要的生活条件，它们就会通过那些永远开着的窗子重新回来，而且还会在那儿筑巢安家。

整个冬天，我一直都在棚檐石蜂的巢里收集一些壁蜂的茧。我还去过卡班特拉，在那里的毛脚条蜂的巢里有最丰富的茧，因为我过去曾在那儿研究过芫菁，并挖掘过巨大的蜂城，从而认识了这种条蜂。我的一个学生也是我的挚友，M.H. 德维拉里奥，卡班特拉民事法庭首席长官，在我的要求下，让外人送来一个箱子，里面装满了毛脚条蜂和高墙石蜂。在这些毛脚条蜂和高墙石蜂常去的一段斜坡，这些土块给我提供了丰富的资料。总之，我得到了很多的壁蜂虫茧，多得数不胜数。

在我书房的一隅，这里有阳光散射进来，却又不会遭受阳光的直射。在这里，我把收获物从打开的大箱子里取出，放在一张桌上。这张桌子的位置是在两扇朝南的窗户之间，对着院子。这两扇窗户就一直这么开着，因为等到孵化的时间一到，蜂群就可以自由地进进出出了。

在茧堆顶端，玻璃管和芦苇根到处无序地平放着，它们的喜好和壁蜂的喜好一样，只要是不竖着放的芦苇，一般都会在那儿筑巢安家。虽然并不需要这样过于小心，但我还是在每个管道里都放上了茧。这样一来，将来就会有一部分壁蜂在通道里孵化出来，使得它们对地点的记忆只会更加牢靠。所有这些准备工作都做好之后，我就听之任之，等待壁蜂工作的时节到来。

直到 4 月的下半月，我的壁蜂才脱茧而出。如果阳光直射充足，遮挡得不是很好的小角落里的卵就会提前一个月孵化，开花的扁桃树上的那些蜂群就证明了这一点。然而，我书房里持续的阴凉推迟了它们的苏醒，但这并没有改变它们筑巢的日期。因为，筑巢的时间与百里香的开花期相同。

于是，在我的书桌旁、我的书旁、瓶子容器旁，都聚集了大量的蜂群，它们随时可以从窗户进出。

我告诉家里人不要进实验室碰这些虫子，不要扫地，也不要掸尘。因为这样会打扰蜂群，使它们对我的殷勤产生不信任。我的仆人看到积了这么多的灰尘，感到自己的失职，因而有时便不会理睬我的叮嘱，偷偷地进来，稍微扫上几下。我怀疑他是这样做的，因为我有时看到脚下死了一大堆壁蜂。这时候，它们本来应该躺在对着窗户的地板上进行日光浴呢！当然，这也可能是我自己不小心干出的错事。罪过还不算太大，因为蜂群的数量多得很。除掉那些不小心被踩死在脚下的，除掉寄生虫侵扰的那些虫茧，除掉那些在户外死去或者不认识归路的，最后再除掉一半雄蜂，我在四五个星期里，还是可以看到数目惊人的雌壁蜂。这么多的蜂群，使得我一个人无法观察所有的雌蜂活动，那么，只好局限于几只了，于是，我就给它们标上颜色用来示别；别的我就听之任之，等它们的工作做完之后我再去关心它们。

雄蜂是最先出现的。如果阳光强烈一些，它们就会在管子的旁边飞舞，好像是要好好认识地方。在那儿，它们之间相互交换着美味佳肴，在地板上轻轻嬉戏着，打闹着，相互拭去翅膀上的尘土，然后再离开。

在丁香花丛中，我发现了它们。它们正面朝着窗户，丁香芬芳的花序被它们压弯了腰，它们在这里享受着阳光和美食。等到吃饱了，它们就会悠然地飞回到蜂房。它们认真地从一根管子飞到另一根管子，把头伸进开口处，想看一看有没有哪只雌蜂准备出来。

闻香而来的壁蜂

壁蜂在丁香花丛中享受着阳光和美食。

的确，有一只雌蜂勇敢地出现了。一个追求者看到了它，另一个也看到了，还有第三个……大家匆忙地一拥而上。于是，管子的开口处聚集了许多的雄蜂，它们杂乱无章地等候在那儿，毫无疑问，这使得雌蜂的解放出来的工作变得非常困难。对于它们的进攻，被追求者很无奈，只好用上颏来敲击管子而发出的叮当声作为回应。雌蜂通常要敲上几次，使得管子发出急促的声音，而且钳子随着声音一张一合。很快，追求者们后退了。然后，或许是为了显示自己，雄蜂也用上颏做起类似的野蛮动作。美人重新回到了闺房，追求者们也重新拥挤到房门口，在那儿耐心地等待。

这时，雌蜂又重新出现，它继续着上颏敲击管子的游戏，雄蜂们又后退了，但它们也尽力地挥动着它们的钳子，仿佛在显示什么，以引起雌蜂的注意。壁蜂的表白是多么的奇怪，它们在空中挥舞着可怕的上颏，恋人们仿佛要自相残杀，它们把粗野挥舞的拳头变成一通表白的情话。

天真的爱情表白是短暂的，很快就到了尽头。相互以上颏的撞击声表示问候之后，雌蜂从通道中出来，好像对如何选择伴侣早已拿定了主意，开始无动于衷地打磨着翅膀。这时，情敌们则加紧了行动，它们一个比一个飞得高，形成了一个立柱，每一只雄蜂都尽力推搡着幸运儿，占据有利的地势。但是，那个幸运儿小心翼翼地不想放弃，它在高处，努力让自己在混乱中安静下来，当那些多余分子看到没有希望了，只好承认失败并放弃了追求时，一对新人便从这帮闹哄哄的嫉妒者中分离出来，远远地去享受美妙的爱情。这就是我对壁蜂婚礼所了解的全部内容。

雌蜂的队伍一天比一天壮大起来。它们在玻璃通道和芦苇屋前飞舞着，好像在考察着地形：它们进去后又出来，再进去，然后再飞出来，猛地一下飞进了院子。后来，它们又一个个地飞了回来。它们在外面的阳光下稍稍休息一下，就停在贴着墙的百叶窗上；它们在窗洞里滑翔，前进，飞到芦苇旁，看上一眼就又飞走，但是，过了一会儿又再飞回来。就这样熟悉家的环境，将它们的出生地固定在自己的脑海里。这让我想起了我童年待过的地方，童年的村庄始终是我最珍爱的地方，在我的记忆中抹不去。活动期只有一个月的壁蜂，两天之内便拥有了对它童年小村庄的牢固记忆。它们在这里出生，在这里恋爱，最终还要回到这里来。

最后，每只雌蜂都做出了选择。工作就紧张有序地开展起来了。事情的发展远远出乎我的预料。我为它们准备的小房间里全部被壁蜂所占据，用于筑巢。为了造成阴暗和神秘的效果，我用一张纸包住玻璃管，这些玻璃管创造了奇迹，在此之前，它们这个种族对这个宫殿还一无所知，此时，却成了它们首选的工作地点。壁蜂们纷纷抢夺这些如水晶般的宫殿，将玻璃管一个不剩地全部占据了。

同样收到了很好效果的有芦苇、纸管。准备的物品好像不够用，于是，我就连忙增加了一些。尽管没有石块遮挡，蜗牛壳还是被当做上乘的住所被占据；石蜂的旧巢，甚至蜂房极小的灌木石蜂的旧巢，都被迅速占据。落后者则没有地方可选了，于是，它们就选择在我桌子抽屉的锁眼里安家。还有一些胆大者还深入到一些半开的盒子里，盒子

壁蜂的表白

雄壁蜂向雌壁蜂表白时，彼此挥舞着可怕的上颏，仿佛要自相残杀似的。

里放着一些玻璃管，我把最近的收获物都放在里面，有各种各样的幼虫、蛹和茧，我想观察它们的发育过程。只要这些盒子有空余的地方，壁蜂便想进去安家，这是我不能答应的。

我根本没有预料到会如此成功，以致使我不得不插手，来排除这种连我都受到入侵的威胁。为了恢复秩序，使一切重新变得井井有条，我只能将锁封起来，盖上盒子，关上旧巢，最后，我必须把我用不着的一切全都拿走。现在，我亲爱的壁蜂们，我要留给你们最广阔的空间。

壁蜂们的工作是从打扫住宅开始的。在它们的新家里，到处都是垃圾：诸如茧的残留物，蜜的残汁，隔板上脱落的灰泥碎片，蜗牛壳里干枯的遗体，或者其他有碍卫生的残渣等等。这些垃圾首先应该消失。壁蜂们猛烈地拉扯着那些东西，然后，猛地一用力，将它们扯下来，挪得远远的，一直搬到书房以外。它们是一些具有过度热情的清洁工，它们拥有过分激情的原因，可能是害怕那些被它们丢在房间门口的小东西占了它们的空间。

虽然，玻璃管早就被我用水清洗过，但它们还是要再细心地清扫一遍。壁蜂给它们掸尘，先用腿节上的刷子顺着一个方向轻扫一遍，然后再用刷子倒过来打扫一遍。它们这样打扫是为了要拾起什么东西吗？答案是否定的。其实，这并不重要，只是因为它们是谨慎而勤劳的主妇，无论如何，它们都要时不时地动一下它们的小扫帚的。

好了，一切准备工作就绪，是到了储藏和孵卵的时候了。壁蜂的工作方式是由管子的内径大小决定的。我给它们提供的玻璃管粗细非常不均匀，其中最大的内径有 12 毫米，最小的有 6 ~ 7 毫米。在小管子里，如果底部合适，那么，壁蜂很快就可以在里面储藏花粉和蜜。有的管子的底部不合适，这是因为我用高粱粒做的管塞子太不规则了，并且铆合得不好，这时，壁蜂就会给它涂上一点儿砂浆。等这些小小的准备工作就绪之后，收获就开始了。

在大的管子里，壁蜂的工作进程与小的管子是完全不同的。它们要在大管子里建造隔板，这是为什么呢？我观察到壁蜂在它吐蜜的时候，是用它后腿的跗节掸下粘在肚子上的花粉，我想，管子里就必须有一个窄的入口，只够它独个通过。这样，壁蜂在通过狭窄的通道时，整个身体和壁的摩擦使得劳动者可以有一个力的支撑点，用来方便刷自己的身体。如果不这样做，那么在一个宽敞的圆柱体内，这种支撑点是没有的，壁蜂必须通过缩减通道来建这种支撑点，所以说，这样做不仅是为了使粮食储存更加方便，还是为了让壁蜂除去身体上的蜜，因而，在宽管子里安家的开始阶段，蜜蜂都要建隔板。

蜂房的长度一般根据需要设定。壁蜂从底部走出，测量出适当的距离，就在那儿竖起一个与管道的轴垂直的环形软垫。在一开始，这个软垫的圆周并不完整，边上留有缺口。壁蜂利用新的土层垫高软垫，现在，管子被一个两边有缺口的环形隔墙分开，在这个小洞里，壁蜂制作着它的蜜饼。等粮食储存充足后，卵也就产在粮仓里，小洞便被壁蜂关了起来，隔板被堵死，这个被堵死的挡板又成为下一个蜂房的底部了。然后，同样的工作又重复开始了。也就是说，在它们刚刚建好的隔板前，又要竖起第二个环形隔墙，当然，两边应该留有通道，这个通道的位置远离中心的位置。为什么通道的开口不在中央的位置？因为在隔板中心留通道不如在外侧留通道更牢固。由于主妇要无数次地在通道里来来回回，这就要求通道要更经得起外力。等到这个隔墙准备好了之后，第二个蜂房的储粮工作也很快完成，就这样，继续重复以上的工作，直到这个大圆柱体里全部住满客人为止。

这种隔板就像一堵窄窄圆圆的小墙，把大的空间变成一个一个的小房间，然后在房间里面储粮，这种工作方式仅仅是三叉壁蜂的习俗，而且带角壁蜂和拉特雷依壁蜂也熟知这种方法。拉特雷依壁蜂的工作却是非常雅致的，用薄薄的叶片做隔板，两边开着洞。就像中国人在家里用纸做的帘子隔开房间那样，它用一些细嫩的绿纸板做垫子分隔房间。只要房间没有分完，这些垫子都会被穿成月牙形。我们可以设想，想要看到这种精细的结构，恐怕只有在合适的时候打开卡尼斯的芦苇了，而且，我们只能够看到结果，不一定清楚过程。

7月的时候，让我们来切开树莓段，在那里，我们也可以看到三齿壁蜂，因为它们居住的通道非常狭窄，所以，拉特雷依壁蜂所干的活儿它们是不干的。它们也不造什么隔墙，因为通道的狭小，是不允许它们这样做的。它只是竖起一个用绿浆做成的环形软垫，仿佛是为了在收获之前，就要限定蜜饼所占的空间似的。这是否就是壁蜂的一种测量方式呢？我们可以设想，如果壁蜂不事先确定好空间的范围，那么这个蜜饼的厚度以后就受控制了。假如真的是这样，那它们可真是太有才能了！让我们请教一下在玻璃管里的三叉壁蜂吧。

壁蜂在做隔板的时候，它的身子是在蜂房之外的。它的上额带着砂浆块，时不时地走了进去，并用前额触一下前面的隔板，同时，它的

壁蜂建隔板

壁蜂在建隔板的时候十分细致，会不停地精入测量。

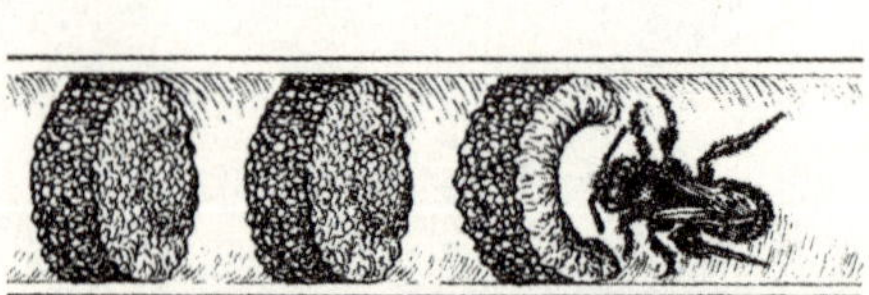

腹部末端微微颤动，叩触着正在建造中的软垫，好像它是在用它的身体丈量长度，确定了合适的距离后，就在那个合适的地方开始竖起前隔墙来。然后，它又重新去干测量的工作，为什么呢？可能它刚才没有好好地测量，或许它几秒钟前的记忆一下子就变模糊了，记不清了，于是，壁蜂就把它的石灰放在一边，又用前额去触前面的隔板，用肚子末端触后面的软垫。看着它的身体起劲地抖动着，平躺着，用身体去碰着房间的两端，谁会看不出这是一个建筑师正在解决一个重要问题呢？壁蜂在做测量，它的仪器就是它的身体。这一次好了吗？噢，没有。10 次，20 次……只要放下一点点儿砂浆，它就又重新测量一下，它始终都放心不下自己，如果不测量的话，还能不能做好这件事。

虽然工作就这样一次次被中断，但还是不停地进行下去了，隔板也做起来了。这时，壁蜂的身体弓了起来，上额放在墙的内侧，腹部放在外侧，在上额和腹这两个支撑点之间就建起了软软的建筑。小家伙就像变成一个轧机，在轧机的工作下，泥墙变细，然后成形。上额轻轻地敲着，运着砂浆；腹部末端也轻轻地敲着，并且像泥刀一样地在抹；而肛门这时也成了建筑的工具，它与隔板对面的上额遥相呼应，一起搅拌，一起弄平，来轧制小小的新的土块。多么奇特的工具呀！我从来也没有想到会有这样的工具。只有壁蜂这种小虫子才会有这样独特的想法：用身体的后部砌墙！在这个奇妙而独特的工作中，脚有什么作用？它只是放在管道周围寻找支撑点，把建筑者固定在原处。

带小洞的隔板建成了。让我们再回过头看看，壁蜂是花费了多少精力来进行测量工作的。这是虫子理性的最佳证据！在壁蜂那小小的头脑里，有着几何学的概念和测量者的艺术！一只昆虫就像房屋的建筑承包商那样，要事先测量一下自己要建造的房屋！这是很奇妙的！这些事实足以使那些怀疑论者，让那些固执地认为动物身上没有“理性不断的原子束”的人们感到羞愧的！

啊，普通的人啊！把您的脸用纱遮起来吧！通过“理性不断的原子束”这句怪话，我们今天建立起了科学的体系，那么就太好了，我的大师们！其实，我向你们提供的这个美妙的证据里只缺一个小小的细节，一个微不足道的东西，那就是事实。不是因为我没看见我所说的东西，其实这里与测量并没有关系，我将要用事实来证明这一点。

下面，我们要从整体上来看壁蜂的巢是怎样的。现在，我们要竖着切开一根芦苇，并且要小心，先不要碰到里面的东西。这样的实验如果是在玻璃管里造的一排房间里进行的就更好了。有一个细节在一开始就令人惊讶：隔板几乎与轴垂直，而且隔板相互之间的距离是不一样的。这样，由于房间是同一个根基，隔板之间的距离不相等，因而容积也就不一样了。深处的隔板是最老的，与邻近的隔板的距离最远；前一部分的隔板是离开口最近的，隔板之间距离很近。此外，长度越长的房间由于容积大，储存粮食就越充足；长度小的房间由于容积小，储存的粮食则只有大房间的1/2甚至1/3。

这便是不相等的例子。一根玻璃管内径长12毫米，里面有10个房间。从最里面开始数，数出来5个，隔板相互之间的距离以毫米作单位，数据是这样的：11、12、16、13、11；在开口附近的5个隔板距离是这样的：7、7、5、6、7。

在一段11毫米内径的芦苇里有15个蜂房，从最里面数起，它们的隔板之间的距离是：

13、12、12、9、9、11、8、8、7、7、7、6、6、7、7。

从上面的事实可以看出，如果管道直径小，隔板的距离还会更大，但总的特征不变，那就是，隔板离开口越近，相互之间距离越小。

一根5毫米直径的芦苇隔板从最里面数起，相互之间的距离是：

22、22、20、20、12、14。

一根9毫米直径的玻璃管的数据是：

15、14、11、10、10、9、10。

一根8毫米直径的玻璃管的数据是：

15、14、20、14、10、10。

上述的数据只是我记录的一小部分，如果把我的记录全部列举出来的话，它们就会把纸全部占满。这些数据能证明壁蜂是个几何学家吗？能够证明壁蜂是用它的身体作为测量长度仪器吗？很显然不能！

因为在这些数据当中，有很多数据都超出了昆虫身体的长度，而且，在一个小数字后面，有时突然又会出现一个大数字，并且在同一组里，几个数值差不多的数字后面，又会有一串数值只有前面一半的数字。对于这些数据，它们只能说明这样的一件事情：昆虫是在工作过程中将隔板间的距离逐渐缩小的。在后面，我们将会看到，大的房间是给雌蜂住的，而那些小的房间则是给雄蜂住的。

难道就没有针对不同性别的测量吗？也没有。从数据上我们可以看出来。在第一组数据中，雌蜂的房间是11毫米，开头和结尾都是这个

壁蜂的房间

这是建在玻璃管里的房间。

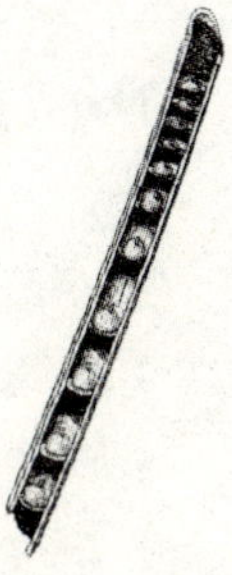

数字；在这组数字的中间，却有个16毫米的房间；在第二组数据中，雄蜂锁住的房间的间隔是7毫米，开头和结尾的数据都是这样，但中间却又变成了5毫米。其他组的数据也是这样的，也就是说，数据会有突然的冲突。我们可以设想一下，假如壁蜂的房间真的是用理性来建造的话，并且用身体做测量的仪器，那么，它们这样精细的工具，怎么会出现5毫米的误差呢？这个长度差不多是它自己长度的一半了。

另外，如果我们去观察壁蜂在一根内径不大的管子里的工作的话，壁蜂具有几何学本领的想法就会烟消云散。在那里，建造房间的时候，壁蜂并没有先来建隔板，它甚至连根基都不打好，也没有建事先用来确定边界的软垫，没有留下用于测量房间大小的基准点。这些关系都没有完成，它很快就开始进行储存粮食了。

食物储存得估计差不多了，壁蜂便带着收获后的倦意，将房间的门关了起来。我想这也是它留下的唯一烙印吧！在这样的情况下，看来测量是没有的，然而房间的容积和粮食的数量都是符合两种性别的通常需要的。

壁蜂在建房子的时候，为什么用前额碰前隔板，用腹部末端碰后隔板，而且还碰了这么多次？壁蜂在干什么呢？它所做的事，它想做的事，我一点儿也不知道。我看来只有请那些更具有冒险精神的人来完成对这项工作的解释吧！

理论是建立在一定基础上的，可是这个基础如果不是很牢固，有时就会摇摇欲坠的，如果用一点儿的事实检验，那么，这些基础就会站不住脚。

卵产完了，圆柱体里已经充满了食物和卵，最后一块隔板将蜂房关了起来。现在，在管子开口处，一道围墙终于建立起来了，用来防止那些入侵者进入房间。围墙是一块厚厚的挡板，相当于一道厚厚的工事，壁蜂在上面花费了大量物力，几乎将建几块隔板所需要的砂浆全部涂在了上面。建立这样的工事肯定要花费时间的，就算要一天的时间也不为多，因为最后的修补工作要求非常仔细，壁蜂要将所有的缝隙都粘起来，一丁点儿的缝隙都不能留下来。这些高级的泥水匠在那里摩着、擦着墙上才抹上的泥浆，它们就这么干下去，一只到满意为止。它们用上额尖一下下地戳着，头还不停地晃动，这些动作都表明它们对工作的热爱，它们干了整整几个小时，不停地打磨着盖子的表面。在这样的细心下，还会有什么敌人来侵入它们的居所吗？

可是，有一种变形卵蜂，它们在那酷暑到来的时节，用它那几乎看不见的丝状体穿透厚厚的大门，穿过茧的外壳，径直溜到幼虫那里。对于那些寄居者来说，这种罪恶的行径已经完成了。当然，也可能在壁蜂工作时，通道里便早已飞着一只不速之客，那是弥寄蝇。它们就是用壁蜂收集的食物来喂养它的家人的。它是什么时候进入的呢？还是趁壁蜂母亲不在时进入房间并在里面产卵的？我从来没有在犯罪现场找到过证据。它们会像抢劫者那样，在壁蜂收获食物回家时，敏捷地将卵产在食物上吗？这是可能的，但我也无法确认。总之，在壁蜂的小幼虫身旁，你会突然就看到那里聚集了一群双翅目小虫，它们会有 10 个、15 个、20 个，甚至更多。它们用那尖尖的嘴，使劲地戳着在它们看来是公共的食物堆，然后，再把粮食变成很小的小颗粒。粮食被它们吃

壁蜂封闭房间

卵产完了，圆柱体里已经充满了食物和卵，最后一块隔板将蜂房关了起来。

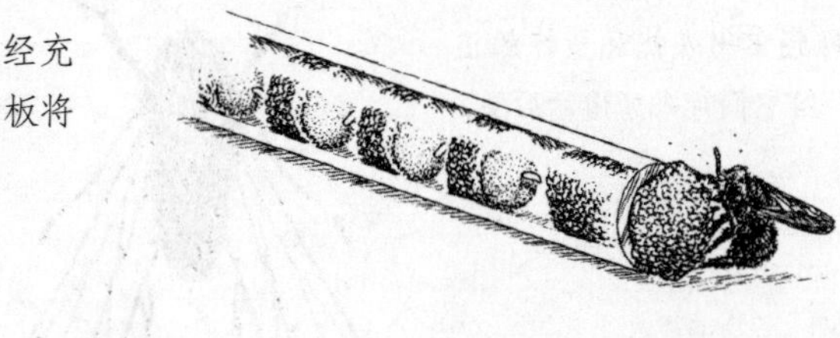

去了大部分，可怜的壁蜂的幼虫就这样被活活饿死了。这就是生活，残酷的生活，甚至连最小的生物也逃不过。热情的工作，精心的照顾，聪明的防范措施，这些都是为了什么？壁蜂的孩子被可恶的卵蜂夺走了大部分的食物，而一家老小，又因为恶毒的弥寄蝇的罪恶行径而饥肠辘辘。

壁蜂的食物常常是黄粉状的。在食物的中间部分有一点儿蜜流了出来。壁蜂把花粉做成了坚硬的红色面团，它们把卵就产在这块面团上面，卵不是躺着放置的，而是站着的。卵的前端自由，后端轻轻地固定在那块面团里。等孵化的时间到了，根部停留在面团上的小幼虫只需要弯弯它们的小脖子，就可以在嘴边吃到浸着蜜的美食了。长大以后，它就脱离了支撑点，去吃离它较远的食物。

一切的做法都蕴涵着伟大的母爱，着实令我感动。新生儿比较娇嫩，所以需要吃那种精细的面包片，等到长大以后吃的就是干面包了。如果储存的食物都是一样的，也就没有必要这么谨慎了。例如，条蜂和石蜂的食物是流动着的蜜，整个一块都是一模一样，因此，卵躺在什么地方都一样，它们躺在食物的表面，也不需要有任何特别的姿势，新生儿可以在任何地方吃它最初的几口食物。这没有什么不好，很方便，因为所有的食物特性都一样。

新生儿出生以后的第一顿饭很重要，如果没有安排好，对新生儿来说是会有生命危险的。这是因为一出生就开始吃没有加蜜的花粉，它的胃可能承受不住。又因为它们不能动，所以就无法选择吃什么，只好吃刚刚孵化出来的那一点地方的粮食。由于壁蜂的面团是边缘硬、

卵蜂

卵蜂经常出来扰乱壁蜂的正常生活，给它们带来悲惨的后果。

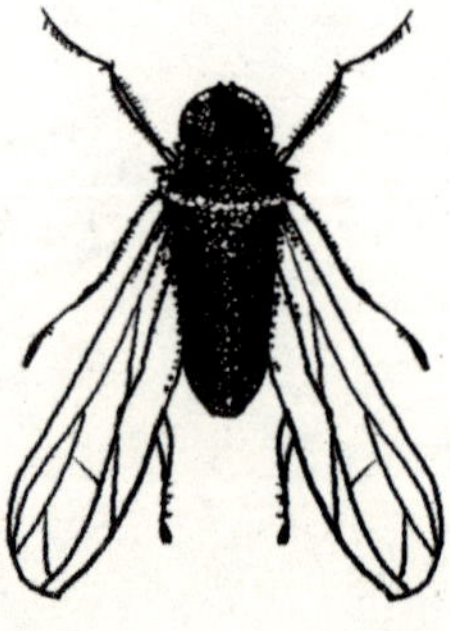

中间甜润，所以小虫子必须生在蜜饼中央，这样，在这里它只要动一下头，就能吃到胃所需要的精细食物。因而，壁蜂产卵的位置是竖立并固定在面团的中央，这样的选择是最好不过的。你想，壁蜂母亲这种细心的安排和弥寄蝇、卵蜂所造成的悲惨结局相比，真是有天壤之别呀！

壁蜂的卵是圆柱体，稍微有一点儿弯，两头呈圆形，半透明，与壁蜂自身的身材相比，卵还算是比较大的。在巢穴里，它显得有些躁动不安，不久就变成乳白色，但两端还是透明的。在很精密的放大镜下，勉强能够看得到一些精细的条纹，呈横的环状，这便是分节的最初迹象。然后，在透明的前部出现了一道分节，头部显现出来。一个不透明的丝状体，非常纤细，伸展在每一侧，这便是一节连接到另一节的气管带。最后，两边带有肉坠的、非常明显的分裂出现了——幼虫也就随之诞生了。

在一开始，人们会以为这种孵化并不是真正意义上的孵化，也就是说，没有外壳的破裂和蜕去。但是，你只有仔细观察，才不会被表面现象所欺骗。实际上，有一层纤细的膜被从前到后地蜕去了，这层膜是很难看到的，它就是卵的壳。

幼虫终于诞生了。它用根部固定在面团上，慢慢地变成了弓形，上身倒在面团上，直到此时，它的头才慢慢地抬起来，开始悠闲地用餐。很快，在身体的前 2/3 部分出现了一条黄带，这表明消化器官里塞满了食物。15 天内，你就安安静静地进食吧，然后再去织你的茧。你现在逃脱了弥寄蝇，噢，我亲爱的！可是你以后能逃脱卵蜂的吸榨吗？唉！一切都不可预知！

第十八章

性别的分配

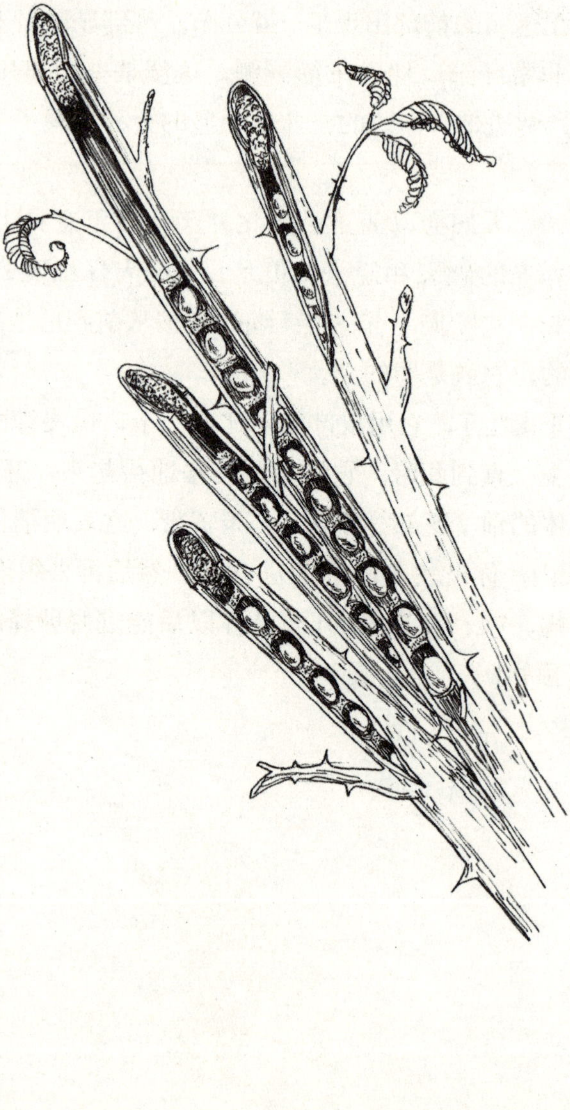

由于昆虫事先知道卵的性别，所以它就能根据即将产下不同性别的卵来储存适量的食物，也许，事实更加不可捉摸。我们在讲昆虫储存食物多少的时候，也说过这样的话。猜想应该通过实验的检验，被证明是正确的，才会转化成真理。首先，我们要知道性别的分类。

你如果不想办法精心挑选一些种类，就无法看出卵的年龄。例如，你如不是通过像节腹泥蜂、大头泥蜂和其他昆虫的挖洞动作，怎么能知道哪只幼虫出生得早一些呢？怎么在一堆茧中，判断某个茧和其他茧是属于同一个家庭的呢？在这里，出生证明是绝对不可能存在的。当然，也不是一点办法都没有，偶尔有几个物种可以解决这个困难，例如，在同一通道中将蜂房分层的膜翅目昆虫就可以，包括在树莓里的各种居民，尤其是三齿壁蜂，由于它身材上比其他的昆虫有优势，比我家乡其他的珠蜻都要大，而且数目众多，因而，它就成了我观察的最佳对象。

让我们迅速地回忆一下它的习性。在篱笆丛中，选一段长得还算好的树莓，但它已经发干，树梢也被截去。昆虫在树干里挖了一条或深或浅的通道。如果茎的髓质很软，那么昆虫做这项工作就不难。在管道深处，堆积了一些食物，一只卵就产在食物表面。这只卵就是昆虫家族的第一个新生儿。大约在离它 12 毫米远的地方，一块隔板建了起来，这个隔板是用一点儿茎髓加上一种绿浆做成的。这种绿浆以前已经说过，它是某种尚未确定的植物叶子经过昆虫咀嚼而得到的。第二层也是这样建的，里面有粮食和卵。因而，次子和长子是一样的。就这样一级一级地建造下去，直到管道被填满。最后一个用绿色厚垫将房门

三齿壁蜂

这种蜂格外喜欢在树莓里安家，寡毛土蜂是它的寄生虫。

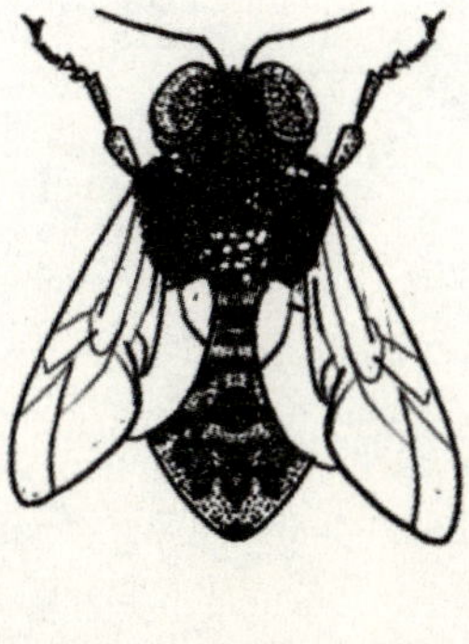

关了起来，以防止外来者侵入。

在这个公共场所里，幼虫们的出生时间是非常清楚的。一个家族的长子在底部，幼子在最高处，紧靠着大门。其他的家族也是这样，从低到高，也都按时间的先后顺序排列。这种排列的方式其实就是自己给自己进行编号：通过它们占的位置，每个茧也就标明了相对应的年龄。

要辨别出虫子的性别，则要等到6月。如果抱着这个目的去寻找壁蜂的巢，倒不是那么容易找得到的，此外，如果等到虫子都孵化时再去树莓丛，可能虫子的生活已经发生了变化，茧破了，虫子想尽快解放出去，或许早熟的壁蜂早已经飞走了。因此，你要把研究工作放在这时候开始是不妥当的。所以，我只好提前就开始，为了这些研究，我利用了冬天的时光。

我把找到的树莓段切开，茧被一只只地取了出来，并且有条理地转移到一些玻璃管里。这些玻璃管与茧原来居住的通道内径近似，这些茧的安放顺序也和树莓里的顺序完全一样地叠放着，每个茧之间用棉花塞分开，这棉花塞对于未来的虫子是不可逾越的障碍。因此，我丝毫不用担心以后会有什么混乱，根本就不用插手，也轻松地监视它们。每个虫子都会在合适的时间孵化，我只要观察它们是否都一样，确定它始终在它该在的地方就行了。小房间是用棉花筑成的堡垒，而软木塞、高粱粒都是不能做这种用途的，因为虫子会钻透它们，出生的顺序就可能会混淆。因此，想做同样实验的读者请不要忽视这些操作细节，这样才会使研究得以顺利进行。

完整的一组卵，是指从长子到幼子，要想找全它们一般是比较困难的。在很多的时候只能找到一部分卵，而且茧的数目多少不一，有时只能找到两个或者一个。这是因为母亲未必都把它的孩子们放进同一段树莓里，究竟是什么原因？我不得而知。它们在产卵时用完了第一间房子，又接着选了第二间、第三间，也许还有更多。

我发现有的一组卵间是有间隙的。有时候，在某些居所里，卵并没有生长，食物也原封没动，但是它们发霉了；有时，幼虫在织茧之前就死了；最后还有一些寄生虫，比方说带螺和寡毛土蜂，它们会取代原来的主人。所有这些原因都会使得实验数据变得不完整，如果想得到确切的实验数据并得出正确的结论，就需要数目众多的三齿壁蜂的巢了。

七八年来，我一直都在研究树莓里的住客，在我手中经过的茧不计其数。几年前的一个冬天，为了研究昆虫的性别分配，我专门收集了三齿壁蜂的4个巢，然后，我把它们装进玻璃管里，让它们在那儿安家，并细心地记录下性别。下面就是我的几组实验数据。数字的标号是从管子底部开始，然后一个个往上数直到管口。数字1表明这组中的长子，年龄是最大的；最大的数字代表的是幼子，年龄最小。数字下面对应的字母M表示雄性，字母F表示雌性。

1 2 3 4 5 6 7 8 9 10 11 12 13 14 15

F F M F M F M M F F F F M F M

这一组数字是我能得到的最长的一组，而且它是完整的，包括了壁蜂产下的全部卵。我在这里要解释一下，否则人们会产生疑问：壁蜂母亲的行动，由于没人监视，甚至没人看到过它们，你怎么知道它有没有产完卵呢？拿这段树莓来说，它的上面有一连串的茧子，而且还留下了一个10厘米长的空间。在这空间的外面，也就是在开口处，那里是蜂巢的大门，被厚厚的塞子堵住了入口。在管道里，留下了这么大的空间，如果要产卵的话，还可以放下很多的卵。现在，壁蜂的母亲却不去利用它，那就说明一个问题，壁蜂母亲的身体里没有卵可产了，因为它不太可能放弃这么一个很好的住所，而去再费力地开辟一个新的住所继续产卵。

人们可能说，如果空间没有被占满就表明产卵结束了，那也不能说明在管道的底部就是产卵开始的地方。人们还可以说整个产卵的过程是分几个时期进行的。管道里留下的空间也许标明着一个产卵时段的结束，而不是整个产卵过程的结束。对于这种理由，有的人认为很可能是正确的，但我表示反对。因为在我观察的无数个例子当中，不论是壁蜂还是其他的膜翅目昆虫，产卵的总数都在15个左右。

此外，人们应该想到这种昆虫的生命周期很短，它只有一个月，而且，在它的生命周期里，总会有几天不好的日子，如刮风或者下雨，在这期间，壁蜂母亲的工作就要停止。关于三叉壁蜂的故事我已经说过很多，如果你看到了就会明白，蜂房的建造和储存粮食所花的平均时间大约是多少，因而就很明显地知道，整个产卵过程动作应该迅速，完成此过程必须在一定的时间内。大约不超过4个星期的生命时间，期间还要有必要的休息，还要管好15个蜂房的事，母亲可没有时间耽误。如果我说了这么多的事实还不够，我将在以后再叙述一些事实以打消人们的疑虑。因此，我只能够接受的事实是：15个左右的卵就是一只壁蜂的全部子女，别的膜翅目昆虫也同样如此。

让我们再看看其他几个完整组的卵。这里有两个：

1 2 3 4 5 6 7 8 9 10 11 12 13

F F M F M F M F F F F M F

F M F F F M F F M F M

在上面的两个例子中，卵是完整的，理由也是如我刚才所讲的那样。让我们再用几组我认为是不完全的数据来结尾，在这里，因为蜂房数目较少，而且茧堆的旁边没有自由空间。

1 2 3 4 5 6 7 8

M M F M M M M M

M M F M F M M M

F M F F M M

M M M F M

F F F F

M M M

M

这些例子足够说明问题了。很显然，性别的分配是没有任何秩序的。在我的资料中，有很多完全的卵组数据，不幸的是，其中的大部分是不完整的，这是因为有的中间有间隙，或者夹杂着寄生虫、死的幼虫，或者有的卵没有孵化等等。通过这些资料，我可以说，我能够在总体上得出这样的结论：一组完整的卵，孵化出来后总是从雌性开始，并几乎都以雄性结束。

不完全的数据在这方面就不能告诉我们什么了，因为这只是一个阶段，我们不知道它是起点、终点，还是中间的过渡期。因而，我们可以这样归纳：在三齿壁蜂的卵里，没有任何按性别排列的顺序可言；数列只能说明有一种倾向，就是以雌性开头，雄性结尾。

在我家乡的树莓中，还生活着其他的壁蜂，如啮屑壁蜂和微型壁蜂。这两种壁蜂身材都很小，前者很普通，后者很稀少。到今天为止，我只见过微型壁蜂的一个巢，它的巢是和啮屑壁蜂的巢重叠在同一段树莓里的。对于这两个物种来说，性别的分配比三齿壁蜂的性别分配更为简单，我们在三齿壁蜂中看到的是一种无序，而在此处则变成了一种简单持续的性别分配。在这里，我有去年冬天收集到的啮屑壁蜂的一系列数据。

我列举出其中的几个（从管底开始数起）：

1. 12 个：7 雌，然后 5 雄；
2. 9 个：3 雌，然后 6 雄；
3. 8 个：5 雌，然后 3 雄；
4. 8 个：7 雌，然后 1 雄；
5. 8 个：1 雌，然后 7 雄；
6. 7 个：6 雌，然后 1 雄。

在上述的数据中，第一组很可能是完全的，因为雌雄的数目大致相等。第二组和第五组显然是产卵的结束，雌的数目多，因而开始段是在别处，在另一段树莓里；雄性数目较多，而且肯定在结尾。3、4、6 组和 2、5 组正好相反，因为雌蜂多，所以看上去是产卵的开始，而且还是在数据开头。如果你对这样的解释还存在疑问的话，那么至少有一个结果是确定的：在啮屑壁蜂的家里，产卵是分成两组的，雌雄蜂之间不混淆；第一组产下的全是雌蜂，第二组则全是雄蜂。

在壁蜂家族中，三齿壁蜂还是一种低等物种，性别的分配规律中还只是一种雏形：以雌蜂开始，雄蜂结束，但性别的顺序杂乱无序，但到了它的邻类身上就成了有规律的法则：母亲先照顾强壮的性别，即生命力最强的雌蜂，先产下雌卵并竭尽全力照顾，到后来，它可能精力不济，才开始照顾弱的性别，即生命力较差的、几乎可以忽略的雄性。

可惜我只有一组微型壁蜂的数据，数据的规律和我们刚才看到的差不多。这一组有 9 只蜂，两种性别的蜂之间没有混杂，开始时 5 只雌蜂，结束时是 4 只雄蜂。

我们除了要观察这些采蜜集粉的以外，还要去观察其他一些狩猎的膜翅目昆虫是如何把它们的蜂房进行排列，如何表现出茧的年龄的。在我研究的树莓中就有好几种：流浪管旋泥蜂，幼虫以双翅目昆虫为食；三室短柄泥蜂，幼虫以蚜虫为食；短翅泥蜂，幼虫以蜘蛛为食。

在截去一段的树莓里，流浪管旋泥蜂正在挖通道，但树莓必须是新鲜的并且正在生长。流浪管旋泥蜂就把巢穴安装在翅目昆虫的家里，尤其喜欢安在内层里，因此，在这个双巢穴的树莓中，会有植物汁液渗出。这种情形看起来是不利于卫生的，可能为了避免在潮湿的坏境中生活，或者是因为别的原因。管旋泥蜂对树莓并不深挖，它只挖一点点儿，就在那儿开始安营扎寨。在它们的居所里，我看到一组 5 个茧，先是 4 个雌蜂的，然后是 1 个雄的；另一组，同样是 5 个，

流浪管旋泥蜂

这种蜂以双翅目昆虫为食，常常在截去一段的树莓里安家。

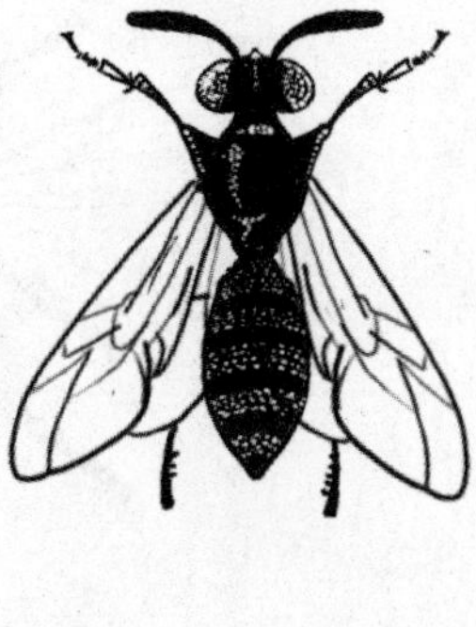

先是 2 个雌的，然后是 2 个雄的。到目前为止，这就是我收集的最全的数据了。

我本来要指望三室短柄泥蜂，因为它们的数列相对较长，但令人讨厌的是，它们的茧子总会被一种寄生虫破坏而断掉，那个讨厌的家伙就是长尾姬蜂。没有中断的数据我只有三组：一组有 8 个茧，全是雌蜂；一组 6 个，同样全是雌蜂；最后一组 8 个，全是雄蜂。这些例子似乎在说明：三室短柄泥蜂产卵是一组雌蜂一组雄蜂地进行，但是这组与组之间的相互关系就不得而知了。

短翅泥蜂是以捕猎蜘蛛而食，对于它们，我不知道有什么有价值的东西值得我去研究。它们喜欢从树莓的一头游荡到另一头。它们的家是安放在一些通道中，这些通道并不是它们自己挖掘的。即使白占别人的场所，使用起来也不经济。短翅泥蜂在里面胡乱砌上几层隔板，隔板是高低悬殊的。建立了三四个房间后，将里面塞满蜘蛛。然后，又将前一个家抛弃不用，而到另一段树莓里去建立新家。真不知道它们是怎样想的，这在我看来是毫无理由的。它们的居所里茧子数列奇短，没有任何参考价值。

刚才我已经把我们那个地区的主要物种都一一谈过了，因而树莓里的居民再也没有什么可告诉的了。现在，让我们去询问另外一些膜翅目昆虫吧！它们的茧同样也是成线形分布的。切叶蜂是将叶子剪成一定的形状，并把这些叶子做成顶针状的容器；黄斑蜂用飞花编织蜜袋，并把蜂房一个接一个地排进某个圆柱体通道中。这两种蜂在通常情况下是不建造居所的。假如在哪个坡上有一个通道，或者某只条蜂的旧

在蜗牛壳里安家

膜翅目切叶蜂科昆虫。体长 8～12 毫米，能穿透木莓等茎干，在筒状的空间里建造小屋，用于储存蜂蜜、花粉，产卵。

房子……，这些都是它们习惯的居住场所。这种宅子并不深，我在几个冬天充满热情地去寻找，想要得到我想要的东西。可是，结果未能如愿。得到的茧组的数目都很少，至多是四五个，常常只有一个。更加糟糕的是，几乎所有的茧组都被寄生虫破坏而中断，因此，我无法根据这些得出任何结论。

我突然想起，在切断的芦苇管道中，在很久以前我遇到过的一种不知是黄斑蜂还是切叶蜂的巢。于是，在荒石园里，在阳光最充足的墙角边，我建了一些新品种的蜂房。这些蜂房由一些南方大芦苇构成，取其中的一些节段，把一端打开，另一端由自然的节封住，连起来就像畜牧神使用的大笛子。我发出的邀请被他们接受了，壁蜂、黄斑蜂和切叶蜂等蜂拥而至，尤其是第一种，对我设计这个奇特的建筑很感兴趣，它们利用得最多。

因此，我得到了关于黄斑蜂和切叶蜂的茧组，茧组非常好，甚至有十几个茧。然而令人痛心的是，我的所有蜂房都毫无例外地被寄生虫侵犯。用刺槐、绿橡树和笃蒋香的叶子做小花盆的切叶蜂被八齿尖腹蜂寄宿；而黄斑蜂的家则被一种褶翅小蜂占据。所有的茧组里都被一种颜色斑斓的寄生虫侵占，而且数量很多，非常密集，它的名字到现在我还不清楚。总之，我那似畜牧神长笛的蜂房，虽然它们在别的方面对我很有用，但对于性别排列规律来说，却没有什么要告诉我的。

我最喜欢和三种壁蜂打交道，它们是：三叉壁蜂、带角壁蜂和拉特雷依壁蜂。我所需要的出色数据都是它们向我提供的。三种壁蜂要么生活在我家墙边上的芦苇段里，要么生活在它们习惯的地方，即棚檐石蜂的大巢里。其中三叉壁蜂做得更好，就像我前面所说的那样，它在我的书房里筑巢、安家，而且数目很多，还不挑剔，把玻璃管和我选的其他地方都当做它们熟悉的芦苇管道。

这种虫子给我提供的资料很丰富，比我预想的要多得多。好！下面我们就去看看它们产卵的平均数是多少。

在我书房里的玻璃管、外面的卡尼斯中和似畜牧神长笛的管道中，我有 15 个绝佳的蜂房，只要它们上方留有自由的空间，则就表明蜂儿的产卵已经结束。因为，如果它还要继续产卵的话，壁蜂的母亲就是会利用那些闲置空间。一组有 15 个数字，这对我来说是很稀少的，我从未发现有超过 15 个的。在玻璃管和芦苇中，我饲养了它们将近两年，这些让我知道，三叉壁蜂产卵是不喜欢长数列的。似乎是为了将来更容易出来，减少未来解放时的困难，它们通常会选择较短的管道，先在里面产下一部分卵，然后，母亲就转移到另一个居所继续产卵。为了得到它们所产的卵是一家的证明，我在壁蜂即将完成关门的工作时，用刷子在它胸腔做了一个彩色的记号，这样，壁蜂即使到不同的家去，我也可以认出它们来。

采用相同的方法我得知，在第一年里，蜂群在我书房里平均造了 12 个蜂房。第二年，也许季节更适合，或许是别的原因，平均数提高了一些，达到 15 个。我注意到，它们产卵最多的地方不是在管子里，而是在一个蜗牛壳里，达到了 26 个蜂房。此外，8 ~ 10 个的卵是很少见到的。最后，通过我的整体记录就可确定壁蜂一家大约有 15 口。

在前面我已经提到过，在同一组里的蜂房大小有巨大差别。蜂房

蜗牛壳里的蜂房

蜂群产卵最多的地方不是在管子里，而是在一个蜗牛壳里，达到了 26 个蜂房。

的隔板在一开始间隔的距离较大，但随着离开口越来越近，隔板的间距越来越短。这一切表明，大的蜂房在底部，小的蜂房在上部。因此，在一组当中每间房中，它们的储粮彼此是存在差别的。据我所知，这些情况是没有例外的。即大房间，也就是一组开始的那间房，比末尾的小房间的储粮要多。前者的花蜜和花粉堆的数量是后者的 2 ~ 3 倍。最后面的房间，也就是最小的房间，储存的粮食只不过是一簇花粉，少得令人怀疑这些幼虫吃这么少的粮食会变成什么样子。

看上去，壁蜂在产卵末期，对它的幼子所给的关注不是很多，给它们的空间和粮食都很少。而产长子时，它们热情高涨，因而食物充足，房间宽敞。随着工作热情的慢慢减弱，因而幼子们的食物配给少了，给予的空间也小了。

壁蜂们的茧织起来后又表现出另一个差别：大房间即下面的那些房间，茧很大；而小房间即上面的那些房间，茧要小，只有下面的 1/2 到 1/3。要想知道壁蜂的性别，要等到夏末成虫出现时，打开茧来确认。如果没有足够的耐心，也可以在 7 月末或 8 月初的时候打开它们。在那时，虫子已成蛹态，我们也可以在这种情况下分辨出性别。根据触角长度来判断，雄蜂的要长一些，雌蜂的要短一些。当然，还可以根据前额有无晶状凸起判断：晶状凸起是雌蜂将来才会有的甲胄。根据这样的规律，小的茧和上面最狭小、食物最少的房间里的茧，都属于雄蜂；大的茧，下面最宽敞、食物最丰足的房间里的茧，都属于雌蜂。因此，很清楚地得出结论：三叉壁蜂的产卵前一组是雌蜂，后一组是雄蜂。

畜牧神的长笛子被我放在院墙的墙角，卡尼斯在外面水平放着，它们都给我带来了数量充足的带角壁蜂。我决定让拉特雷依壁蜂在芦苇里筑巢，所以我就在它的家门口平放上几段芦苇，靠近它时常出入的地方，即棚檐石蜂的巢旁。它竟带着一种狂热的激情和出乎预料的活力干了起来。最后，我毫无困难地使它在我的书房里筑巢，把玻璃管当成自己的家。结果，却大大出乎我的预料：这两种壁蜂和三叉壁蜂处理管道的方式是一样的。

在下面，蜂房宽敞，食物充足，隔板间距很大；在上面，蜂房狭窄，食物很少，隔板间距很小。最后，大蜂房让我收获了大的虫茧和雌蜂，小的蜂房则收获了小的虫茧和雄蜂。从这三种壁蜂得到的结果是完全一样的。

我们在结束讨论壁蜂之前，还是来说一下它们的茧，从体积上看，关于两种性别的身材，它们会给我们准确的资料，这是因为成虫的体积大小和丝壳体积是成正比的。这些茧都是椭圆形，所以可以把它们看做是一些绕长轴公转的椭圆体。椭圆体的体积公式可表示为：$4/3\ \pi ab2$。公式里长轴长 $2a$，短轴长 $2b$。

因此，三叉壁蜂的茧平均体积是这样计算的：雌蜂 $2a$=13 毫米；$2b$=7 毫米，雄蜂 $2a$=9 毫米；$2b$ =5 毫米。

由此可以得出：13×7×7=637，9×5×5=225，637 与 225 的比，就近似等于两种性别的体积之比。这个比值在 2～3 之间，所以雌蜂的体积是雄蜂的 2～3 倍。这个比值也是符合它们得到的食物多少的比值，当然，从视觉上也是能够看得出来的。

带角壁蜂体积的平均值是这样计算的：雌蜂 $2a$=15 毫米；$2b$=9 毫米；

壁蜂的茧

壁蜂们的茧在下面那些房间的较大，在上面那些房间的较小。

雄蜂 $2a$=12 毫米；$2b$=7 毫米；

15×9×9=1215 和 12×7×7=588，1215 与 588 的比值还是在 2～3 之间。

膜翅目昆虫的卵是线形排列的，除了它们，我还参考了其他的昆虫，虽然它们的分法确实不如壁蜂严谨，当然还是看得出来的。它们当中有高墙石蜂，它们的巢是育屋形的，建在卵石上，对此我们已经非常熟悉了，在此就不再赘述。

石蜂母亲都会挑选一块卵石，并在上面单独进行工作。它成了这个地方独一无二的主人，它监视着石头，唯恐失去它，即使有同类想在上面休息一会儿，它也会急忙予以驱逐。因此，同一个巢里的居民没有外来人，它们总是亲兄弟姊妹，是同一个母亲的孩子。

此外，如果卵石的面积足够大的话，石蜂是没有任何理由在开始产卵后离开它，又到另外一个地方去产卵。因而，这个条件是很容易满足的。同样，它对自己的时间和砂浆都非常珍惜，如果没有足够的理由，它是不会在这方面造成浪费的。所以，只要每个巢是新的，只要壁蜂已经开始做了些准备工作，那么它就会产下所有的卵，一个也不剩。当一只旧巢，是别人住过的，不是自己建造的，现在被翻新，那么产卵的情况就完全不一样了（这个问题会在后面叙述）。因此，一个新建的巢，除了很特殊的情况，应该包括一只雌蜂的全部的卵。那么，我们只要计算出这些蜂房，以及每个蜂房里卵的数量，就会得到整个家族的数字。每户的最大值是在 15 左右浮动。至于那些数目最多的组，肯定也是最少见的卵组，我看到的有一组可以达到 18 个。

如果卵石表面很规则，那么在第一个蜂房的根基旁，石蜂就能够很容易地朝四面八方扩张它的建筑。因而，我们可以看到，中央地带的蜂房应该是最早建立的，而四周的蜂房是后来建造的或是刚刚建造的。因为蜂房的分布是连续的，前面的蜂房为后面的蜂房充当隔板，所以，我们可以大致计算出建造蜂房的时间，根据这个规律我们就可以分辨出性别是按什么次序排列的。

冬天，蜂群已经变成了成虫，而且是很长时间了，于是，我就开始收集石蜂的巢。我用锤子猛烈敲击卵石边，只要几下，蜂巢就从支撑点上取下。在用砂浆做成育婴屋的根基处，蜂房大门向我们敞开着，里面的东西一览无余。我轻轻地将茧从蜂房里取出、打开，然后仔细观察里面的虫子，分辨它们的性别。

为了做这项研究，在六七年里，我用这样的方法收集了无数只蜂巢，也访问了无数个蜂房。你要问我到底收集了多少个蜂房，如果全说出来，数目听上去很夸张。举个例子说吧，有时，仅仅一个早上，就收获了60只石蜂的巢。尽管蜂巢都已被从石头上取下来了，但是把这些蜂巢运走一个人是办不到的，还是需要一个帮手才行。

蜂巢的庞大数目可以使我的观察得出这样一个结论：当组群规则时，雌蜂房便在中心部位，而雄蜂房则在边缘的位置。如果卵石不规则，蜂房的建造就不是以中心作均匀的分布，但法则仍然很明显。也就是说，一个雄蜂房的四周从来不会围着雌蜂房；雄蜂房要么在巢的边缘，要么跟几个角相毗邻，这一组蜂房的外层总是由雄蜂房构成。由于外围的蜂房是建在里面的蜂房之后，因而，我们能够看到的情况和壁蜂的类似：它先产雌蜂的卵，后产雄蜂的卵，每种性别都成一个组列而不同另一组混杂在一起。

除了包围或被包围的蜂房，还有其他的情形也可以证明这些规律。如果卵石有一个突然的断层，而形成了一种二面角，其中一个面近似竖直，另一个面呈水平状态，这样的角便是石蜂喜欢的地方。因为，可能它觉得有两个平面可以支撑，这样它所建造的建筑物便会更加稳固。在我看来，这样的地方是石蜂很喜爱的，因为我发现了很多巢都是双面支撑的。在这样的巢中，所有的蜂房仍然像惯常一样，以水平面为根基，但是，那些最早建的蜂房是贴着垂直面相交的部分的。

最早建立的蜂房占据了二面角的棱，它们始终是属于雌蜂的，除了棱上的某个端点处的蜂房，因为它在外部，所以可能是雄蜂的。这列之外还有其他的列，同样，中间的部分是属于雌蜂的，末端才是雄蜂的。最后的这一列包在外面的最外层，里面只有雄蜂，而没有雌蜂。工作在这里可以说是露出了端倪：石蜂先筑中央的雌蜂房，第一列在二面角的棱上；工作要结束时，就把雄蜂房建在周边地带。

二面角的垂直面的高度较高的话，那么石蜂的母亲在建造第一组蜂房后，会继续建造第二组蜂房，二者重叠起来，但很少会建造第三组。这样，巢就有了几个层次。底层是最先建造的，只有雌蜂；高层是最后建造的，只有雄蜂。在这里，中间层甚至底层也可以有雄蜂，这样做是不违背规则的，因为这里的工作可以被视为石蜂的最后工作。

这一切都证明了一个事实的存在：那就是在石蜂的家里，雌蜂总是第一个出生，拥有中间的部分和土城堡的最佳保护；雄蜂只能够在外层，处在最容易被外界侵害的地方。

雄蜂的蜂房不仅仅是在房子的位置上与雌蜂相比存在着区别，而且它的蜂房的容积也比雌蜂的小。为了计算这两种蜂房的容积，我是这样做的：将空的蜂房填满很细的沙子，再把这些沙子倒入一个直径5毫米的玻璃管里，这样，沙子柱的高度就和蜂房的容积成正比。我测量了许多的蜂房，也得出了很多的数据，我可以随手拿出一组让大家看看。例如，在一个二面角上有13个蜂房，雌蜂房的沙柱长度数据如下（单位是毫米）：

40、44、43、48、48、46、47；平均值为45。

雄蜂蜂房的数据是：

32、35、28、30、30、31；平均值为31。

从上面两组数据可以看出，两种性别的蜂房容积比值大约为4∶3。蜂房所容纳的物体体积与容器的容积也成正比，这差不多正好是雌雄蜂储存食物和身材的比例。这些数字等一会儿还有用处，将被我们用来解释这样一个问题：如果某个旧的蜂房被两次或三次占据，它开始时是属于雌蜂还是雄蜂的。

在这些情况下，棚檐石蜂的蜂房是提供不出数据的。这是因为许多不同种的蜂儿在同一个地方安家建巢，你不可能观察到某一只石蜂的工作，并且它们的蜂房也不是在一块儿的，而是分散在四处，很快就会被其他石蜂的活动所干扰。在一个喧闹的蜂群中，每个蜂的劳动是与别的蜂夹杂在一起的，你根本无法分清。

灌木石蜂，它是怎样工作的，我没有很好地观察过，当然，我也无法确定这种蜂是否单独建巢。它的巢像一个泥球一样悬挂在枝条上。有时，这个巢就像一个大核桃，看上去好像是一只蜂的劳动成果；但有时会有拳头般大小，这肯定是几只蜂的作品。因为在这样大的巢里面至少有30多个蜂房，所以它肯定是几只工蜂互相帮忙而建成的。因而，这样的蜂巢是不能为我们提供一些确切的东西的。一个核桃大小的巢还是值得信赖的，因为它看上去好像是一只蜜蜂单独完成的。在这样的一组蜂房中，雌蜂的蜂房在中间，体积较大；雄蜂的蜂房在周边，而且蜂房体积较小。这一切又和卵石石蜂为我们带来的知识是一样的。

通过上述事实，我们可以得出一个简单的结论：三齿壁蜂是一个特例，它产卵是无序地将性别混杂。其他的膜翅目昆虫，很可能还有许多其他的昆虫，在开始时都是持续产下一系列雌蜂的卵，然后才产下一系列持续的雄蜂的卵；前者的食物较多，蜂房的容积大，后者的食物较少，蜂房也更窄小。

这种性别的分配规律和我们早已熟知的蜜蜂的规则是一致的。蜜蜂的产卵开始是一长串的工蜂或者瘦弱的雌蜂，最后以一长串雄蜂结尾。在蜂房容积和粮食数量上的分配也和蜜蜂一样。真正的雌蜂和蜂王，无可比拟地拥有一些蜡质的蜂房，比雄蜂的蜂房要宽敞得多，里面的食物也充足得多。这些事实都证明这些法则是具有普遍性的。

但是，这个法则就可以代表全部事实吗？除此之外，难道就没有别的产卵方式了吗？壁蜂、石蜂还有其他的蜂在产卵的时候就一定要把性别分成两个明显的组群，雄蜂的组群接在雌蜂组群之后，两者之间就没有混杂吗？如果自然条件改变了，母亲会不会为了适应环境而无可奈

灌木石蜂的巢

灌木石蜂的巢好像一个泥球一样悬挂在枝条上。

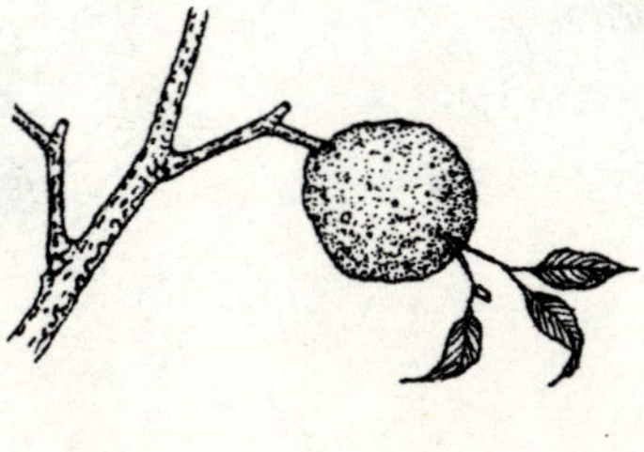

何地改变这种产卵方式呢?

三齿壁蜂的产卵问题到现在仍没有解决。在一段树莓里，两种性别的卵的链接很不规则，就像是随意组合的那样。在芦苇管道里，三齿壁蜂的同类带角壁蜂和三叉壁蜂，为什么却将两种性别的卵分开，进行有序排列，而没有混杂呢?树莓里的虫子的产卵方式，它在芦苇里的同类们为什么就不那样做了呢?我知道一时半会儿是不能解释这种生理行为上的巨大差别的。

这两种膜翅目昆虫属于同一类，因而它们的形态、内部结构、习性都差不多。但是，从这些相似的胜利行为中，却突然出现了不同的产卵方式，真是令人感到很奇特。三齿壁蜂产卵缺乏秩序的原因到底是因为什么呢?

假如我在冬天观察壁蜂的巢，在大多数情况下，我是打开一段树莓，但我不可能准确地将雌蜂的茧辨别出来，因为它们的体积差不多大，蜂房的大小也是一样的;树莓的管道粗细相同，隔板相互间的距离大致也相等。

假如在7月，我在它们进行储存粮食的时候打开蜂巢的话，我也不可能将雄蜂和雌蜂储存粮食的区域辨别出来。这是因为在所有的蜂房里，如果测量蜜柱的长度，得到的结果是相同的。两种性别的蜂所占的空间以及所拥有的食物都是没有差别的。

我预见到造成这些结果的原因是与两种性别的蜂在成虫状态的体积大小有关，这可以也是对它们进行直接观察的结果。从身材上的大小上来看，雄蜂和雌蜂是没有明显的区别。如果要说雄蜂小一点儿，

雌雄壁蜂大小有别

雌壁蜂和雄壁蜂的大小差异较为明显，图中较大的为雌壁蜂，较小的为雄壁蜂。

那也是微乎其微的；但是对于带角壁蜂和三叉壁蜂来说，雄蜂要比雌蜂大得多，一般是大 2 ~ 3 倍，就像向我们展示的茧的大小那样。对于高墙石蜂来说，尽管差别没有那么大，但还是有一定的差别。

因此，三齿壁蜂就不必像其他的同类那样操心了。它的同类要根据卵的性别，来操心它们居所的大小和食物的多少。所以，三齿壁蜂的一组卵从头到尾大小都是一样的，即使性别杂乱也没什么关系；每一个孩子都可以得到它所需要的东西，而且，还不论它在什么位置，对它们来说都是没有影响的。

另两种壁蜂就大不一样了，因为性别的差异而造成身材上的不同，所以它们就要关心下一代生存的空间和食物多少的问题了。在我看来，这就是它们为什么把宽敞的房屋、充足的粮食放在开始的房间，因为这里都是雌蜂的住所；而把狭窄的蜂房、匮乏的食物放在结尾处，因为那儿是属于雄蜂的住所。这样做就是为了把两种性别划分界限，这样做是为了避免把房间和食物分配错。如果不是这种原因的话，我也就找不到其他可以说明的东西了。

这个有趣的问题对于我来说，思考越多，越觉得有可能。三齿壁蜂产卵的不规则性和其他壁蜂、石蜂和一般的膜翅目昆虫的产卵的规则性，都应该归结成一个普通的法则。

这种以雌蜂开头雄蜂接尾的产卵分类方式不是事实的全部，应该还有其他更多的事实。这只是真理的一角，全部的真理是会非常引人注目的。我将通过实验来发现它。

第十九章

母亲支配卵的性别

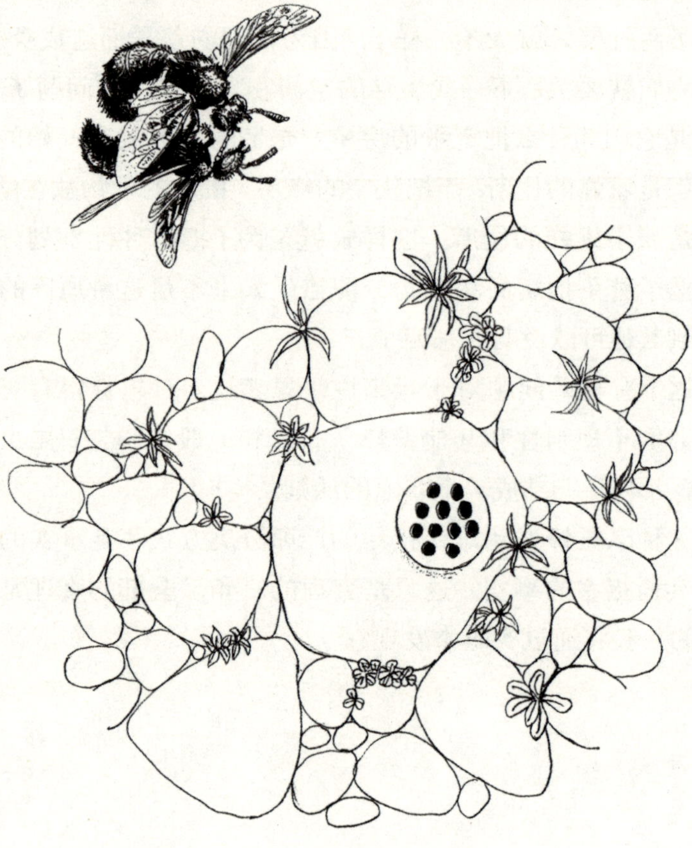

如果石蜂的旧巢还足够牢固，在来年常常会被再利用。当石蜂筑巢的季节来临时，石蜂母亲们就展开了一场战争，它们奋力争抢着旧的巢穴。当其中一个石蜂对一个巢穴心仪已久时，它就去赶走其他的母亲，将其占为己有。

旧宅子并不是一座破房子，只是原来的房客在出来时把它钻了许多的孔，修复工作对石蜂母亲来说只是小菜一碟。旧屋主在破门而出的时候撞下了一些土块，于是，新屋主将这些垃圾一小块一小块地清理出来，并把它们扔得远远的。茧的残留物也要扔掉，但这并不是必须的，因为有时精细的丝质外壳与房屋内表面贴得很牢固。

接下来，石蜂母亲就开始储存粮食了，然后产卵，最后用砂浆将房间的大门封起来。同样，第二个蜂房也被利用，然后是第三个。就这样，一个接一个，只要还有空余的，只要母亲身体里的卵没有产，所有的旧房子就都会被利用上。最后，穹屋被涂上一层厚厚的灰泥，这样整个房子的面貌就焕然一新了。

如果母亲的产卵工作还没有结束，它还要去寻找别的旧屋完成产卵。也许，它只有在找不到旧宅时，万般无奈才会建新房子，因为老房子会省去大量的时间和劳动。

总而言之，在我收集的无数蜂巢里，我发现的旧巢的数目比新巢的数目要多。那么，如何区别两种不同的房子呢？

光从外部的模样是看不出来的，因为石蜂早已把旧屋子的表面精心翻修一新了。石蜂母亲很清楚，为了能在冬季抵御风雪严寒，这个表面应该牢固结实。内部的装修就是另一回事了，可能只是为了实用，明眼人一眼就能看出它是旧的。

例如，在有些蜂房里，食物至少有一年的历史了，还是原封不动，不过早已干枯发霉；卵当然也没有发育；还有一些已死去的幼虫，随着时间的推移变成了一条僵硬腐臭的短圆柱体；此外，还有无法出来的成虫，可能因钻破屋顶而筋疲力尽，最后劳累而死。

在里面，我们常常还能看到有一些入侵的褶翅小蜂和卵蜂，它们出巢的时间要晚一个月左右。总之，旧房子里并不是所有的房间都空着，差不多有相当大的部分，要么被没有孵化的寄生虫占据，要么被腐败的食物、干枯的幼虫以及因无法解放自己而死的石蜂成虫占据。

这样的情况很少见，大多数时候每个房间都会被利用。即使是这样，我们还是有方法可以将旧巢与新巢区分开来。记得我曾说过，茧与壁贴得很紧，母亲可能做不到，也可能认为没必要费力气把留下来的这层皮取走。于是，新茧的底是夹在老茧的底里面的。这种双层外套的结构就清楚地告诉我们，这是两代和两年的历史了。我曾经还发现过底部套在一起的三只茧。如果没有更多的旧巢可用的话，卵石石蜂的巢可以连续使用三年。最后，直到它真正变成了名副其实的破房子后，干脆就留给蜘蛛和其他各种小的膜翅目昆虫了，让它们在这些摇摇欲坠的房子里安家。

我们发现，旧巢几乎容不下石蜂所有的卵，因为，一家子大约要占 15 个蜂房左右。可是，旧房子能用的房间数目是不确定的，是有限的。在大多数的情况下能接受一半左右的卵就不错了。有时只能利用四五个蜂房，有时两个甚至一个，这是石蜂在旧巢里一般能用的数目。

变形卵蜂

变形卵蜂以蓝壁蜂的幼虫为食。

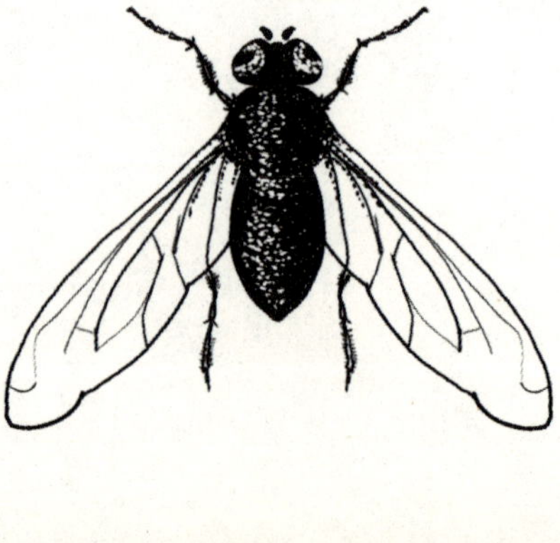

这种数目的限制其实很好解释，因为很多的房间被寄生虫侵占了。

然而，在这些被强行撬开的老巢里，卵的性别又是怎样分配的呢？它们的排列方式彻底推翻了一组雌蜂然后一组雄蜂的分布规律。这个规则是从对新蜂巢的研究中得出的。如果这条准则是永恒不变的，那么我们在旧巢里就应该发现有的旧巢里只有雌蜂，有的旧巢里只有雄蜂。这当然要看产卵是在初期还是在末期。如果巢里同时具有两种性别的卵，那就意味着这是产卵的前期到后期的过渡时期，这种情况应该并不多见。

但实际情况并不是这样的。在大多数情况下，旧巢里总是有雌蜂也有雄蜂。无论空的蜂房数目多么少，只要房间的容积符合正常的要求，雌蜂便占据大房间，雄蜂则使用小房间，就像我们以前看到过的那样。

旧房子里的雄蜂蜂房是能够看出来的，因为它处于周边的位置，也可以从它体积的大小来发现。雄蜂蜂房的体积在直径 5 毫米的玻璃管里平均容积为 31 毫米的砂柱。在这些旧雄蜂房里，有第二代和第三代的雄蜂，而且只有雄蜂。雌蜂的旧蜂房位于蜂巢中部，砂柱容积为 45 毫米；在雌蜂的旧蜂房里，则住着雌蜂，而且只有雌蜂。

即使在同一个蜂巢里，里面只有两个可用的蜂房，一大一小，还同时出现了两种性别。这就清楚地表明，如果在新建的巢中被证明是有规则地进行性别分配的话，那么在此处就是被一种不规则的分配所取代，这种分配是与蜂房的数目和容积相适应的。

因此，我们可以设想：如果在石蜂面前只有五间蜂房可用，其中两间大的，三间小的。房间的总数大致上是产卵数的1/3。于是，在两间大的蜂房里，它产下雌蜂的卵；在三间小的蜂房里，它产下雄蜂的卵。

这样的事实总是重复出现在所有的旧巢中，我们因此不得不接受这个事实：石蜂母亲事先知道它要产下的卵的性别，因为这只卵是必须产在容积适合的蜂房里的。除此之外，就是石蜂母亲在产卵时可以随时随地按性别连接顺序，因为它在旧巢产卵时，是根据它偶然占据的大小不一的房间，将雄蜂和雌蜂分成几个小组的。

不久之前，在新建的巢里，我们知道石蜂一开始产的卵是雌性，然后又都是雄性。现在，石蜂母亲由于占据了一个不是自己修建的旧巢，因而就不得不根据当时的条件，将产卵的顺序打乱，并且可以根据需要随意地产下不同性别的卵。如果石蜂母亲没有这种特权的话，在这些偶然占据的旧房子里，它就无法准确地产下与房间初造时相同性别的卵。可住房的数量是如此的少，而石蜂母亲此时别无选择。

卵石石蜂建造新的蜂巢后，我们可以通过蜂巢的形状知道它产卵时为什么是先雌后雄。卵石石蜂的巢建造在卵石上，是一个半球体。灌木石蜂的巢建造在树枝上，接近于球体。在所有的形状中，球形是最牢固的。因此，这两种巢应该有特殊的抗击力。在自然界里，它们是没有任何遮挡的，它们必须禁得住风吹雨打。因此，巢穴采用球形的外观是非常有道理的。

高墙石蜂的巢是由每组竖直的一组挨着一组的蜂房组成。为了使整体具有球形，每组蜂房的高度必须从中心到四周逐渐降低，其仰角

高墙石蜂

这是雄性蜂，全身色调明亮。

是自卵石平面起经线弧度的正弦角。这样，为了使房子更加牢固，中心是大的蜂房，边缘是小的蜂房。因为产卵是从中央的蜂房开始，到周边的蜂房结束。雌蜂的卵产在大蜂房里，雄蜂的卵产在小蜂房里。也就是说，先产雌蜂的卵，最后产雄蜂的卵。

如果石蜂母亲是自己建造新房子则一切都好办。但是，如果它是在一个旧巢里，无法改变蜂房里面的布局，因而卵的性别也无可挽回地被决定了，它如何利用那几个大小不一的空房间呢？它只能放弃雌雄两组的分布方式，让它的卵去适应变幻莫测的环境。它别无选择，要么无法经济地使用旧巢；要么随心所欲地决定即将产下的卵的性别。

前一种可能，通过我们的观察已经被否定了，那么后一种可能呢？各种壁蜂将向我们作出最有力的证明，它们是能够做到的。

总的来说，我们已经知道这些蜂儿不是地道的建筑工，会不停地为自己建造新房子。它们比较习惯使用别人的旧工程，要么是自然界为它们提供的房子，如挖开的茎干、空的蜗牛壳、墙角、地面、树丛里的隐蔽角落，等等。它们的工作仅限于修修补补，美化这些居所，如隔板和大门等。你想，只要它们想在一个大的范围里寻找这样的天然住所，总是能找得到的。但是，壁蜂喜欢深居简出，当它回到出生地时，就毫不厌倦地待在里面。在这里，一间陋室，它很熟悉的地方，多么温馨，它想在这里建立它的家庭。可是，房间数目太少，而且形状多样，大小不一，有长的，有短的，有宽的，有窄的。怎么办？弃家出走？这是艰难的选择，还是别无选择地全部利用？基于这样的设想，我做了以下的实验：

我的书房现在成了一个大蜂窝，记得我已经说过两次了。三叉壁蜂就在我准备的各种器具里筑巢。其中最多的是管子：玻璃的或是芦苇的，里面有各种长度和内径。长管子里能放下一个家庭全部或者几乎全部的卵，先是一组雌蜂的卵，然后再是一组雄蜂的卵。关于这个问题，我就不再赘述。

短的管子长度不一，只可以供一部分卵居住。于是，我就根据两种性别的茧的相对长度，根据隔板和蜂巢塞子的厚度，减短了几根管子的长度，使它们只能容下两只茧，而且是不同性别的。

这些短管子，无论是玻璃的，还是芦苇的，都和长管子一样被它们狂热地占有。此外，实验结果也是令人吃惊的：石蜂只产下了部分卵，始终从雌蜂开始，以雄蜂结束。这种性别的连接顺序是不变的；改变的是房间的数量，是两类茧的比例，这里是这个方向的房间大，那里是另一个方向的房间大。

为了准确表达我的看法，在这个试验里，我只在许多相似的情形中举出一个例子。我之所以青睐这个例子，是因为卵格外的丰富。我在一只壁蜂的胸腔上做了记号，用来加以辨认，我夜以继日地观察它的工作。

5月1日到10日，它占据了第一个玻璃管，在那里它产了7只雌蜂，并以1只雄蜂结束。

5月11日到17日，它在第二个管子里先后产了3只雌蜂和3只雄蜂。

5月18日到25日，它在第三个管子里产了3只雌蜂和2只雄蜂。

5月26日，它在第四个管子里产了1只雌蜂后就放弃了，也许是因

麦茎蜂

膜翅目茎蜂科。成虫体长8～12毫米，腹部细长，全体黑色，触角丝状，翅膜质透明。其幼虫主要危害小麦。

为管子直径过大。

最后，5月27日到30日，在第五只管子里，它产下了2只雌蜂和3只雄蜂。

总计是25只壁蜂虫卵，17只雌蜂，8只雄蜂。

请注意，在这儿有一点是有必要指出的：这些部分的卵组与因为休息的间歇而中断的卵期完全不符。产卵是持续的，只要环境状态允许，只要第一只管子满了并关了起来，壁蜂就毫不迟疑地占据另一只管子，继续它的产卵工作。

对于我准备的只能容下两个蜂房的管子，大部分情况与我的预料相符合：内层的蜂房被一只雌蜂占据，外层的被一只雄蜂占据。但也有例外，壁蜂对食物和空间的估计比我更准确，也更熟悉有效地利用空间，它居然找到办法将两只雌蜂安放在我觉得只够一只雌蜂和一只雄蜂住的地方。

总之，实验的结果是非常明显的。面对不足以收留全家的居所，壁蜂采取的措施和石蜂面对一只旧巢时相同，它做得完全和石蜂一样：它随心所欲地对产卵进行安排，它可以根据空间的大小将产卵过程细分成相应的几个短段，而每一个短段都从雌蜂开始，以雄蜂结束。这种分割产卵的方式使两种性别都出现了。

而另一种蜂则将整个产卵过程分成两组，一组雌蜂，一组雄蜂，当然，是在管道长度允许的情况下。这不是止有力地说明，昆虫具有根据居所条件来支配产出的卵的性别的能力吗？

雄蜂为什么早熟呢？把原因之一归结于空间条件是否草率？雄蜂

孵化出的时间比雌蜂要早两个星期甚至更早。它们是最先奔向扁桃树的花朵，为了获得解放与自由，为了享受阳光下的快乐，而又不去打扰其他仍在茧中的姐妹们，所以它们要占据组群的外端，可能这便是壁蜂每一小产卵期的产卵总以雄蜂结束的原因。孵化结束的日期越临近，这些性急者就会早早地离开居所，而不会惊动晚孵化的卵。

短的芦苇段，甚至非常短的，都是用来给拉特雷依壁蜂做实验的。我只需把芦苇放在这种壁蜂所钟情的棚檐石蜂的巢旁边就可以了。用过的卡尼斯放在室外，不论长度如何，也被我用来做带角壁蜂的实验。两者得出的结论都与三叉壁蜂的一致。

再回过头来说说三叉壁蜂，它在我家高墙石蜂的旧巢里筑巢。我把那些旧巢摆在它能接触到的范围内，与管子混杂在一起。在我的书房之外，我还从来没有见过三叉壁蜂接受这种住宅。这也许是因为这些巢在田野里是一个个孤立分布的。而这种壁蜂喜欢和同类做邻居，与很多蜂儿在一起劳作是令人幸福的事，没有邻居而孤立分布的巢它就不会接受了。在我的桌子上，它看见旁边有许多管子，还有许多别的蜂儿在那儿工作，它便欣然地接受了。

这些旧巢里的房间多多少少还算是宽敞的，石蜂将蜂房整个儿涂上一层厚砂浆。为了从房里出去，石蜂必须钻孔，不仅仅是钻通在蜂房出口的盖子，还有工程要结束时加固穹屋的灰泥层。通过这种钻孔的方式，在通往真正意义上的卧室的道路上会出现一道门厅。这道门厅可长可短，而对应的卧室则有恒定的体积，这当然是对同一个性别的房间而言。

拉特雷依壁蜂

它通常用泥浆建巢，巢外有角状或突起的外壳。

首先，假设在短的门厅处，如果让壁蜂用塞子塞住居所，长度还是绰绰有余。这是真正意义上的蜂房，宽敞的居室对于一只雌壁蜂来说简直太舒服了。因为它自身的体积比房间以前的居住者要小得多，不管这个以前的居住者的性别如何；可如果同时住上两只茧空间又不够了，况且中间的隔板还要占去空间。在这些原本属于石蜂的宽大牢固的房间里，壁蜂会安置它的雌蜂，只有雌蜂。

现在，假设在长的门厅。一个隔板被建起来了，将房间分为两个大小不等的空间，这虽然有点儿像是对蜂房的侵犯，但是，底部是宽敞的大房间，居住着一只雌蜂；而上部是窄小的房间，住着一只雄蜂。

如果扣除大门的位置后，门厅的长度还有空余，就会有第三个房间建起来，它比第二个房间还要小。因此，在这间很小的陋室里，住着另一只雄蜂。就这样，一个壁蜂母亲在卵石石蜂的旧巢中，一个蜂房接一个蜂房地塞满自己的后代。

我们可以看到，壁蜂对属于它的居所利用率很高，它尽最大努力地使用着：把石蜂宽敞的大房间留给雌蜂，窄小的门厅分配给雄蜂；如果有可能，空间还要分成几级。空间的高效率利用对它来说是重要的，因为它习惯于深居简出，不允许它去远处寻找居所，所以，它尽量利用偶然获得的住宅，一会儿产下这种性别的卵，一会儿又产下另一种性别的。这些事例前所未有地说明，它具有支配卵的性别的能力，明智地使卵的性别与可用居所的条件相适应。

我同时还给我书房里的壁蜂提供了一些灌木石蜂的旧巢，以及一些挖了圆柱形洞的土质球体。这些圆柱形球体的洞就像在卵石石蜂的旧巢里的洞一样。洞的直径约为7毫米，中心深度为23毫米，边缘深度平均是14毫米。

我们发现，在中间深的蜂房里只容纳壁蜂的雌蜂，有时它们甚至竖块隔板来容纳两种性别的壁蜂。雌蜂占据底层，而雄蜂占据高层。确实，空间的利用达到了极限。最后，洞的边缘部分的最深处也给了雌蜂，浅的地方给了雄蜂。灌木石蜂提供的房间就算没有门厅都还嫌太小，它们是不会居住的。

我要补充说明的是，每一个巢里只有一个家庭的子女。壁蜂母亲从一个蜂房到另一个蜂房产卵时并不必操心房间大小。它是从中心到边缘，或者是从边缘到中心；从深的洞到浅的洞，或者从浅的洞到深的洞。如果性别要以一种固定的顺序连接，它就不会这样做了。在同一个巢里，随着蜂房一个个先后关上，我分别给它们都做上了标号。后来，再打开来时，我发现性别不是按时间先后排列的。雌蜂接着雄蜂，然后雄蜂后又接着雌蜂，我不可能从中得出任何规律。但有一点是可以确定的：深的洞被雌蜂瓜分，浅的洞被雄蜂占据。

我们知道，三叉壁蜂常常喜欢去蜂巢集中的地方，如棚檐石蜂和毛脚条蜂的住宅。我亲爱的学生和朋友H.德维拉里奥从卡班特拉给我寄来了一块土坡斜面，那是条蜂居住的地方。在工作空余时，我小心谨慎地研究它，并小心地打碎从斜坡上取下的大土块。在土块中，有一些很不规则的过道，壁蜂的茧在里面排成一些短的组列。过道最初是条蜂做的，后来，经过修补，如加宽或收缩，拉长或者减短，一代代的蜂在同一个城里连续不断地生活、繁衍、工作，使之形成了一个难解的迷宫。

有时这些通道不连通任何地方，有时则通向条蜂宽敞的卧室。虽然时间久远，还是可以从它椭圆的外形和光滑的泥涂层看出来：在后一种情况下，深处的居所始终是被一只雌壁蜂占据。在外面狭窄的通道里住着雄蜂，常常是两只，甚至三只。巢里还有一些土质隔板，这是壁蜂的杰作，当然它是用来隔开几个居民的，每一个都占着一层，各有自己封闭的小房间。

如果居所只局限在一条简单的管道里，没有深处好的卧室，即永远属于雌蜂的房间，那么里面的东西就要随管道的直径变化而变化了。直径最宽的时候，卵组最长达到 4 个，它包括了开头的一个或两个雌蜂，然后是一个或两个雄蜂。有时也会出现这样的情况，但很少，数列倒了过来，也就是说，开头是几只雄蜂，结尾是几只雌蜂。最后还会有一定数目的孤立蜂茧，无论是哪种性别。如果占据条蜂蜂房的茧只有一个，那这个茧毫无疑问是雌蜂的。

在棚檐石蜂的巢里，发现这样类似的事是比较困难的。在那里，卵组会更短，因为石蜂是不建通道的，而是直接地在一个蜂房上面建立另一个蜂房。这样，通过整个家族蜂群的共同努力，形成了一年比一年厚的楼层。壁蜂所开垦的通道是石蜂挖的洞，是为了从深层中出来重见天日：在这些短的组群里，一般都有两种性别；而且如果石蜂的卧室是在通道尽头，那它就被一只雌性壁蜂占有了。

我们再来看看短管和卵石石蜂的旧巢里面的情况。如果管道足够长，壁蜂将在里面连续产卵，并把整个卵分配成雌雄两组；而现在，它却将卵分成短的卵组，每个卵组里两种性别都有。这是什么原因呢？因为房子是偶然获得的，里面的条件千差万别，它要根据实际情况来进行安排，所以，它始终将雌蜂放在普通石蜂和条蜂住的大房间里。

在面具条蜂的旧巢里，我们还看到了更加令人惊讶的情况。我看到了带角壁蜂和三叉壁蜂它们同时开发利用那些旧居所。更令人惊讶和少见的是，同样的巢还会供拉特雷依壁蜂使用。下面我们就先说说面具条蜂的巢的结构。

它的巢通常是建立在一个带有沙质的竖坡里，形成一些圆圆的管道，管道的直径约为1.5厘米，一般数量不多。条蜂巢穴的大门始终开着，即使在完工之后也是如此。每个管道的开口里都有一道浅浅的门厅，门厅有时是直的，有时是弯的，接近水平，看得出来，它们是被精心打磨过的，在它们的上面，还涂有一种白色涂料，那似乎是一种淡的石灰浆。

在门厅的下面，一般都是挖了几个大的椭圆形的洞。这些洞是通过一条狭窄的通道与门厅相接，在完工时，这些通道将被砂浆填满。此外，条蜂还将蜂房的门打磨得非常光滑，表面平整划一，以致蜂房的门和门厅表面建造的水平是一样的。它小心翼翼地用涂隔板剩下的白涂料涂在上面，工作结束后，你绝对无法区分每个蜂房的入口在什么地方。

土堆里椭圆形的洞其实就是蜂房。它的隔板很光滑，和整个门厅一样，都是用石灰浆把它们涂成白色。条蜂为了使房子更加坚固，就把房间挖成椭圆形；另外，它还在房间的四周涂抹唾液状的液体。这种液体不仅可以装饰房间，还可以渗透到沙土几毫米厚的地方，把沙土变成坚硬的水泥。门厅同样也被加固。因此，整个建造工程十分坚固，在几年里都能维持最良好的状态。

此外，由于四周墙壁有唾液的加固，所以可以通过轻度侵蚀的方式将蜂巢从脉石中分离出来。这样，至少可以看到它们的局部情况。我们可以看到，一根弯曲的管子，上面吊着一些葡萄似的卵形结核，有时是单层，有时是双层，并形成了花饰的形状。每一个核就是一间卧室，通向管道或门厅的房间门被精心掩饰着。春天，为了获得自由，条蜂便毁掉了堵住出口的砂浆垫，来到公共通道，此时，它就可以自由地奔向外面精彩的世界。废弃的巢就变成类似梨形的洞，鼓起来的部分就是旧巢，缩进去的部分是没了塞子的狭窄的出口通道。

这些梨形洞是悬着的卧室，是坚固的城堡，在这里，壁蜂们找到了为家人提供安全和舒适的场所。带角壁蜂和三叉壁蜂就常常在这样的场所安家。虽然这对带角壁蜂和三叉壁蜂来说不够宽敞，但对于拉特雷依壁蜂来说，还是很满意的。

我仔细观察过前两种壁蜂中的一种使用过的美妙蜂房，数目大约有 40 个。蜂房绝大部分被横隔板分成两层。底层包括了条蜂房间的大部分，上层包括了房间的剩余部分和一点儿过道。双层住宅是通过一大堆不成形的干泥浆，在门厅里被封闭起来。壁蜂与条蜂比起来简直就是笨拙的手艺人和艺术家！它们做的隔板和塞子与条蜂精美的作品反差太大，就像一堆垃圾堆在光滑的大理石上一样。

令观察者感到吃惊的是，这样得到的两个房间容积大小是不一样

梨形巢

壁蜂的洞穴会分成两层或三层，越往上层，房间越小。

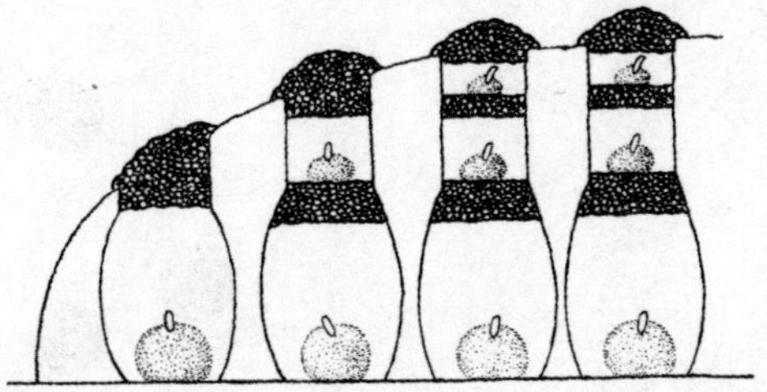

的。我用5毫米直径的管子去测量过它们，平均起来，底部房间对应的沙柱高度为50毫米，上层房间的则为15毫米。一个房间的容积大约是另一个房间的3倍。其中，茧的大小也不一样：下面的茧属于雌壁蜂，上面是雄壁蜂。更为罕见的是长的通道还允许被建成一种新的排列形式，洞被分成三层。底层始终是一个最宽敞的房间，里面住着一只雌蜂；越往上层去，房间则越小，里面住着雄蜂。

现在，让我们只谈论第一种情况吧！这是一种最为常见的情况。壁蜂发现一个梨形洞可以安家，这样的好运气可不多，机会通常只赋予命运的宠儿。千万不能浪费了这宝贵的房子，要尽可能好好地利用它。怎么才能不浪费呢？同时安放两只雌蜂是不可能的，因为空间不够。安放两只雄蜂，又显得过于浪费资源，把资源给了不需要特别照顾的性别。此外，为了保证下一代的性别比例的均衡，壁蜂做出了决定：为一只雌蜂提供最好的房间，即最底下的那一间，最大的，防卫最好的，最光滑的；雄蜂则去住顶层房间，即那一间狭小的，侵占了过道的，且高低不平的。大量的事实无可争议地证明了这一现象：两种壁蜂支配着将要产下的卵的性别。因为居所条件的限制，它们只有把产卵分成了两组：雌的和雄的。

在面具条蜂的巢里，我只发现过一次拉特雷依壁蜂安的家。它只占有了数目很少的蜂房，因为其他的都不能用，被条蜂住着。这些蜂房被分成三层，用绿砂浆的隔板隔开，底层住着一只雌蜂，上面的两个是雄蜂，茧要小一些。

我还看到过一个更突出的例子。我生活的地区有两种黄斑蜂——

壁蜂安家

壁蜂发现了可以安家的洞。

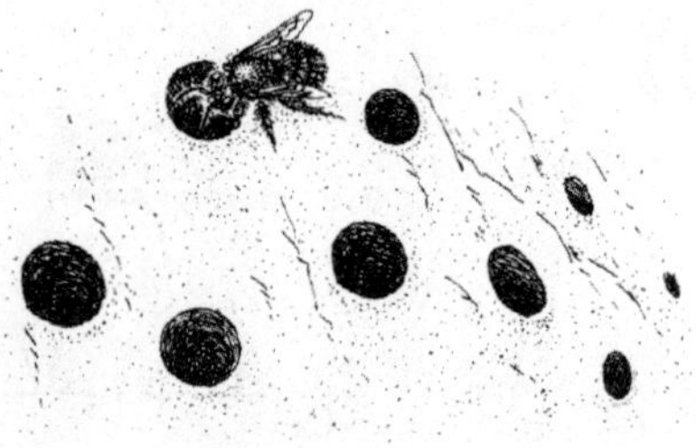

齿黄斑蜂和好斗黄斑蜂，它们会为家人选择各种空的蜗牛壳作为安居场所，如轧花蜗牛、钻土蜗牛、森林蜗牛和草地蜗牛等蜗牛的壳。由于轧花蜗牛是生活在石堆和旧墙缝里的一种普通蜗牛，所以它们的壳是经常被利用的。两种黄斑蜂只在螺壳的第二圈里安家，中央部分由于过于狭窄而没有被利用，外面最大的一圈也同样空着，仅从出口看是无法知道壳里是否有蜂巢的。因此，只有你打碎最后这一圈才能发现，奇怪的巢正缩在螺旋里。

首先发现的是一道横隔板，它由树脂胶和细小的沙砾混合形成，这种树脂是从阿勒普松和雪松新鲜的树胶中采集的。之后，是一层厚厚的堡垒。这个堡垒全是由一些天然的杂物构成，如沙石、小土块、刺柏的刺针、球果植物的花序、小贝壳、蜗牛的干粪便等等。接着，是一层纯树脂的隔板，一个大虫茧就住在一间宽房间里；下面是第二层纯树脂的隔板，最后是小房间，里面住着小虫茧。两个房间大小的不同是由于螺壳的天然形状构成的，随着螺旋越接近开口，洞的直径会越来越大，很快达到最大。这样，利用螺壳里的天然总体布局，蜂类只要在里面加上薄薄的隔板，就构造好了前面的大房间和后面的小房间，当然，房间的归属也就随之决定好了。

在这里，顺便要指出一个很重要的事实，那就是黄斑蜂雄蜂的身材一般比雌蜂要大。也就是说，这两种用树脂在蜗牛壳内做隔板的蜂是这种情况。我收集了很多这两种蜂的蜂巢，在大部分情况下，两种性别也同时存在，小的雌蜂占据着后面的房间，大的雄蜂占据着前面的房间。有的蜗牛壳由于空间更小，或者壳内被一些干枯的东西塞住，

植物花序

蜂巢的横隔板由植物花序、小贝壳、蜗牛的干粪便等混合而成。

只能有一个房间，有时被一只雌蜂占据，有时被一只雄蜂占据；也有一些两间房都同时被雄蜂或雌蜂占据的。最常见的情况还是同时出现两种蜂，雌蜂在后，雄蜂在前。搅拌树脂、住蜗牛壳的黄斑蜂，能够根据螺形居所的条件，有规律地进行两种性别的分配。

还有一件事让我感到失败了。我放在院墙边的芦苇里不知什么时候有一个带角壁蜂的巢。这个巢非常值得研究。这个芦苇的直径有11毫米，带角壁蜂就把家安在这里，里面有13个蜂房，但只占据了管道的一半。尽管开口处有塞子塞着，但是看上去壁蜂在此处的产卵应该是完整的。然而，这次产卵的分配是多么奇妙啊！

首先，在离底部或者是芦苇节一定距离处安装了一个横隔板，隔板与管子的中轴垂直，这样就形成了一个很大的房间，当然，里面住着一只雌蜂。可是，管道的直径似乎过大，这使壁蜂改变了主意，在这样的一列中只有这么一个大房间实在太浪费了。于是，它在刚建的横隔板上竖起一个竖直的隔板，这样，便把第二层分成了一大一小的两个房间，大的住雌蜂，小的住雄蜂。随后，它又建起第二个横隔板和第二个竖直的隔板。这样，又有了两间不一样大小的房间，还是大的给雌蜂，小的给雄蜂。

从第三层起，壁蜂不知为什么突然放弃了几何上的精确计算，好像它们的建筑师被工程规划弄糊涂了一样。横隔板建造得越来越倾斜，工序的操作变得有些凌乱。但总是混杂着雌蜂的大房间和雄蜂的小房间。就这样，三只雌蜂和两只雄蜂性别交替地被放置。

在第十一号蜂房底部，横隔板又与中轴垂直了。在这里，它们又重新开始了类似底部的操作。没有了竖隔板，只有一个大的蜂房，它占据了整个管道，被一只雌蜂住着。建筑物结尾处是两块横隔板和一块竖隔板，它们同时建立的也就是第十二号和第十三号蜂房，两只雄蜂住在里面。

这种方式的两性混杂简直是太古怪了！我们已经知道，当小直径的管道要求蜂房一个个重叠时，壁蜂能够精确地在一条线性数列中将两种性别分开。这个芦苇的通道，其直径的大小是与普通的筑巢工作不一致的。为什么呢？我认为可能在这里建房子是个复杂困难的工程。如果房子的拱顶过宽，那就不坚固了，因此，壁蜂通过建造一些竖隔板支撑拱顶，使房子更加牢固。这种隔板的交错导致了蜂房的不规则，蜂房便根据房子空间的大小，分别分给雌蜂或雄蜂住。

第二十章

产卵的调换

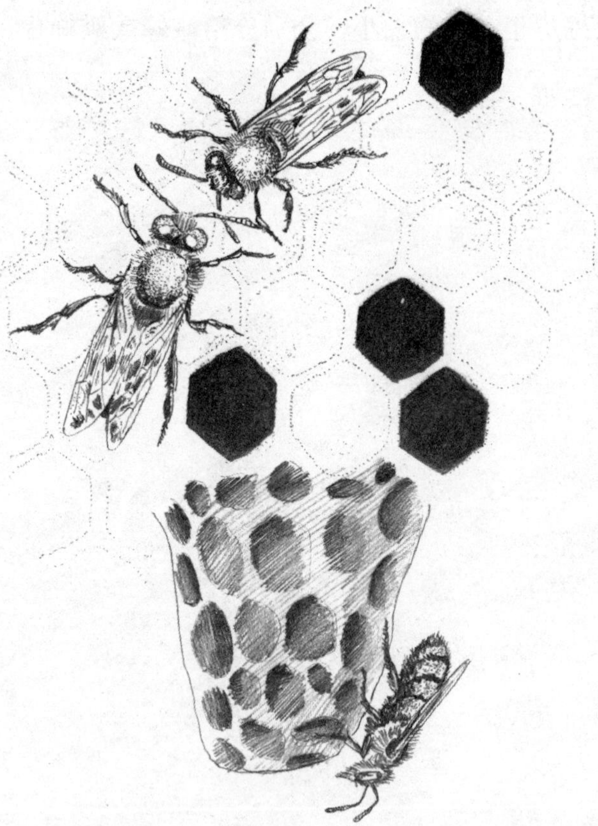

对于母亲来说，卵的性别是随意的，母亲可以根据偶然获得的居所来产卵，由于这个居所并不是自己建造的，因而在这间房子里产下一只雌蜂，在另一间房子里产下一只雄蜂；还要使不同性别的蜂能拥有大小不同的住宅，当然，住宅是依据不同性别的蜂的生长和发育需求而分配的。

这是我刚刚陈述过的事实，虽然内容繁多，但基本的东西不可动摇。在这里，我要对不懂昆虫解剖学的人特别说一句，对这种奇妙事实的解释，最大的可能性是：母亲可以产一定数量的卵，有些不可改变的是雌蜂，有些不可改变的是雄蜂，但是，它现在要产的卵的性别是可以在不同的两个组别中做出选择的；选择的依据是它要产卵的房间的大小。这一切都是明智的选择。

如果读者看到这里，对于这种说法不相信而迅速将这种说法抛弃，那他就大错特错了！我可以用昆虫解剖学的专业知识来解释这一切。

膜翅目昆虫的生殖器官一般由 6 支产卵管组成，就像手套里的手指一样，3 个一组 3 个一组地被分成两簇，然后，这两簇产卵管接到一个共同的管道即输卵管里，输卵管再将卵输送到外部。

这种类似手套里的手指的产卵管，它的根部很宽大，但它的顶端近似封闭，并且迅速变得纤细。一般产卵管里有一定数量的卵，这些卵就像念珠一样成线形排列。每个产卵管里的卵的成熟顺序是不同的。打个比方说，产卵管根部的卵差不多快发育成熟了，中间的要差一些，而顶部的还没有成形。因此，在产卵管里，各个成长阶段的卵都有，从根部到顶部，有规律地进行排列，从接近成熟逐渐到只能隐约看见卵

产卵器官

膜翅目昆虫的生殖器官被分成两簇，两簇产卵管由一个共同的输卵管将卵输送到外部。

的胚芽轮廓。此外，这一顺序是不可能更换的，因为外鞘紧紧地包住了它那一串珠子。此外，如果这种交叉发生了，就可能导致荒诞可笑的事情发生：一个成熟的卵被一个尚未成熟的卵所替换。

因此，对于每一个产卵管即每一个手指来说，卵的输出顺序都遵循它们在鞘里排列好的顺序，不可能有其他任何顺序。此外，在筑巢期，6只产卵管，一只一只地轮流在根部长出卵来，卵的成长非常迅速。在产卵前的几个小时，甚至前一天，这只卵就发生膨胀，体积超过整个产卵器官的体积。产卵很迅速，成熟的卵按照它的顺序和成熟的时间落到输卵管里，这时母亲根本不可能用别的卵来代替它。

只有它，也绝对只有它，永远不能是别的，因为母亲别无选择。很快，卵将被产在蜜饼或者猎物上面。只有它是成熟的，只有它在输卵管口处，而其他的卵因为位置靠后，而且没有成熟，现在都不能代替它。因此，它的横空出世是不可抗拒的。

那么它会带来什么？一只雄蜂，还是一只雌蜂？如果它的卧室还没有准备好，它的粮食也没有备足，怎么办？即使有个房间和食物已经准备好，但还要和将来的性别成正比。还有更加难办的事情，就是这只卵的性别要和母亲偶然得到的做蜂房的空间协调。因此，没有什么可犹豫的，尽管这种说法很奇怪。我们认为，卵在产卵管里时，性别还没有确定。那么，卵的性别是在何时候确定的呢？可能就在它那几个小时迅速成长的过程中，也许在它进入输卵管的行程里，母亲才根据自己的意愿，按照当时的各种条件，最终决定产出的卵是雌的还是雄的。

于是，就出现了这样的问题，即假设一切产卵的条件正常，一次产卵将产生M只雌蜂和N只雄蜂。如果我的推论是正确的，那么，母亲就应该可以在不同的条件下，从M组里取出一些增加N组的数量；它的产卵可以表示成雌蜂为M－1, M－2, M－3, ……，雄蜂为N＋1, N+2，N+3，……。总之，两者的和M+N还是不变的，只不过一种性别的部分被调换成了另一种性别了。极端的结论甚至都不能排除，即有可能出现M－M的情况，即零只雌蜂的情况；或者说N+M只雄蜂，即一种性别完全被另一种性别所替换。反过来，雌蜂的数目也可以通过雄蜂的减少而增长，直到将其完全替换。为了解决这个问题以及其他的一些相关问题，在我的书房里，我又一次饲养了三叉壁蜂。

现在的问题就变得更为微妙，这就要求我的实验器具也要更加精巧。我的器具是由两个封闭的小箱子组成的，在每个箱子的前方都开了40个孔，我将玻璃管沿水平方向插进去，这样，管子就能保持水平。就这样，我就为蜂群创造了它们工作时需要的阴暗和神秘的环境。这种方式对于我来说，简直太方便了，我可以在任意的时间，随意地从蜂箱里抽出一只管子，使壁蜂重见天日，并且在必要时用放大镜观察正在工作的工蜂们。

虽然我如此频繁地访问它们，但我还是非常谨慎，因为只有这样，才不会打扰蜂群的平静生活。在此时，蜂儿们正沉浸在母亲的怀抱中。

我的客人数目还很充足，我在它们的胸腔上涂着不同的记号，这样，可以使我始终跟踪一只壁蜂的产卵的全部过程。

在我的桌子上，记录本始终打开着，每个管子和蜂箱的开口也都被标了记号。这个本子记录每个管子里发生的事情，有时是一天一天地记，有时是一小时一小时地记。我尤其特别关注那些背上有彩色记号的壁蜂的行为。当我记录完一个管子里发生的故事时，我就接着去记录另一个管子里发生的故事。此外，我还在每个蜂箱的箱底散布着几小堆空螺壳，这是出于自己的目的而精心挑选的。因为我以后将要解释，所以我选择了草地蜗牛。每一只蜗牛壳一旦被填满，都会被写上产卵日期和壁蜂主人所对应的字母记号。

就这样，五六个星期过去了，在这段日子里，我无时无刻不在观察它们。当然，做一项成功的研究，首要的条件是耐心。这个条件现在我已经拥有了，因此，我也就取得了我所期望的成功。

我使用的管子有两种：一种是整根直径相同的圆柱管，它们被用来检验我第一年在家中饲育壁蜂得到的事实。另一种是由两个直径不同的圆管连接而成，这样的管子占大部分。

第一种管子，我把它的前端伸在蜂箱外，形成入口，内径为 8 ~ 12 毫米。第二种管子紧跟其后，整个儿在箱子里面，后端封了起来，内径为 5 ~ 6 毫米。这种一部分宽一部分窄的异形管，长度最多是 10 厘米。这样的管子，体积很小，可以迫使壁蜂要多选择几间住房，因为每一间房子都不能装下全部的卵。这样，我必然会得到各种不同的性别分配。最后，我将每个凸出在箱外的管子口都配上一张舌形纸片。这是为壁蜂的到来提供休息的地方，也可以使蜂儿很容易地进入它的家。

52 只异形管、37 只圆柱管、78 只螺壳和几只灌木石蜂的旧巢被蜂群占据了。在这些宝贵的财富中，我要充分利用它们来证明我的观点。

在直径正常大小的管道里，壁蜂每产下的一组卵，即使是不完全的，也都是以雌蜂开头，以雄蜂结尾。对于这个法则，我没有找到特例，至少目前是这样。

在每个新房里，在正常的环境下，母亲优先考虑的是那个重要的性别，对这一点，我必须重复一下。我想，能不能通过人为的因素，将这种产卵的顺序颠倒，使产卵从雄蜂开始呢？

通过已经观察到的现象，以及由这些现象得出的结论，我相信是可以的。安放异形管的目的就是要检验我的猜测是否正确。

对一个发育正常的雌蜂来说，异形管的直径由于只有 5 ~ 6 毫米，因此，就显得过于狭窄。对于对空间利用率很高的壁蜂来说，如果想要利用它们来安家，就不得不在里面安置雄蜂；而且它的产卵也必须从这里开始，因为这间狭窄的房子是管道里最深的地方。前面是宽大的管道，可以建造大房间，在蜂箱表面还有入口。壁蜂母亲很快发现了这些熟悉的条件，因而，它就会按照它喜欢的顺序在里面继续产卵。

现在我们来看看观察到的结果：在 52 个异形管里，大约有 1/3 的窄管没有蜂儿居住。壁蜂在窄管与宽管的连接处堵住通道，只有宽管被它们利用。而窄管被弃之不用的情况是不可避免的。因为尽管雌壁蜂在身材上总是要比雄蜂大得多，但在雌蜂之间也还是存在身材方面的区别的，有的特别大，有的特别小。对于窄通道的内径，我是按照壁蜂的平均体积来定的。因此，当然有可能造成有些管道的通道不够大，使得身材高大的母亲无法进入这偶然遇上的居所。既然不能进入，那怎么办？壁蜂显然要放弃这个无用的空间。于是，它便将这个对它来说是无用的空间封起来，干脆就在外面，在那个大的管道里产卵算了。

一对交尾的壁蜂

壁蜂是苹果、桃等果树的优良传粉昆虫，此蜂的繁殖能力很强。

我想，如果壁蜂要避开这些无用的管道而选择内径大一些的管道的话，就会产生另一种不方便：身材偏小的母亲可以在大直径的管道里进出自由，就有可能决定在里面产下雌蜂的卵。

我们还应该考虑到，让每位壁蜂母亲都能够自由地选择居所，并且对它们的这种选择不能横加干涉，那么窄管能否被利用就取决于壁蜂母亲能不能进入了。

宽窄两部分管道都有蜂儿入住的有异形管40根。这里面的情形分为两种。后部内径从5～5.5毫米的窄管（这样的窄管数目最多）放置着雄蜂的卵，只有雄蜂的，但数列很短，只有1～5个。卵很少是一个接着一个的，可能是因为母亲工作时很不方便，十分耗费力气和精力，于是，壁蜂似乎急着想离开这个讨厌的地方，去前面的管子里安家。在前面那些宽敞的管道里，壁蜂母亲的工作可谓得心应手，自由舒展多了。

后部直径接近6毫米的窄管（这样的窄管只占一小部分）的情况：有时只有一些雌蜂；有时底部是雌蜂，开口处是雄蜂。之所以出现这样的情况，要么是管道过分宽大，要么是母亲的身材偏小。然而，因为雌蜂在这儿的生存条件和环境是不能满足的，所以，母亲便尽可能地在这儿避免产雌性的卵。如果确实需要在这里产卵，也只能从雄蜂开始，而雌性的卵只能产在最末端。

最后，不论窄管部分是怎样进行的，但是在它的宽管部分，规律总是不变的：底部是雌蜂，前端是雄蜂。

由于有一些情形是很难控制的，因而导致实验的结果不是很完全，即使是这样，但实验数据仍然很可观。有25只异形管的窄管里，只有雄蜂，有的至少有1只，有的至多有5只。在此之外是宽管里的居民，都是以雌蜂开始，雄蜂结束。

在这些管道里，有的壁蜂的产卵并没有结束。有时，它们的卵甚至还没有产到一半，有些小管里只有开始产出的几只卵。有一对比其他蜂儿早熟的壁蜂，4月23日就开始工作了。这两只蜂在产卵的开始阶段，都是在窄管里产下雄蜂。所以，非常有限的食物限制了性别，这与我的预料完全相符，这个结论在以后将会得到证明。

于是，在人为影响下，壁蜂产卵的顺序颠倒了。这种顺序的颠倒贯穿着整个产卵的始末，不论是哪个阶段。产卵的顺序按常规是以雌蜂开头，但现在却以雄蜂开头。然而，只要一到宽管里，产卵的顺序就又恢复正常了。

我们已经迈出第一步了，这虽然是一小步，但却意义重大。如果是环境迫使的，壁蜂就可以颠倒产卵的性别排列顺序。假如窄管足够长，它会不会将顺序颠倒过来呢？也就是说，整个雄蜂占据了后部的窄管，而整个雌蜂占据前部的宽管？我想不会这样，下面就给出理由。

窄管和宽管都不符合壁蜂的喜好，不是宽度的问题，而是长度的问题。我们要特别注意，在实际工作中，只要是带一点儿蜜过来，壁蜂就不得不退着身子移动两次。在实际操作中，它首先是头部朝前，顺着进来，从嗉囊里吐出蜜做成的泥。这时，由于是在窄管里，空间狭窄，它的身体把整个管道都堵住了，无法转身，所以，它是退着出去的。在窄管里，与其说是行走，倒不如说是爬，这在玻璃管光滑的表

产卵

壁蜂在窄管里产下了雄蜂卵。

面上可是件困难活儿。此外，在窄管里面，它不能伸展翅膀，而翅膀的末端在与隔板相摩擦的时候，会很容易起皱、损伤。它退着出来，到了外面。回头还要转过身子再重新进来，这是干什么？这次带来了粮食，它必须是后退着进来，到蜜堆上去刷它肚子上的花粉。这两种后退，由于通道较长，最终都会使蜂儿感到困难。因此壁蜂很快放弃了那些过于狭窄的管道，因为这些狭窄的管道实在让它们头疼。

刚刚说过，那些窄管大部分都没有住满，壁蜂在安置了很小数量的雄蜂之后，就赶紧离开那儿。至少，在前部宽敞的管子里，它可以自由地舒服地转身，随心所欲地干好各种各样的工作；它在宽管里可以避免两次漫长的后退，这样的后退会耗尽它的力气，对它的翅膀来说也是十分危险的。

壁蜂不喜欢使用这种窄管，它在那里安置雄蜂，然后在管道渐宽处接着安置雌蜂，这可能还有另外一个原因，那就是因为雄蜂要比雌蜂早离开，时间大约是两个星期甚至更早。如果雄蜂占满了住宅的底部，有的雄蜂就会被困在里面不能出去，会慢慢死去，或者在出去时撞翻通道上阻碍它出行的东西。壁蜂母亲之所以选择那种产卵方式，是因为可以避免这一危险。

在那些奇特的管子里，母亲很可能考虑两个问题：空间的窄小和将来的解放。在窄管里，大小显然对于雌蜂来说是不够的。然而，如果让雄蜂在这里安家，它很可能在冲破牢笼的时候被堵住，它因此就会死去。正因为这样，我们就可以解释壁蜂母亲为什么犹豫了，为什么它会固执地在一些只适合雄蜂居住的地方产下雌蜂。

一个猜想在我脑子里产生了，这个猜想源于对窄管的研究。所有的窄管，无论住的是何种居民，开口处都被很好地塞住，这就使窄管看上去像一根独立的管子。因此，壁蜂不可能像我们那样看问题，把深处的窄管当做前部宽管的延伸，而是把它当做一根独立的管子。

为什么会使壁蜂产生这样错误的判断呢？我认为，壁蜂来到宽管时，能够自由地转身，就好像在一扇大门敞开的很大的空间里，自由无边无际。这就很可能使它犯错了，它以为前面的宽管不存在，就在后部的窄管里开始工作了。因此，在宽管里，我们发现才会有雌蜂和雄蜂的重叠放置，这和普通情况是相悖的。

圈套里的危险真被壁蜂母亲识破了吗？还是因为考虑到空间因素，只有别无选择地以雄蜂开始？面对这些无法出去的雄蜂，我要非常小心谨慎才能下结论。至少，我发现了壁蜂母亲尽量不想去破坏能使两种性别的蜂都可以出来的那个顺序。这种倾向可以通过它不愿在窄管里产下长数列的雄蜂中得到确证。无论如何，从我们研究的目的看，壁蜂的小脑袋是怎样想的不太重要。我们只需知道，它不喜欢长窄管，不是因为它们窄，最主要是是因为它们太长。

事实上，在内径相同的管子中，短管会使它更满意。在类似这样的管子中，如有灌木石蜂的旧巢和草地蜗牛的空螺壳。短管子能克服长管子的两个不足。当它们的房子是螺壳时，工蜂的后退动作就被大大减小了；当房子是石蜂的蜂房时，几乎就不用后退。此外，堆放在一起的茧最多只有两三个，这样，它们在获取自由时，可以摆脱因长数列带来的麻烦。

让壁蜂做出这样的决定是不可能成功的：即只在一根足够产下整个卵的管子里筑巢，而管的宽度很小，只够它刚好进入。膜翅目昆虫会断然拒绝这样的住宅，或者只在里面产下数量很少的卵。相反，那些洞窄但不太长的管子，尽管安家不太容易，但我觉得至少还是有可能成功的。

在这种想法的指引下，我进行了如下的实验：提供给壁蜂母亲一组只能容下雄蜂的居所，使它只产下雄蜂的卵；而使一种性别完全或者近似完全地被调换为另一种性别。这个实验是我所研究问题中最艰巨的一部分。

首先来看看灌木石蜂的巢。我们已经知道这些涂着砂浆的、钻着小圆柱体的洞的球体，三叉壁蜂是如何急不可待地选它做房子的。在我的注视下，在较深的蜂房里，壁蜂产下雌蜂卵；在较浅的蜂房里，产下雄蜂卵。在自然状态下，旧巢里产卵的情况就是如此。然而，我在一把锉刀的帮助下，将巢的外壳刮去，并将洞的深度减到 10 毫米。于是，在被我动过的每一个蜂房里，就只够一只雄蜂住的空间了，洞顶上盖着大门盖子。在巢里的 14 个洞中，我只留下两个没有动过的，深度在 15 毫米左右。我在第一年里，饲养壁蜂做了这个实验，实验的结果非常令人震惊：在 12 个缩减了深度的洞里接收到的都是雄蜂卵，而在那两个保持原样的洞里接收的则是雌蜂卵。

第二年，我用一个有 15 个蜂房的蜂巢重新做这个实验。但这一次，所有的房间都被我用锉刀削减到了最浅的位置。结果，15 个蜂房从第一个到最后一个全都被雄蜂卵占据。当然，在这两种情况下，整个产卵期间都是一直在我的严密监视下进行的，而且卵都产在同一个球体里，还有标记。如果再有某个人还坚持错误的观点，不向这两个实验事实低头的话，那么，这个人恐怕是太顽固了。如果你认为实验还没有完全做完的话，那么，现在就是让它完备的时候了。

三叉壁蜂喜欢在空螺壳里安家，尤其是轧花蜗牛的空螺。这种蜗牛常常生活在石堆下和没有砂浆的小墙角缝里。它的螺壳开口很大，壁蜂只要向前就可以深入到螺旋里，一直到达管道允许的长度。它很快就在里面很深处，在较窄的那一点上，发现一间足够供一只雌蜂居住的空间。安置好这个房间之后，接着就安置其他的，如果比较宽大，就始终是供雌蜂住的。这些蜂房就像一根直管一样，呈线形排列。在螺旋的最后一圈里，对一个纵列来说，直径显得过于宽大。于是，壁蜂便在横隔板上又添加一些纵向隔板，隔出体积大小不同的房间，里面主要是给雄蜂居住，当然，内层由于房间较大也混杂着一些雌蜂。一只蜗牛螺壳里的空间可以安置 6 ~ 8 个房间。在螺壳的开口处，一块粗大的土塞将蜂巢的大门关上。

这样的巢穴对于实验来说，是不能提供什么新数据的。于是，我便为蜂群选择了草地蜗牛。螺壳像一块隆起的小菊石，口子渐渐地越开越大。螺旋的直径较小，它的里面可以利用的部分直到开口处，直径才勉强比雄壁蜂茧大一点点。最宽的部分可能会被雌蜂茧利用，是被一个厚塞子封起来，在塞子的下面常常会留一小块空间。

根据这些条件，这样的房子只能供一组雄蜂使用。我把收集来的螺壳放在蜂箱下面。最小的螺壳直径为 18 毫米，最大的为 24 毫米。

蜗牛壳是壁蜂的最爱

壁蜂喜欢蜗牛壳一层层的螺旋，愿意深入其中。

小的螺壳有能够住下两只茧的空间，大的螺壳至多能住下3只。

我的客人们毫不犹豫地开垦利用了这些螺壳，也许是玻璃管光滑的内壁使蜂儿行动不便，所以这些螺壳受欢迎的程度比玻璃管还高。有几只螺壳在壁蜂产卵的头几天就被占据。在这种住宅里的壁蜂，产完第一次卵后会接着到第二只螺壳里去，然后是第三只、第四只，直到卵巢枯竭。源于同一个母亲的亲兄弟就这样被安好了家。我把这些螺壳根据壁蜂的工作时期和工蜂的体貌特征都标上了标签。把家全部安装在螺壳里的壁蜂毕竟是少数，它们当中的大部分壁蜂是先离开管子到螺壳里，再从螺壳回到管子里，如此反复。壁蜂在螺壳里安装了两三个房间后，都将住宅出口用一层厚厚的土塞堵住。这是漫长而细致的工作，壁蜂作为母亲，它竭尽全部的力量、才能和精力。当然，也还有一些过分小心的母亲，给螺壳上的小洞都涂抹了泥浆。这些洞让它们很不安，它怕家人住在里面不安全，也许有人会入侵到它们的家里去，因而，它们就尽量堵住这些模样可怕的洞。

当蛹成熟后，我才开始对这些雅致的房间进行研究。里面的情况着实让人惊喜，它与我的预想是一模一样的。在这些蜗牛壳里，绝大部分的茧都属于雄蜂；只有在最大的蜗牛螺壳里，才零星地分布着很少的几个雌蜂茧。狭小的空间几乎让那个强势的性别消失。这个实验结果是从通过研究住着壁蜂的78只蜗牛螺壳中得到的。但是，在这个总数里，我只想突出说明那些产卵完整的卵组。下面的几个例子，是从最具有说服力的例子中选取的。

一只壁蜂从5月6日开始产卵；5月15日产卵结束。它连续占据了

蜗牛壳中的卵

壁蜂会在蜗牛壳里产下卵，并由一个隔板隔开。

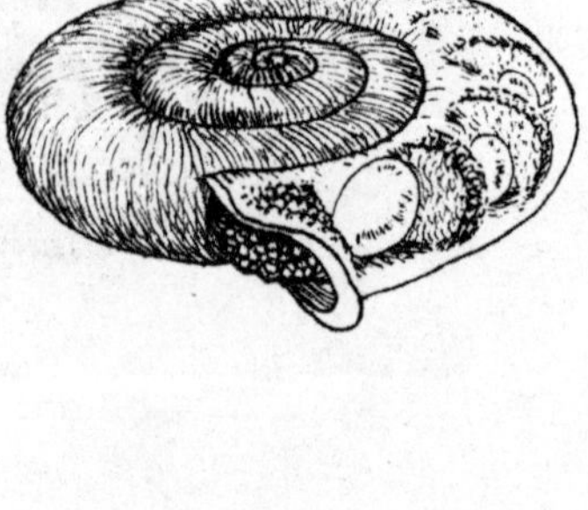

7只蜗牛壳。它的家庭由14个成员组成，这个数目很接近平均数。在这14只茧里，有12只是雄蜂的，只有两只是雌蜂的。从时间上看，雌蜂茧排第7位和第13位。

另一只壁蜂产卵是从5月9日到5月27日，在6只蜗牛螺壳里共产了13只卵，其中10只雄蜂3只雌蜂。3只雌蜂在卵组里排第三、四、五号。

第三只产卵是从5月2日到29日，在11只蜗牛螺壳里产了卵，这真是一项巨大的工程。这位伟大的母亲是属于最高产母亲之一，它让我见识到了一个有26只卵的家族，这也是我看到过的壁蜂卵产得最多的一例了。在这个特殊的家族里，有25只雄蜂，一只雌蜂。唯一的雌蜂，排第17位。

在这个令人惊叹的例子之后，我认为没有必要再继续把例子举下去了，更何况从其他的例子中得出的结论都是一样的。不可能不一样，绝对一样，没有什么差别。在这些数据的背后我们可以得到两个事实：

一是壁蜂是可以将产卵的顺序颠倒的。它们可以从一个或长或短的雄蜂数列开始，然后再产下雌蜂卵。在第一个例子里，第一只雌蜂是第7个出现；第三个例子中，是第17个。还有更绝妙的，这也是我想要特别证明的定理：雌性可以被全部调换成雄性，甚至消失。就像第三个例子那样，在一个有26只蜂的庞大家庭中，只有1只雌蜂，还是产在一个直径比较大的蜗牛壳里。可能是母亲的疏忽，雌蜂的茧被放在一个两只卵组中，它占据了高层，离开口最近，这个位置在我看来，壁蜂是不会看中这样的房间来给雌蜂住的。

二是这个实验结果对于生物学最晦暗的问题之一来说，是具有非常重要的现实意义的，这没有什么可怀疑的了，以致我都不想再次通过更有说服力的实验去确认了。

第二年，我想，如果让壁蜂的居所只有蜗牛壳，一只蜂只能选一个，并且保证使蜂群远离任何可以产下雌蜂卵的地方。在这样苛刻的条件下，对于整个蜂群来说，得到的应该全是雄蜂，这基本上不会有什么误差。

假如，反过来呢？要使产出的卵只有雌蜂，很少有或者没有雄蜂。第一种性别的调换实验的成功，使得第二种调换的想法很容易被接受，即使还没有想出来实现这个愿望的方法。我所能做到的支配因素就是居所的大小。在狭窄的居所里，雄蜂济济一堂，而雌蜂接近于消失。可是，在宽敞的居所里，是不会产生相反的结果的。

在那里，我会得到一些雌蜂，但雄蜂也会很多。它们会蜷缩在一些被添加的隔板隔开的狭小的房间里。在这里，空间因素是没有用处的。那么，对于第二种性别的调换应采取什么措施呢？我至今还没有找到一个值得尝试的方法。

现在，应该可以得出结论了。我生活在一个偏僻的村庄，它与世隔绝。我在这里耐心地、默默地进行着挖掘，我不是很了解科学的新动向。对于科学，我在一开始时，还痴迷于书籍，但是，在书籍中我很难得到我所需要的；今天我能轻而易举地得到一些东西，这种东西使我对书籍不再渴望。因此，我不知道在研究昆虫性别的这条道路上别人已经做了什么。如果说我陈述的命题确实是新的，或者至少比已有的命题更具普遍性的话，那么我的说法也许会被称为邪说。但没关系，我只是将事实陈述出来，我不会对我的陈述产生丝毫犹豫；并且我还相信，时间会证明一切。时间会让一种邪说成为真理。因此，我总结得出以下的结论。

食蜜蜂将它们的产卵进行分组，先是雌蜂，后是雄蜂。两种性别的身材大小不同，因而要求的食物也不相同。如果两种性别的体积接近的话，这样的顺序可能出现，但不稳定。

如果蜂儿选择的建巢地点不能容纳整组卵，那么这种产卵的分组方式就会消失，于是就出现了部分产卵，以雌蜂开始，雄蜂结束。

当卵从卵巢里出来时，卵的性别还没有确定。母亲是在产卵的那一刻或者稍早的时候，才决定到底要产哪一种性别的卵。

为了给每只幼虫都有合适的空间和食物，母亲支配着它即将产出的卵的性别。根据居所的条件（这常常是别人的作品，或者是不能或难以改变的自然居室），它要么产下雄蜂的卵，要么产下雌蜂的卵。性别的分配是由母亲掌控的。如果环境的条件不允许，产卵的顺序可以颠倒，从雄蜂开始；而且整个的产卵可以只有一种性别。

捕猎性膜翅目昆虫的母亲也具有同样的特权。至少对于那些性别、身材大小差别明显的昆虫来说，由于需要的食物是跟身材的大小成正比的，因此，母亲应该知道它将产下的卵的性别，由它支配着这只卵的性别与之相适应的食物配给。

总之，对于两性身材迥异、需要储粮的昆虫，并为后代准备选择居所的昆虫来说，都应该能够支配卵的性别，从而能够适宜地满足新

食蜜蜂大头泥蜂

以捕捉蜜蜂作为幼虫的食物。

生儿必须具备的生存条件。

我一点儿也不知道，这种对性别随意的支配是如何进行的。如果我从这个微妙的问题中能够学到一些知识的话，我会将它归结于等待或者说监视带来的好运气。在我的研究结束时，我知道了一位德国养蜂者茨耶尔松关于家蜂而得出的理论。根据我所看到的很不完全的资料，假设我的理解是正确的，那么在卵被卵巢输送出来的时候，就已经有了性别，始终是那一种。它原本可能是雄性，是通过受精后它才变成了雌性。雄蜂产自于没有受精的卵，而雌蜂来自于受精的卵。因此，蜂王可以在卵通过输卵管的时候，决定受不受精，来产出雌蜂或是雄蜂的卵。

对于来自德国的这个理论，只能让我产生深深的疑问。这个理论被许多人很草率地、匆忙地接受，它甚至进入了一些经典书本里。我努力克制着由此带来的反感，认真研究这些德国的理论。为了征服它，我没有进行理论论证，而是借助于无可辩驳的事实来说明一切真相。

假如真的是这样随意地通过受精来决定性别的，那么在母亲的身体结构中就必须有一种储存精液的器官。它将精液注射到输卵管里的卵里，完成受精，给卵打上雌性的烙印；或者拒绝给卵受精，使其保持原有的特性，即雄性的特性。但是，我们能在其他膜翅目昆虫身上找到这样的器官吗？不管是采蜜的还是捕猎的？解剖学的著作对此避而不谈，或者说，它们把从蜜蜂那儿得到的理论都用于整个膜翅目昆虫里。可是，蜜蜂与其他膜翅目昆虫非常不同，不论是它的群居性，还是它那瘦小的工蜂，尤其不同的是它数目众多并且耗时漫长的产卵过程。

我首先怀疑，这些昆虫是否真的普遍存在着这种储存精液的容器的结构。在以前的研究中，我解剖过飞蝗泥蜂和其他几种昆虫，并没有发现过它。但是，在我没有特意寻找它的时候，这种器官是如此精巧细小，以致很容易被忽视。此外，就算它出现在我的视野里，也并非总是能被发现。因为在大多数情况下，这种器官是直径约0.5毫米的小东西，很可能被埋在一堆气管和脂肪层中，而它的颜色又是灰白色的。只要镊子没有掌握好，稍稍一碰就会将它损坏。还有，我最初研究的是以生殖器官整体为对象的，因此它很有可能被忽略。

有关解剖学的著作是不能告诉我的。为了知道这一切，我只好又一次用上了放大镜和旧的解剖盆。它是一个普通的饮水杯和一个用黑缎子包着的软木垫子。这一次，在我那双疲劳的眼睛注视下，我终于发现了泥蜂、隧蜂、土蜂、熊蜂、地蜂、切叶蜂身上具有的那种器官。但是，在壁蜂、石蜂和条蜂的身上，我却没有发现它们。它们真的没有这种器官吗？还是因为我的粗心大意呢？我倾向于后一种。我应该承认，在所有采蜜或者狩猎的膜翅目昆虫的身上，都应该有一个精液的储存场所，可以看出它里面螺旋形的精子，它们在显微镜的物镜下盘旋着。

承认所有的昆虫具有这种器官后，德国人的理论就会适用于所有的食蜜蜂和所有的捕猎蜂。交尾后，雌蜂接受了精液并将它保存在它的卵壶里。从那时起，昆虫母亲身上就同时存在两种生殖元素：即雌性元素是卵子，雄性元素是精子。根据产卵者的意愿，卵壶里的精子遇上成熟的卵子后，精液就进入输卵管，这样，就得到一只雌性的卵；或者母亲拒绝提供精子，这只卵就仍然是雄性，就像它原来一样。我真

斑点切叶蜂

切叶蜂科昆虫，身上布有斑点。

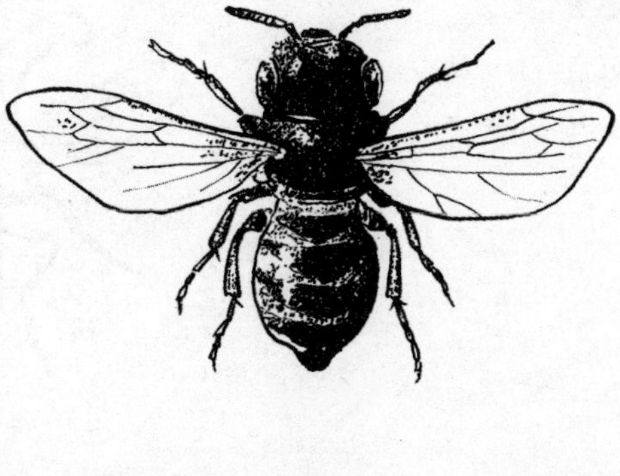

心愿意承认这个理论是正确的，那样的话，一切就变得非常简单明了、非常富有魅力了。但这一切是真实的吗？这就是另一回事了！

我们首先驳斥的是，这个理论会给自然界的最普遍法则带来一个特例。你想，对于整个动物界来说，谁敢证明卵原本是雄性的，最后只有通过受精才会变成雌性？两种性别不是都要经过受精吗？如果说，自然界有个无可争辩的真理，那就应该是这个了。

的确，在家蜂的身上确实发生了一些奇怪的事情，对于这个，我不会进行争论。这种蜂的表现过于超出常规，不具有普遍的代表意义，而且从它身上得到的理论也并没有被所有人接受。

但是，在产卵时，非群居的食蜜蜂和捕猎蜂们并没有什么特别之处。为什么要把它们剥离出所有生物都遵循的普遍法则——不论雌雄都来自于受精卵呢？

生殖是一个神圣的行为，在所有的生物中应该是一样的。不管是在这里或那里，还是别的地方，它应该都是一样的。即使是苔藓植物，它的孢子都需要一种用于播种的游动精子，而土蜂的卵巢却在孵卵和产出雄蜂时却没有同样的器官！这种怪话简直是荒谬极了，不值一驳！

三齿壁蜂的情况也可以用来反驳它。在树莓中，三齿壁蜂没有任何秩序地产着两种性别的卵。母亲是基于一种什么样的特性，没有明确的原因，随意地打开它的储精卵壶，产下一只雌性的卵，或者同样随意地让它关着，使得一只雄性的卵不经过受精便产出？

我们可能会假设，受不受精是根据时间而定。但是，我不明白它们为什么在整体上杂乱无序。母亲刚刚给一个卵受过精后，就突然停

黄色大蛛蜂

蛛蜂的一种，捕食蜘蛛的猎蜂，体长20~28毫米。

止。为什么它拒绝给下一个卵受精，难道它的粮食和居所与前一个是毫不一致吗？这种没有道理的、任性的选择，而且是杂乱无序的，这实在与这种如此重要的行为不相称。

但是，我承诺过，我将不讨论，因此也就讨论到这里。我只是在陈述一些精细的理由，它们不会与那些不灵巧的脑袋纷争。我跳过这儿，转到一些突兀的事实，这才是真正意义上的一击。

在6月的第一个星期里，三齿壁蜂的产卵就要结束了，于是，它便成为我重点监视的对象，因为它的生殖行为也引起了我极大的兴趣和关注。

蜂群的数目是很有限的，只剩下30多个落后于其他的同伴。尽管此时它们的工作已经没有意义，可它们还始终忙碌着。我看见有的壁蜂还非常小心地将一个管子或者一只蜗牛壳的开口堵住，而它们在那里并没有产下什么，这是绝对的。

还有一些蜂儿，在房间里建了几道隔板后，甚至只是隔板的雏形，就将大门堵住了。还有一些蜂儿，在新的通道深处堆积着一些谁也用不着的食物，然后用一个土塞将大门堵上。土塞是如此的厚，说明它对待工作是如此的认真和细心，仿佛整个家族的命运就掌握在它的手中了一样。

壁蜂是天生的勤劳者，它生于劳动，也应该死于劳动。当它的卵巢枯竭时，它就把它剩余的力气花费在这些没有意义的工作上：隔板、塞子、没有用的花粉堆。即使什么也不用做，可怜的小动物机器也不会无所事事。它将继续运转，直到在没有作用的工作中熄灭它生命最后的

壁蜂和蜗牛壳

有些壁蜂虽然会将一只蜗牛壳的开口堵住，但也许它们并没有在那里产下什么。

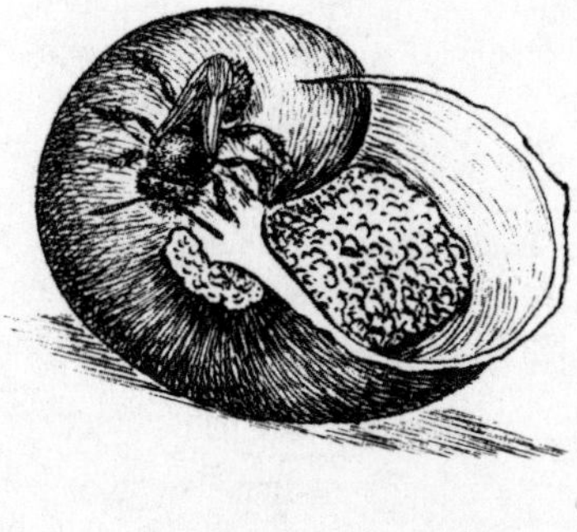

火焰。

我想，我们应该向那些研究动物理性方面的专家请教这个问题。这些壁蜂做这些无用功之前，产下了它们最后的卵。在此时，它们还是能够确切地知道它们的蜂房和产卵日期。在放大镜的观察下，这些卵和它们早产出来的卵是完全一样的。它们都具有相同的形状、大小、光泽和新鲜的外表。在产卵结束时，粮食的储备也非常适合雄蜂的生存需要，一切都没有任何特别的地方。然而，这些最后产下的卵并不孵化。它们起皱，枯萎在食物堆上。在一只壁蜂最后产下的卵里，我数过有三四只卵是不孵化的；而在另一只壁蜂的卵里，只有一两只没孵化。

这些不孵化的卵，一出生就注定要死亡！这么多的数量是不能够被我们忽视的。为什么它们没有像别的卵那样孵化出来呢？它们的外表可是完全一样啊！它们同样受到同一位母亲的精心呵护，粮食也是一样充足。在放大镜下，我仔细地努力搜寻着，但是，没有找出任何解释。

如果人们的思想不被禁锢，那么就会直接找到答案：这些卵不孵化的原因是它们根本没有受精。

任何没有受过精的卵，无论是植物的还是动物的，都会遭受同样的命运。其他的任何回答都无法解释清楚这个事情。

我们不必说其他的，就说别的生物的母亲。如果它们同时产下了卵，也在同样的日期里，假设同样也是产卵即将结束时，产下了丰满的卵。这样的卵不孵化就是因为它们没有受精。

但为什么它们没有受精呢？是因为储精的卵壶过于狭小，以致它几乎看不见，有时我稍不注意就看漏了它们。在最后的产卵过程中，昆虫已经耗尽了所有。储精库耗尽了里面所有的东西，产到最后，就会有部分的卵无法受精，这样的卵注定会死。

这一切在我看来是最清楚不过的了。如果卵没有受精，那么卵就不会孵化，就会死去。那些能够孵化出来的卵，并且孵化出雄蜂的卵肯定受过精。德国人的理论至此也就失去了存在的基础，轰然倒塌了。

这些奇妙的事实，是为了解释什么吗？不！绝对不是为了解释什么，我只是陈述一种事实。我总是一天一天地怀疑我听到的解释，我也会对我自己提出的观点和看法犹豫不决。我认为，随着研究者的观察和实验的日益增多，最好是对那种不确定的理论给它们打上一个大大的问号。

亲爱的昆虫们，是你们在我最艰难的时候给予了我最大的支持，这种支持必将继续下去。但是，今天我要说再见了。对我而言，来日无多，希望在另一个世界的我还会继续讲述有关你们的精彩的故事。

图书在版编目（CIP）数据

昆虫记．第三卷/（法）法布尔（Fabre,J.H.）著；陈一青译．
—南昌：江西科学技术出版社，2010.12
ISBN 978-7-5390-4058-5
I.①昆… II.①法… ②陈… III.①昆虫学–普及读物
IV.①Q96-49

中国版本图书馆CIP数据核字（2010）第214240号

国际互联网（Internet） 地址：http://www.jxkjcbs.com
选题序号：ZK2010588 图书代码：D10141-101

责任编辑/孙开颜
特约编辑/刘洁 张金华

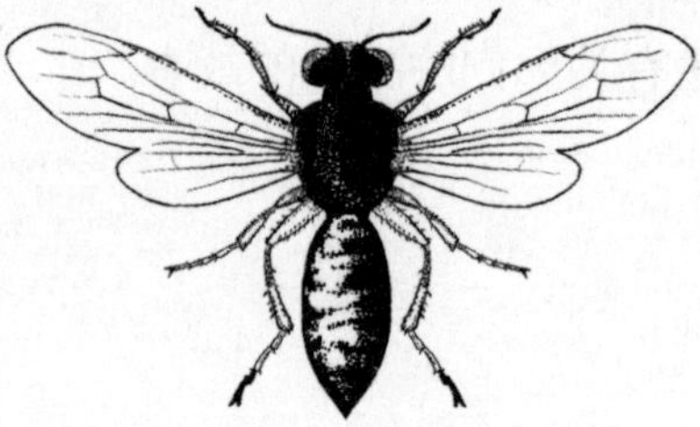

昆虫记 第三卷 石蜂的苦难 [法] 法布尔/著 陈一青/译

出版发行	江西科学技术出版社
社　址	南昌市蓼洲街2号附1号 邮编 330009 电话:(0791) 6623491 6639342（传真）
印　刷	北京市兆成印刷有限责任公司
经　销	各地新华书店
开　本	787毫米×1092毫米 1/16
印　张	22.5
字　数	200千
版　次	2011年3月第2版 2011年3月第1次印刷
书　号	ISBN 978-7-5390-4058-5
定　价	29.80元

《昆虫记》全十卷介绍

①

《昆虫记》卷一：高明的杀手

节腹泥蜂究竟用怎样高明的手法，
既让猎物一动不动，
又能保持生命的活力呢？

《昆虫记》卷一于 1878 年发行，在这一卷中法布尔以平实、幽默的语言记录了推粪球的圣甲虫、捕食吉丁的节腹泥蜂以及黄翅飞蝗泥蜂等一系列鞘翅目和膜翅目昆虫，通过各种各样的实验，讲解了它们有趣的生活习性、高超的本能……宛如一曲奏响在美丽田野中的昆虫之歌。

②

《昆虫记》卷二：树莓桩中的居民

石蜂要飞向哪里，
会经历怎样的危险旅程？

《昆虫记》卷二中法布尔记录了为黄地老虎幼虫做手术的毛刺砂泥蜂、辛勤筑巢繁衍后代的石蜂以及西芫菁等一系列膜翅目昆虫在荒石园中的生活状态，通过各种实验，讲解了它们鲜为人知的感官性能、心理活动……将昆虫世界化作供人类获得知识、趣味、美感和思想的美文，宛如一幅描绘属于昆虫秘密花园的精美画卷。

③

《昆虫记》卷三：石蜂的苦难

高墙石蜂明明是掠夺劳动者遗产的强盗，
可为什么说它的种族
也有苦难的一面呢？

《昆虫记卷三》中法布尔以细心独到的观察，探究了石蜂、蜂虻、褶翅小蜂等寄生性蜂的生活习性、寄生行为以及各种昆虫的进食方式、产卵方式等，语言平实优美、生动有趣，如涓涓细流一样娓娓道来。

---

④

《昆虫记》卷四：蜂类的毒液

砂泥蜂和燕子
为什么要在别人家筑巢？

《昆虫记》卷四中法布尔通过反复地观察和试验，为我们展示了长腹蜂、切叶蜂、采脂蜂、天牛等昆虫在本能的驱使下所展现出的捕食和筑巢等方面的特性，并破解出隐藏在昆虫本能背后的秘密。

---

⑤

《昆虫记》卷五：螳螂的爱情

圣甲虫怎样造出
非常完美的球形建筑？

《昆虫记》卷五中法布尔将视线集中在鞘翅目、同翅目和螳螂目昆虫身上，通过对甲虫、金龟、蜣螂、蝉和螳螂的观察，向我们揭示了这些昆虫对自己的爱侣和孩子的款款深情，用生动、平实的语言谱写出昆虫世界的爱情诗篇。

6

《昆虫记》卷六：松毛虫的行进行列

为什么松毛虫总是结串而行，
而且总是一丝不苟地
跟着领队的毛虫前进呢？

《昆虫记》卷六中，法布尔悉心研究了松毛虫、埋葬虫、白面螽斯、蝗虫等昆虫的生活习性，以及潘帕斯草原的食粪虫的美貌，并针对昆虫着色的议题展开讨论……语言优美，妙趣横生！

7

《昆虫记》卷七：蓑蛾的保护层

蓑蛾幼虫穿着亡母的旧衣，
无人照顾的它用什么方法保护自己呢？

《昆虫记》卷七中法布尔将专业知识与人生感悟融于一炉，用自己客观、独特的眼光描述了象虫、叶甲、步甲、石蛾和蓑蛾等昆虫的生活习性，字里行间洋溢着作者本人对生命的尊重和热爱。

8

《昆虫记》卷八：昆虫的几何学

为什么胡蜂等昆虫
与生俱来就懂得几何学知识，
对建筑程序无师自通呢？

《昆虫记》卷八中，法布尔主要针对昆虫的筑巢习性做了详细的观察，记录了胡蜂所搭建的六角形蜂房，以及它的计算达到了何等符合几何学的精准度！此外，法布尔也研究了香树蚜虫、蜂蚜蝇、彩带圆网蛛、纳博讷狼蛛等昆虫的习性。

⑨

《昆虫记》卷九：圆网蛛的电线报

圆网蛛不愧为几何学的奠基者，
它是怎样利用自己所掌握的知识
来织网捕食的呢？

《昆虫记》卷九中法布尔向我们展示了狼蛛、圆网蛛和蝎子等昆虫为了生存不懈努力的画面，证明人类并不是孤立存在的，地球上的所有生命都在同一个紧密联系的系统之中，昆虫也是地球生物链上不可缺少的一环，昆虫的生命也应当得到尊重。

⑩

《昆虫记》卷十：昆虫与蘑菇

巨须隐翅虫是首屈一指的蘑菇爱好者，
人类可以从它们对蘑菇的开拓中
吸取什么呢？

《昆虫记》卷十中，法布尔针对素食昆虫的进食习性做了详细的观察记录，探究了每位光临素食宴会的昆虫们喜爱自己专属植物的原因，此外，还对金步甲、松树鳃金龟、沼泽鸢尾象、萤火虫等昆虫的婚俗、产卵等方面的知识进行了详细的介绍。